全国高等院校土建类专业实用型规划教材

建筑结构检测鉴定与加固

主　编　陈宗平
副主编　岳建伟　徐奋强
参　编　门进杰　曾　磊　柯晓军

中国电力出版社
CHINA ELECTRIC POWER PRESS

内 容 提 要

本书全面介绍了建筑结构的检测、鉴定与加固相关理论和技术方法，全书共分 6 章，包括：概论，建筑结构损伤机理与危害，建筑结构检测，建筑可靠性鉴定，建筑结构加固，建筑抗震鉴定与加固等。书中配有必要的例题、每章小结、复习思考题和习题，便于学生学习和复习巩固相关知识。部分章节给出了工程实例，以加强学生的实践能力。

本书可作为高等院校土木工程专业的本科教材，也可作为土木工程专业的专科教材，还可供相关工程技术人员参考。

图书在版编目（CIP）数据

建筑结构检测 鉴定与加固/陈宗平主编 . —北京：中国电力出版社，2011.8（2019.7 重印）
全国高等院校土建类专业实用型规划教材
ISBN 978 - 7 - 5123 - 1793 - 2

Ⅰ.①建… Ⅱ.①陈… Ⅲ.①建筑结构－检测②建筑结构－鉴定③建筑结构－加固－结构设计 Ⅳ.①TU3

中国版本图书馆 CIP 数据核字（2011）第 117490 号

中国电力出版社出版发行

北京市东城区北京站西街 19 号　100005　http：//www.cepp.sgcc.com.cn
责任编辑：未翠霞　关　童　电话：010－63412611
责任印制：蔺义舟　责任校对：王开云
北京雁林吉兆印刷有限公司印刷・各地新华书店经售
2011 年 8 月第 1 版・2019 年 7 月第 5 次印刷
787mm×1092mm　1/16・15.125 印张・371 千字
定价：35.00 元

前　　言

建筑物在长期的使用过程中，由于受自然环境的侵蚀、使用状况的影响以及建造材料自身的特性而引起结构损伤和老化，结构功能将逐渐下渐，甚至无法满足正常的使用要求，这也是客观规律。近年来，混凝土结构、砌体结构以及钢结构在我国的工程建设中应用广泛。有些既有建筑，由于受建造年代设计标准和施工水平的限制、以及经济条件等因素影响，存在着可靠度不高，无法满足现有设计规范要求的可靠度标准要求。还有些既有建筑，由于结构使用用途的改变、荷载的增加、各种自然灾害的作用、环境侵蚀、建筑材料的性能老化等方面原因，也会导致结构的承载力不足或使用功能不能满足现有设计规范要求的可靠性标准要求。此外，即便是一些新建建筑，也存在着由于设计方案不科学、设计人员失误、施工方法不合理、使用不合格的材料、甚至偷工减料等多方面原因导致结构可靠性达不到标准要求。

为了使这些因可靠度达不到使用要求的既有建筑或新建建筑，能够满足现有设计规范要求的可靠度标准，这就需要采取科学的检测、鉴定方法对结构进行系统分析和评估。同时，采取科学合理的加固技术能有效地延长建筑结构的使用寿命。

建筑结构检测、鉴定与加固是土木工程专业的一门专业课，重点学习并掌握建筑结构损伤机理与危害，建筑结构检测，建筑可靠性鉴定，建筑结构加固，以及建筑的抗震鉴定与加固等内容。课程包含的知识面很广，涉及材料力学、结构力学、钢筋混凝土结构、钢结构、砌体结构、地基与基础、结构抗震、结构试验等相关知识。

本书以我国现行建筑结构检测、鉴定与加固领域相关的规范、规程以及最新的科研成果为依据，针对建筑结构中常见结构形式的检测、鉴定与加固技术进行编写。为适应建筑结构专业人才培养的要求，在编写过程中做到概念明确、内容简明、讲述清楚、理论联系实际。书中主要章节配有相当数量的例题，有利于学生理解和掌握相关知识；还给出了小结、复习思考题和习题，以便于自学和巩固所学内容。本书可作为高等院校土木工程专业的本科教材，也可作为土木工程专业的专科教材，还可供相关工程技术人员参考。

本书由广西大学陈宗平、柯晓军，西安建筑科技大学门进杰，河南大学岳建伟，长江大学曾磊和南京工程学院徐奋强共同编写，陈宗平任主编，岳建伟、徐奋强任副主编。编写的具体分工为：陈宗平编写第1章、第5章的5.1～5.5节，柯晓军编写第2章，徐奋强编写第3章的3.1～3.4、3.8节，岳建伟编写第3章的3.5～3.7节和第5章的5.6节，曾磊编写第4章，门进杰编写第6章。全书由陈宗平统稿。

西安建筑科技大学薛建阳教授审阅了全书并提出了许多宝贵意见，苏州科技学院邵永健教授在编写过程中给予了许多建设性的建议，广西大学博士生王妮、硕士生张士前绘制了部分插图，在此一并表示感谢！

由于作者水平有限，加之时间仓促，书中错误与不妥之处在所难免，恳请读者批评指正。

编　者

目　　录

第1章

概　　论

本章首先讲述了建筑结构功能退化的主要原因以及建筑结构检测、鉴定与加固的意义，然后简要地介绍了建筑结构检测、鉴定与加固的发展与应用概况，最后介绍了课程的主要内容、特点以及学习过程中需注意的问题。

通过本章学习，学生应掌握建筑结构检测、鉴定与加固的基本概念及特点，了解建筑结构检测、鉴定与加固在国内外土木工程中的发展与应用概况，了解本课程的主要内容、要求和学习方法。

1.1　引起建筑结构功能退化的主要原因

根据《建筑结构可靠度设计统一标准》（GB 50068—2001）的规定，结构在规定的设计使用年限内应满足下列功能要求：

（1）在正常施工和使用时，能承受可能出现的各种作用。

（2）在正常使用时，应具有良好的工作性能。

（3）在正常维护条件下，应具有足够的耐久性能。

（4）在设计规定的偶然事件（如地震、爆炸、撞击等）发生时及发生后，结构仍能保持必需的整体稳定性。

上述四点统称为结构的预定功能，当结构出现功能退化而不能满足预定功能要求时，就可能引起工程事故。功能退化程度较轻者可能影响建筑物的使用性能和耐久性；严重者会导致结构构件破坏，甚至引起结构倒塌，造成人员伤亡和财产损失。

引起建筑结构功能退化的原因很多，根据大量的工程经验分析，归纳起来主要有以下几方面：

1. 设计有误

设计人员对结构概念理解不透彻和计算错误是结构设计中常见的两类错误。例如，设计者对拱结构的设计概念理解不透彻，对两端水平推力的认识不清，未设计抵抗水平推力的构件引起工程事故；有时在桁架结构设计中，对桁架的受力特点概念不清，荷载没有作用在节点上而是作用在节间，从而引起设计错误等均属第一类错误。再如，计算时漏掉了结构所必须承受的主要荷载；采用公式适用条件与实际情况不相符合的计算公式，或者计算参数的选用有误等均属于第二类错误。

2. 施工质量差

施工质量对于确保结构满足预定功能十分重要，不合格的施工会加速结构的功能退化。

例如，悬挑梁、板的负筋位置不对或施工过程中被踩下，会显著降低其承载能力；使用不合格的建筑材料（如过期的水泥、劣质钢筋等），混凝土配合比有误，或混凝土养护不当，钢筋的保护层厚度过小等均会显著降低结构的安全、适用和耐久等性能。

3. 使用不当

改变结构的使用用途或建筑的使用维护不及时导致使用荷载增大，是结构使用不当的典型。例如，住宅建筑改变为办公用房，增大了结构的使用荷载；工业建筑的屋面积灰没有及时清理导致荷载增大等，均会引起结构的提前损伤破坏。

4. 长期在恶劣环境下使用，材料的性能恶化

在长期的外部环境及使用环境条件下，结构材料每时每刻都受到外部介质的侵蚀，导致材料状况的恶化。外部环境对工程结构材料的侵蚀主要有以下三类：

（1）化学作用侵蚀，如化工车间的酸、碱气体或液体对钢结构、混凝土结构的侵蚀。

（2）物理作用侵蚀，例如，高温、高湿、冻融循环、昼夜温差的变化等，使混凝土结构、砌体结构产生裂缝等。

（3）生物作用侵蚀，如微生物、细菌使木材逐渐腐朽等。

5. 结构使用要求的变化

随着科学技术的不断发展，我国工业正在大规模地进行结构调整和技术改造，许多新的生产工艺不断涌现。为了满足这些新的变化要求，部分既有建筑需要适当增加高度或需要改造以提高建筑结构的整体功能。例如，吊车的更新变换，生产设备的更换，相应的吊车梁、设备的基础以及结构整体均应进行必要的增强加固。

结构的功能退化是客观存在的，只要能科学分析原因，减缓结构的退化速度，通过科学的检测、鉴定和加固，就可以延长建筑物使用年限。

1.2　建筑结构检测、鉴定与加固的必要性与意义

随着我国经济的飞速发展，一方面，为满足社会发展的需求，新建筑不断地建设，同时早期修建的建筑因标准低已不能满足社会发展的需求，需对其进行维修、加固和现代化改造；另一方面，随着人们生活水平的进一步提高，人们对建筑功能的要求越来越高，已有建筑的规模和功能不能满足新的使用要求，而且原有建筑的低标准、建筑的老龄化及长期使用后结构功能的逐渐减弱等引起的结构安全问题已开始引起人们的关注，在考虑昂贵的拆建费用以及对正常生活秩序和环境的严重影响等问题后，人们逐渐把目光投向对在用房屋的维修加固和现代化改造。

建筑结构的检测、鉴定与加固是当代建筑结构领域的热门技术之一，它包含结构检测、结构鉴定、结构加固三个方面的知识和技能。这三个方面虽可相互独立，但多数情况下这三方面常为一体进行综合运用，即结构的检测是结构鉴定的依据，而结构的检测和鉴定又往往是结构加固前的必要过程。

建筑结构的检测、鉴定与加固涉及知识广泛，技术复杂，它不但包含了对结构损伤的检测、对既有建筑结构的鉴定，也包括了加固理论和加固技术等相关内容，还涉及加固改造与拆除重建的经济对比分析。它是一门研究结构服役期的动态可靠度及其维护、改造的综合性

学科。近十多年来，结构鉴定与加固改造在我国得以迅速发展，作为一门新的科学技术正在逐渐形成，它已经成为土木工程技术人员知识更新的重要内容。为了适应经济建设快速发展的环境和满足社会大量的检查鉴定与加固专业人才的需要，很多高等院校已开设了相关的课程。

1.3　我国建筑结构鉴定与加固的发展概论

建筑物的可靠性鉴定与加固改造，虽是人类有建筑以来便已出现的一个传统专业。但在过去，人们习惯于把加固和维修等同，把加固视为修修补补，"头痛医头，脚痛医脚"，缺乏系统的分析和理论探讨，因而没有形成一门系统的学科。近年来，结构鉴定与加固改造技术在我国发展迅速，并且已初具规模，逐渐形成一门新的学科。

第二次世界大战以来，建筑业大致经历了三个重要发展阶段：战后废墟重建（第一阶段）→建筑物的新建与维修并重（第二阶段）→以维修与现代化改造为重点（第三阶段）。许多西方发达国家早在 20 世纪 70 年代末就进入了第三个发展阶段。由于受战争影响等多种原因，我国建筑业的发展相对滞后。近年来，随着经济的快速发展，我国建筑业也逐渐进入了新区开发与旧城改造相结合的发展阶段。

1.3.1　我国建筑结构检测技术的研究与发展

对建筑结构进行科学的检测是保证工程质量、人民生命安全和国家财产安全的重要手段，科学、合理的检测手段是确保结构检测结论可靠与否的重要措施。自 20 世纪 70 年代以来，我国建筑结构的检测技术得到快速发展，其使用工程对象已从新中国前的破旧民居检测发展到各种类型的现代化建筑工程检测，新的检测方法、检测手段不断涌现。

在混凝土结构检测方面，针对建国初期缺乏有效的检测技术手段，20 世纪 70 年代中期，国家对混凝土无损检测技术进行了科技攻关，经过近 10 年的不断努力，我国首部混凝土检测规程《回弹法评定混凝土抗压强度技术规程》（JGJ 23—1985）问世。此后，混凝土检测方法不断出现，并逐渐成熟，回弹法、超声法、超声—回弹综合法、钻芯法等非破损法和局部破损法等混凝土检测方法在现代化的工程得到了大量使用。

在砌筑结构检测方面，20 世纪 70 年代期末，我国主要以测定砌筑砂浆强度作为砌筑结构抗震鉴定和加固的评定指标；到 20 世纪 80 年代中后期，开始以砌体强度、砌筑砂浆强度或砌体块材强度等级作为检测对象；1994 年，又将回弹法、电荷法、筒压法、射钉法和剪切法五种砂浆强度检测方法和推剪法、单剪法、轴压法、扁千斤顶和拔出法五种砌体强度的检测方法纳入规程。目前，对砌体结构的检测主要使用轴压法、砂浆片剪切法、回弹法和射钉法等。

钢结构所用钢材具有材质均匀、强度、塑性与韧性均能较好，但钢材也具有易腐蚀、耐火性差等缺点，并且钢结构的缺陷敏感性较强，钢结构的检测主要是针对材料、连接缺陷、锈蚀程度与涂层厚度的检测。通常所采用的方法有：超声波无损检测、渗透检测、射线检测、涡流检测、磁粉检测、钢材锈蚀检测及涂层厚度检测等。

1.3.2 我国建筑结构可靠性鉴定的研究与发展

建筑物在建造和使用过程中，经常会遇到由于材料、设计、施工、使用不当等造成质量事故，或是由于材料老化、环境因素影响、偶然作用（如地震、火灾、爆炸等）使结构受到损害。为了正确分析结构现状，给出科学的鉴定结论，可靠性鉴定是建筑物维修改造工作中需要首先解决的问题。

在我国，自从 1984 年颁布实施以可靠指标 β 度量结构可靠性为特点的《建筑结构设计统一标准》（GBJ 68—1984）以来，在已有建筑物可靠性鉴定的理论研究与应用上也取得了明显的进展，其中较为突出的表现为《工业建筑可靠性鉴定标准》（GB 50144—2008）的编制，该标准以可靠指标 β 作为结构构件承载能力鉴定评级的分级标志，起到与统一标准相协调的作用。

随后，四川省建筑科学研究院等单位提出了一种以现代结构可靠性概念为基础，辅以工程经验判断并表达为实用模式的综合鉴定法，制订了《民用建筑可靠性鉴定标准》（GB 50292—1999）。该标准将结构可靠性鉴定划分为安全性鉴定与正常使用性鉴定两部分，分别从承载能力极限状态与正常使用极限状态的定义出发，并根据各种结构的特点和使用要求给出具体的标志及限值，作为结构可靠性鉴定的依据。

近年来，随着人们对建筑结构可靠性鉴定的相关理论和方法不断进行深入的研究，许多新的检测仪器设备不断涌现，以及一些新的检测技术、检测手段得到大量的推广应用，我国建筑结构的可靠性鉴定体系得到了不断的提高和完善，陆续颁布了《工业构筑物抗震鉴定标准》（GBJ 117—1988）、《工业厂房可靠性鉴定标准》（GBJ 144—1990）、《建筑抗震鉴定标准》（GB 50023—1995）、《民用建筑可靠性鉴定标准》（GB 50292—1999）、《危险房屋鉴定标准》（JGJ 125—1999）等重要标准。

1.3.3 我国建筑结构加固技术的研究与发展

如何对已有建筑进行加固，以提高结构的性能，国内外科研工作者对此均进行了大量的研究，并提出了很多实用方法。例如，针对上部结构加固，就有增大截面法、体外预应力法和改变结构传力途径法等；针对地基基础加固，有桩托换、地基处理和加大基础面积法等。这些方法在国内外已经得到了大量使用，也取得了很多成熟的经验。

在传统的结构加固方法中，增大截面法和体外预应力法是最常用的方法，在工程中已经得到大量成功的应用。但也暴露出一些问题：后张预应力法的锚固构造困难，技术要求高，施工难度大，容易引起施工时结构的侧向稳定以及耐久性降低等问题。而增大截面法的施工周期长，对环境影响较大，并且由于增大了截面尺寸，使建筑的使用空间减少等。

随着环氧树脂胶粘剂的问世（1960 年左右），出现了一种新的加固方法——外部粘贴钢板加固法，这种加固法是用环氧树脂胶粘剂把钢板等高强度材料牢固地粘贴于被加固构件的表面，使其与被加固构件共同工作，达到补强和加固的目的。

建筑结构胶从 20 世纪 60 年代起在结构加固领域就逐渐发挥了重要作用。1965 年，福州大学配制了一种环氧结构胶对某水库溢洪道混凝土闸墩断裂及 20m 跨屋架和 9m 跨渡槽工字梁的裂缝进行了修复。鞍山修建公司也研制一种 CJ—1 建筑结构胶，用于梁柱的加固补强。1971 年美国在圣弗南多大地震的灾后重建修复过程中，就广泛采用了建筑结构胶，例如，一座 10 层的医院大楼和一幢高于 137m 的市府大厦，就用了 7t 多的结构胶来修补 3 万余米的结构裂缝。

20 世纪末，随着纤维材料价格的大幅度降低，一种类似于粘钢加固的外贴纤维复合材料加固法逐渐引起工程技术人员的关注，并得以大量研究和推广应用。1984 年，瑞士国家实验室首先进行了外贴纤维复合材料加固的相关研究。随后，各国学者相继进行了广泛深入的研究，并做了大量的推广应用工作，美国、日本等国家以及我国已经制定了外贴纤维复合材料加固的有关技术标准。

外贴纤维复合材加固具有施工周期短、对原结构影响小等优点，很受欢迎。但是，在外贴纤维复合材加固中，外贴材料与构件的结合性能是保证加固效果的关键，胶粘剂性能的好坏决定了外贴加固的成功与否，由于受到胶粘剂性能等的限制，目前外部粘贴加固还大多局限于环境温度、湿度较低的承受静力作用的构件。对于外贴材料与被加固构件之间的粘结锚固性能和锚固破坏机理、加固构件的耐久性及耐高温性能、加固构件的可靠性以及材料强度取值等问题，仍需要再进一步研究。

1.4　本课程的学习方法

本课程涉及检测、鉴定、加固三个方面的内容，其学习方法随内容的不同而有所差异。结构检测应强调实践性环节，需掌握常用仪器、设备的使用方法，要学会对检测数据的整理和成果的计算。结构鉴定应重点了解鉴定标准的主要条文，包括评定等级的方法、评定等级的依据和标准等。结构加固涉及的理论及计算较复杂，在加固技术的学习时应注意以下问题：

（1）明确加固结构所需抵抗的各种荷载和作用，需要结合相关规范，掌握荷载及其他作用的取值和组合方法，为进行正确的结构分析打下良好的基础。

（2）要正确选用结构计算模型。计算模型的选取要考虑主要因素，忽略次要因素，既要使计算结果能正确反映结构的主要受力特点，又要使计算方法简单易掌握。

（3）要采用简单可行的结构分析方法。既要分析简单、省时、省力，又能保证分析结果准确可靠。

（4）要结合各相关规范，掌握各种加固设计的基本方法。

（5）重视加固结构的构造学习，合理的构造措施对确保结构安全十分必要。

本　章　小　结

建筑结构由于受设计、施工、使用不当，或者由于材料老化、环境因素影响、偶然作用等，会导致其功能退化，影响其安全使用。通过对建筑结构科学的检测、鉴定与加固，能有效延长建筑物的使用年限。

建筑结构的检测、鉴定与加固作为一门新兴学科，近年来在工程界引起高度关注。学习该门课程时，应注意理论和实际相结合。

复 习 思 考 题

1-1   建筑结构需要检测、鉴定与加固的主要原因有哪些?

1-2   简述在建筑工程中,建筑结构检测、鉴定与加固的必要性与意义。

1-3   本课程的学习方法有何特点?

第 2 章

建筑结构损伤机理与危害

本章主要讲述混凝土结构、砌体结构、钢结构，以及地基基础的损伤机理、影响因素以及防治措施等内容；重点讲解了混凝土结构中由于混凝土的碳化、腐蚀、碱骨料反应、冻融、开裂以及钢筋腐蚀引起的混凝土结构承载性能和耐久性显著降低；阐明了裂缝、变形是砌体结构损伤破坏主要表现；并强调提高钢构件的稳定性、抗疲劳、防锈和防火能力，对保证钢结构的安全使用十分必要。

通过本章学习，学生应掌握混凝土结构、砌体结构、钢结构、地基基础强度检测的损伤机理及其危害，了解各种影响结构安全及耐久性的主要因素，学会提高结构服役性能的手段和方法。

建筑物是现代文明社会赖以生存和发展的条件，建筑物的安全则是人民生命财产安全的重要保证。但实际工程中的一些服役建筑，甚至某些新建筑都难免存在质量缺陷和内外损伤，这会影响建筑结构的耐久性，危及结构的安全。

引起建筑结构损伤的原因很多，可以归纳人为因素和自然因素两方面。导致结构损伤的人为因素主要有：工程设计的欠缺与错误，施工质量差、偷工减料、使用低劣材料，建筑用地规划错误，勘察工作失误、未能发现重要隐患，相邻场地施工引起建筑破坏，维修、保护不当，地下水抽取过度引起建筑物倾斜或下沉，火灾等。

导致结构损伤的主要自然因素有地震、水灾、龙卷风、泥石流及山体滑坡等地质灾害、腐蚀性气体等。

2.1 混凝土结构损伤机理与危害

混凝土结构是钢筋混凝土结构、预应力混凝土结构和素混凝土结构的总称。混凝土结构具有承载能力高、耐久性能较好等显著优点，在工程中得到广泛应用。但设计、施工、环境、使用维护等过程中的诸多因素，导致混凝土结构各种损伤破坏，从而降低了混凝土结构的使用寿命。为了确保混凝土结构的安全工作，相关人员必须了解混凝土结构损伤机理及各相关影响因素。

2.1.1 混凝土的碳化

混凝土周围环境和介质中的 CO_2、SO_2、Cl_2、HCl 等深入混凝土表面，与水泥石中弱碱性物质发生反应从而使 pH 值降低，引起水泥石化学组成及组织结构发生变化，从而对混凝土的化学性能和物理性能产生明显的影响，这一过程称为混凝土的碳化。

碳化会导致混凝土碱度降低，减弱混凝土对钢筋的保护作用，并可能导致钢筋锈蚀，同时还会加剧混凝土的收缩，从而导致收缩裂缝的产生和加大。因此，混凝土碳化对混凝土结构尤其钢筋混凝土结构的耐久性有很大的影响。

1. 混凝土碳化的机理

混凝土是一个多孔体，在其内部存在大小不同的毛细管、孔隙、气泡，甚至缺陷。空气中的二氧化碳（CO_2）首先渗透到混凝土内部充满空气的孔隙和毛细管中，与水泥水化过程中产生的氢氧化钙[$Ca(OH)_2$]、硅酸三钙（$3CaO \cdot 2SiO_2 \cdot 3H_2O$）和硅酸二钙（$2CaO \cdot SiO_2 \cdot 4H_2O$）等水化产物相互作用，形成碳酸钙（$CaCO_3$）。混凝土的碳化速度主要取决于如下三个过程的速度：

（1）化学反应过程速度。混凝土碳化反应速度取决于 CO_2 的浓度和混凝土中可碳化物质的含量，可碳化物质含量受水泥品种、用量和水化程度等因素影响。

（2）CO_2 等的渗入速度。在 CO_2 或其他酸性物质通过混凝土孔隙向混凝土内部渗入的过程中，其渗入速度取决于扩散物质的浓度和混凝土的孔隙结构。混凝土孔隙结构主要受混凝土水灰比、水泥水化程度的影响。

（3）$Ca(OH)_2$ 等的扩散速度。$Ca(OH)_2$ 可在孔隙表面的湿度薄膜内扩散，其速度取决于混凝土的含水率和 $Ca(OH)_2$ 的浓度梯度。

通常，上述三个过程中，CO_2 在混凝土中的扩散速度最慢，它决定了混凝土碳化过程的速度。此外，混凝土的碳化速度还与混凝土的含水量、温度等因素有关。

一般空气中的 CO_2 的浓度很低（其体积分数约为 0.03%，工业车间稍高），因而混凝土的碳化过程非常缓慢。

2. 影响混凝土碳化的因素

影响混凝土碳化的因素可分为周围环境因素、材料组成因素和施工因素三大类。

（1）周围环境因素。周围环境因素主要是指环境介质的相对湿度、环境温度及 CO_2 的浓度等。

环境介质的相对湿度直接影响混凝土的润湿状态和抗碳化能力。当介质相对湿度接近 100% 时，混凝土中微孔隙被水蒸气的冷凝水所充满，使其气体渗透性大大降低，混凝土碳化速度也大大降低甚至停止。当环境介质相对湿度为 $50\% \sim 75\%$ 时，混凝土的碳化速度最快；当环境介质相对湿度在 25% 以下时，混凝土处于干燥或含水率非常低的状态，CO_2 向孔隙内扩散的速度快，但由于混凝土孔隙中水分不足导致 CO_2 溶解有限，使之不能与碱性溶液反应，因而混凝土碳化也无法进行。

环境温度对混凝土的碳化速度影响也较大，一般随着温度的提高，混凝土碳化速度加快，这可解释为 CO_2 在空气中扩散系数随温度的提高而增大。

CO_2 的浓度对混凝土碳化深度有影响。一般认为，混凝土的碳化深度 D 与 CO_2 浓度 c 的平方根成正比，即

$$\frac{D_1}{D_2} = \frac{\sqrt{c_1 t_1}}{\sqrt{c_2 t_2}} \tag{2-1}$$

式中　t_1、t_2——碳化时间。

（2）材料组成因素。

1）水灰比。试验研究表明：随着水灰比的增大，混凝土碳化速度加剧，水灰比对混凝土碳化的影响呈明显的线性关系。这是因为：在水泥用量不变的条件下，混凝土水灰比越大，混凝土内部的孔隙率越大，密实性越差，渗透性越大，其碳化速度也越快。

2）粉煤灰取代量。在混凝土中掺用粉煤灰，对节约水泥、改善混凝土的某些性能起到很大的作用。在水灰比不变和采用等量取代法的条件下，粉煤灰取代水泥量越大，混凝土的抗碳化性能越差。这是因为：粉煤灰具有一定的活性，与水泥水化后的氢氧化钙相结合，使混凝土碱度降低，从而削弱了混凝土抗碳化能力。因此，在一般工艺情况下，粉煤灰最大取代量不宜超过 20%。

3）水泥品种。试验研究表明：普通硅酸盐水泥配制的混凝土比采用同标号（同强度等级）的矿渣水泥和火山灰水泥配制的混凝土有更好的抗碳化性能。对同一品种水泥来说，水泥强度等级越高，其抗碳化性能越好。

（3）施工因素。施工因素主要是指混凝土搅拌、振捣和养护条件等，如施工质量良好，能提高混凝土的密实性，进而提高混凝土的抗碳化能力；反之，则会降低混凝土的抗碳化能力。

3. 混凝土碳化深度预测

混凝土碳化是一个由表向内扩展的过程，在非侵蚀介质正常的大气条件下，混凝土碳化深度随时间变化规律可用下式计算：

$$D = K_c \sqrt{t} \tag{2-2}$$

式中　D——混凝土碳化深度，mm；

　　　t——混凝土碳化龄期，d；

　　　K_c——碳化速度系数，对于轻骨料混凝土 $K_c = 4.18$，对于普通混凝土 $K_c = 2.32$。

碳化深度 D 和碳化速度系数 K_c 是用来表征混凝土碳化特征的主要指标，称为碳化特征值。D 和 K_c 越大，说明混凝土抗碳化性能越差，越易碳化。

2.1.2　混凝土中的钢筋腐蚀

钢筋锈蚀对钢筋混凝土结构及预应力混凝土结构的耐久性及破坏影响极大，研究并解决钢筋防锈问题是实际工程急切需要的。

1. 钢筋腐蚀的机理

以普通硅酸盐水泥配制的密实混凝土未经碳化的 pH 值一般可达 13，这是因为混凝土在水化作用时，水泥中的氧化钙生成氢氧化钙，使混凝土孔隙中含有大量的 OH^- 离子而呈现出高碱性环境。若无 Cl^- 存在，则钢筋表面会形成一层由 $Fe_2O_3 \cdot nH_2O$ 或 $Fe_3O_4 \cdot nH_2O$ 组成的钝化膜，其厚度为 $200 \sim 1000nm$。钝化膜能使阳极反应受到抑制，从而阻止了钢筋的锈蚀。

在钢筋中的碳及其他合金元素的偏析、混凝土碱度差异、Cl^- 浓度差异、裂缝处钢筋表面氧化剧增而形成的氧浓度差异、加工引起的钢筋内部应力等情况下，都会使钢筋各部位的电极电位不同而形成局部电池（阳极—阴极），如图 2-1 所示。一旦钢筋的钝化膜被破坏，在有水和氧气存在的条件下，就会产生如下腐蚀电池反应：

阳极（腐蚀端）　　　　　　　$2Fe - 4e^- \rightarrow 2Fe^{2+}$

阴极（非腐蚀端）　　　　　$2H_2O + O_2 + 4e^- \rightarrow 4OH^-$

溶液中的 Fe^{2+} 和 OH^- 结合生成氢氧化亚铁，生成物进一步与水中的氧发生反应，生成氢氧化铁（红铁锈），即

$$2Fe^{2+} + 4OH^- \rightarrow 2Fe(OH)_2$$

$$4Fe(OH)_2 + O_2 + 2H_2O \rightarrow 4Fe(OH)_3$$

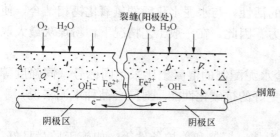

图 2-1　裂缝处钢筋锈蚀的电化学过程示意图

随着时间的推移，氢氧化铁进一步氧化生成疏松的、易剥落的沉积物铁锈（$Fe_2O_3 \cdot Fe_3O_4 \cdot H_2O$），铁锈的体积可大到原来体积的 2～4 倍。铁锈体积膨胀，对周围混凝土产生压力，使混凝土沿钢筋方向（顺筋）开裂，进而使得保护层成片脱落，而裂缝及保护层的脱落又进一步导致钢筋更剧烈的腐蚀。因此，防止混凝土开裂是防止钢筋锈蚀的关键措施。

2. 影响钢筋腐蚀的因素

钢筋锈蚀的影响因素可分内在因素和外在因素两大类。内在影响因素是指混凝土的密实度、混凝土保护层厚度及其完好性、混凝土的内部结构状态、混凝土的液相组成（pH 值、Cl^- 含量）等；外在影响因素是指环境介质的腐蚀性、周期的冷热交替作用、冻融循环作用等。

（1）pH 值。钢筋锈蚀速度与混凝土液相中的 pH 值有密切关系。一般来说，当 pH＞10 时，钢筋的锈蚀速度很小；当 pH＜4 时，钢筋锈蚀速度急骤增加。

pH 值越大，碱性成分在钢筋表面形成钝化膜的保护作用越强，但当碱性成分被溶出并发生碳化作用，混凝土碱度减低，则钝化膜将被破坏而引起钢筋锈蚀。

（2）Cl^- 含量。混凝土中 Cl^- 含量对钢筋锈蚀的影响极大，当混凝土中含有氯离子时，即使混凝土的碱度还较高，钢筋周围的混凝土还尚未碳化，钢筋也会出现锈蚀的现象。这是因为：Cl^- 离子的半径小，活性大，具有很强的穿透钝化膜的能力，Cl^- 离子吸附在膜结构有缺陷的地方，如位错区或晶界区，使难溶的氢氧化铁转变成易溶的氯化铁，致使钢筋表面的钝化膜局部破坏。钝化膜破坏后，露出的金属变成为活化的阳极。由于活化区小，钝化区大，构成一个大阴极、小阳极的活化一钝化电池，使钢筋产生所谓的"坑蚀"现象。

Cl^- 通过两种途径进入混凝土。一是施工过程中添加的外加剂（含有氯盐成分）；二是使用环境中 Cl^- 的渗透，如沿海地区。

工程中，按照氯盐占水泥质量的百分比将钢筋的锈蚀分为轻度锈蚀（＜0.4%）、中度锈蚀（0.4%～1.0%）和高度锈蚀（＞1.0%）三种。

（3）氧。钢筋锈蚀的先决条件是所接触的水中含有溶解态氧，这是因为：氧在锈蚀过程中起到促进阴极反应的作用，支配着锈蚀的速度。例如，当海水浸入钢筋表面时，即使氯化物中的氯离子破坏了钝化膜，但只要氧达不到钢筋表面，钢筋锈蚀也不会发生。氧是以溶解态存在于海水中的，其扩散速度很慢。因此，浸没在海水水下区的钢筋混凝土结

构，钢筋不易锈蚀，而处于海面上的浪溅区的钢筋混凝土结构，因有充足的氧，钢筋就特别容易锈蚀。

（4）混凝土的密实性及保护层厚度。混凝土对钢筋的保护作用主要体现在两个方面：一是混凝土的高碱性使钢筋表面形成钝化膜；二是保护层对外界腐蚀介质、氧气及水分等渗入的阻止作用。后者作用主要取决于混凝土的密实性及保护层厚度。

混凝土的密实性越好，内部孔隙和毛细管道越小，有效地阻止外界腐蚀介质、氧气及水分等的渗入，从而加强了钢筋的耐腐蚀能力。混凝土的密实度主要与混凝土的水灰比有关，降低水灰比可提高钢筋的耐腐蚀能力，因此，国内外一般把混凝土的水灰比控制在 0.4～0.45 以下。

增加混凝土保护层厚度可以显著地推迟腐蚀介质渗透到钢筋表面的时间，也可提高对钢筋锈蚀膨胀的抵抗力。混凝土结构设计规范中给出了保护层的最小厚度取值，其与钢筋混凝土的结构种类、重要程度、所处环境、混凝土强度等级等有关。

（5）混凝土保护层的完好性（是否开裂、有无蜂窝、孔洞等）。混凝土保护层的完好性对处于潮湿环境、露天环境或腐蚀介质中的钢筋混凝土结构的影响很大。如在潮湿环境中使用的钢筋混凝土结构，裂缝宽度达到 0.2mm 时即可引起钢筋腐蚀，钢筋锈蚀产生体积的膨胀又会加大保护层裂缝的宽度，如此恶性循环必然导致保护层的彻底剥落和钢筋混凝土结构的最终破坏。

（6）水泥的品种及粉煤灰掺合料。粉煤灰等矿物掺合料会降低混凝土的碱性，从而对钢筋腐蚀有不利影响。但国内外也有相关研究表明：如果掺入优质粉煤灰等掺合料，可提高混凝土的密实度，改善混凝土内部的孔结构，从而阻止外界腐蚀介质及氧气与水分渗入，阻止钢筋的腐蚀，因此，选用优质粉煤灰也很有必要。

（7）环境条件。环境条件是引起钢筋锈蚀的外在因素，例如，温度、湿度及干湿交替作用，海水、海盐渗透，冻融循环作用等，都对钢筋的锈蚀有明显作用。

2.1.3　混凝土腐蚀

在正常使用条件下，混凝土具有较好的耐久性。但在某些腐蚀性的介质作用下，水泥石的各种水化产物会与介质发生各种物理化学作用，导致混凝土的结构逐渐遭到破坏，强度下降以致全部溃裂，这种现象称为混凝土腐蚀。

1. 混凝土腐蚀的机理

混凝土腐蚀是一个很复杂的物理化学过程，其腐蚀的原因可能是单一的，也可能是多种原因综合交替进行的。按其侵蚀性介质的性质或腐蚀的原因可分为硫酸盐腐蚀、海水腐蚀、酸腐蚀、碱腐蚀和淡水腐蚀五种类型。

（1）硫酸盐腐蚀。硫酸盐腐蚀，常指硫酸钠、硫酸镁等盐腐蚀，其实质上是膨胀性化学腐蚀。在一般的河水和湖水中，硫酸盐含量不多。但在海水、盐沼水、地下水及某些工业污水中常含有钠、钾、铵等的硫酸盐，它们与水泥石中的氢氧化钙及水化铝酸钙反应生成石膏和硫铝酸钙（常称为"水泥杆菌"），其体积膨胀 2.34～4.8 倍，并同时产生内应力，最终导致混凝土开裂破坏。

混凝土遭受硫酸盐腐蚀的特征是表面发白，损害通常在棱角处开始，接着裂缝展开并剥落，混凝土成为一种易碎的松散状态。

(2) 海水腐蚀。由于海水的化学成分复杂多变，造成混凝土的腐蚀形式也是多样化的。根据海洋工程结构与海水接触部位不同，可将其分为以下几种：

1) 建（构）筑物与海水不直接接触部位，钢筋易受海洋上空含大量渍盐的潮湿空气作用而锈蚀。

2) 在海水浪溅区，混凝土遭受海水干湿循环的作用，可能造成盐类膨胀型的腐蚀，加速钢筋的锈蚀。

3) 在潮汐涨落区，直接遭受海水冲刷、干湿循环、冻碰循环、浴蚀等综合作用，混凝土往往受到最严重的腐蚀。

4) 长期浸泡在海水中的部分，易产生化学分解，造成混凝土腐蚀，但遭受冻碰破坏及钢筋锈蚀较小。

(3) 酸腐蚀。混凝土是碱性材料，在使用过程中常会受到酸性水的侵蚀。由于酸的种类不同，在反应过程中可能产生不同的盐类，其腐蚀破坏速度取决于钙盐的溶解度。一般来说，生成物的溶解度很大时，其破坏速度也很大。例如，盐酸的 Cl^- 离子会侵蚀混凝土生成易于溶解的钙盐（$CaCl_2$），同时溶液中的 Cl^- 离子对钢筋锈蚀也起着重要的加速作用，因此，盐酸的侵蚀破坏作用也是极大的。

(4) 碱腐蚀。固体碱如碱块、碱粉等对混凝土无明显的作用，而溶融状碱或碱的溶液对混凝土有侵蚀作用。但当碱的浓度不大（<15%）、温度不高（<50℃）时一般是无害的。碱对混凝土的侵蚀作用主要有化学侵蚀和结晶侵蚀两种。化学侵蚀是碱溶液与水泥石组成成分之间起化学反应，生成胶结力不强、易为碱溶液浸析的产物；而结晶侵蚀则是由于碱渗入混凝土孔隙中，在空气中的二氧化碳作用下形成含 10 个结晶水的碳酸钠结晶析出，体积增加 2.5 倍，产生很大的结晶压力而引起水泥石结构的破坏。

(5) 淡水腐蚀。当混凝土经常受到淡水冲刷浸泡时，混凝土会出现溶蚀侵析现象，降低混凝土强度。其原因在于淡水能将氢氧化钙溶解，使水泥石液相 $Ca(OH)_2$ 浓度低于水泥水化产物稳定存在的极限浓度，从而使其分解形成一些无粘结能力的二水石膏 $CaSO_4 \cdot 2H_2O$ 和氢氧化铝 $Al(OH)_3$，导致混凝土强度降低。

2. 混凝土腐蚀的防治措施

根据以上腐蚀原因分析，可采取下列有效措施防止混凝土腐蚀。

(1) 根据侵蚀环境特点，合理选用水泥品种。常用水泥在不同侵蚀性介质中抗腐蚀性能见表 2 - 1。

表 2 - 1　　　　　　　　　各种水泥抗化学腐蚀性能比较

水泥品种	抗化学腐蚀性能		
	硫酸盐	弱酸	海水
普通硅酸盐水泥	低	低	低
抗硫酸盐水泥	高	低	中
矿渣硅酸盐水泥	中到高	中到高	中

水泥品种	抗化学腐蚀性能		
	硫酸盐	弱酸	海水
超抗硫酸盐水泥	很高	很高	高
矾土水泥	很高	高	很高
火山灰质水泥	高	中	高

（2）提高混凝土的密实性和抗渗性。由于各类侵蚀性介质都是通过混凝土的孔隙、毛细管进入混凝土内部的，因此提高混凝土密实性和抗渗性是阻止侵蚀介质渗入混凝土内部的有效措施。因此，我国有关标准通过规定在不同侵蚀性等级中混凝土的最大水灰比和最小水泥用量，以保证混凝土的密实性和抗渗性。

（3）增加混凝土保护层厚度。混凝土的腐蚀容易引起钢筋的锈蚀，而钢筋锈蚀则引起混凝土开裂，这必将使混凝土的腐蚀加剧。为了防止这个恶性循环的产生，混凝土除了应有足够的密实性外，还应保证钢筋具有最小的保护层厚度。

（4）掺用火山灰质等活性掺合料。若在混凝土中掺入适量火山灰质等活性掺合料（如火山灰、粉煤灰等），这些活性掺合料与氢氧化钙结合形成难溶的化合物，可提高混凝土的抗腐蚀能力。但火山灰的掺入可能会妨碍铝酸钙的水化作用，因此，国外有关规范规定，在一些抗硫酸盐腐蚀的重要结构中，不允许采用粉煤灰与抗硫酸盐水泥混合使用。

（5）混凝土表面处理。在混凝土硬化初期，采用人工碳化、表面压实抹光、热沥青涂层或加做饰面层等方法处理混凝土的表面，对防止或减小混凝土溶蚀型的腐蚀效果都是有效的。在可能的条件下，对重要部位采用浸渍混凝土，其效果将更好。

2.1.4　混凝土的碱—骨料反应

碱—骨料反应主要是指水泥中的碱（Na_2O、K_2O）与骨料中活性二氧化硅发生化学反应，在骨料表面生成复杂的碱—硅酸凝胶，吸水后体积膨胀（体积可增加 3 倍以上），从而导致混凝土产生膨胀开裂而破坏的现象。

1. 碱—骨料反应的机理

混凝土发生碱—骨料反应必须具备以下三个条件：

（1）水泥石中碱含量较高。水泥中碱含量按（Na_2O+K_2O)％计算值大于 0.6％。

（2）砂、石骨料中含有活性二氧化硅成分。含活性二氧化硅成分的矿物有蛋白石、玉髓、鳞石英等。

（3）混凝土工程的使用环境必须有足够的湿度。空气中相对湿度必须大于 80％，或直接与水接触，在无水或湿度较低的环境下，混凝土不可能发生碱—骨料反应。

2. 影响碱—骨料反应的主要因素

（1）水泥的含碱量。碱—骨料反应引起的膨胀值与水泥石的 Na_2O 含量紧密相关，一般来说，碱含量越高，膨胀量越大。

（2）混凝土的水灰比。水灰比对碱—骨料反应的影响是错综复杂的。水灰比增大，混凝土的孔隙率增大，各种离子的扩散及水的移动速度加大，会促使碱—骨料反应的发生。但从另一方面看，混凝土水灰比大，其空隙量大，又能减小空隙水中碱液浓度，因而减缓碱—骨料反应。在通常的水灰比范围内，随水灰比减小，碱—骨料反应的膨胀量有增大的趋势，当水灰比为 0.4 时，膨胀量最大。

（3）反应性骨料的特性。混凝土及砂浆的碱—骨料反应膨胀量与反应性骨料本身的特性有关，其中包括骨料的矿物成分及粒度、骨料用量等。一般来说，增加骨料含量会使碱—骨料反应膨胀量加大，粒度过大或过小都能使反应膨胀量大为减小。

（4）混凝土孔隙率。混凝土及砂浆的孔隙也能减缓碱—骨料反应时胶体吸水产生的膨胀压力。因而随空隙量增加，反应膨胀量减小，特别是细孔减缓效果更好。

（5）环境温湿度的影响。当空气中相对湿度低于 80%，且外界不供给混凝土水分时，混凝土不能发生碱—骨料反应，这说明环境湿度对混凝土碱—骨料反应是否发生有明显的影响。

3. 防止碱—骨料反应的措施

在实际工程中，为抑制碱—骨料反应的发生，可采取以下方法：

（1）采用低碱水泥（含碱量低于 0.6%），降低混凝土总的含碱量。

（2）尽量不用可能引起碱—骨料反应的骨料。

（3）在混凝土配合比设计中，尽量降低单位水泥用量，从而进一步控制混凝土的含碱量。当掺入外加剂时，必须控制外加剂的含碱量，防止其对碱—骨料反应的促进作用。

（4）掺入火山灰质活性混合材料降低混凝土的碱性，减小膨胀值。

（5）改善混凝土结构的施工及使用条件。

2.1.5　混凝土的冻融破坏

混凝土受冻融作用破坏的主要原因是混凝土微孔隙中的水在温度正负交替作用下形成冰胀压力和渗透压力联合作用的疲劳应力。这种疲劳应力会使混凝土产生由表及里的剥蚀破坏，从而降低混凝土强度，影响建筑物安全使用。

1. 混凝土冻融破坏的机理

混凝土是由水泥砂浆及粗骨料组成的毛细孔多孔体。在拌制混凝土时，为了获取施工时必要的和易性，加入的拌和水常比水泥水化所需的水多。当混凝土硬化后，多余的水便以游离水的形式留在混凝土中形成连通的毛细孔，并占有一定的体积。当游离的自由水遇冷结冰会发生体积膨胀，形成膨胀挤压应力，引起混凝土内部结构的破坏。一般正常情况下，毛细孔中的水解冻并不至于使混凝土内部结构遭到严重破坏。但当混凝土处于饱水状态（含水量达到 91.7% 极限值）时，且水因过冷使混凝土毛细孔壁同时承受膨胀压力及渗透压力的作用，如果压力产生的应力超过混凝土的抗拉强度时，混凝土就会开裂。在反复冻融循环作用后，混凝土中的损伤会不断扩大，裂缝也会相互贯通，其强度也逐渐降低，最后甚至完全丧失，使混凝土结构由表及里遭受破坏。

2. 影响混凝土抗冻性的主要因素

（1）水灰比。水灰比直接影响混凝土的孔隙率及孔结构。随着水灰比的增大，不仅开孔总体积增加，而且平均孔径也增大，因而混凝土的抗冻性必然降低。

（2）含气量。含气量也是影响混凝土抗冻性的主要因素，特别是掺入引气剂形成的微细气孔对提高混凝土抗冻性尤为重要。因为这些互不连通的微细气孔在混凝土受冻初期能使毛细孔中的净水压力减小，起到减压作用。此外，在混凝土受冻结冰过程中这些孔隙可阻止或抑制水泥浆中微小冰体的生成。

（3）混凝土的饱水状态。混凝土的冻害与其孔隙的饱水程度紧密相关。一般认为含水量小于孔隙总体积的 91.7％就不会产生冻结膨胀压力，91.7％该数值被称为极限饱水度，混凝土处于完全饱水状态，其冻结膨胀压力最大。

混凝土的抗冻性不仅受其内部孔结构、水饱和程度等因素的影响，还与混凝土受冻龄期、水泥品种及骨料质量、外加剂及掺合料等因素有关。

3. 提高混凝土抗冻性的措施

（1）掺用引气剂或减水剂及引气型减水剂。

（2）严格控制水灰比，提高混凝土密实性。

（3）加强早期养护或掺入防冻剂，防止混凝土早期受冻。

2.1.6　混凝土裂缝

1. 混凝土裂缝产生的主要原因及对策

由于混凝土的组成材料和微观构造的不同以及所受外界影响的不同，混凝土裂缝产生的原因较为复杂，它对结构功能的影响也是不同的。产生裂缝的原因主要有以下几方面：

（1）大体积混凝土水化热引起的裂缝。大体积混凝土凝结和硬化过程中，水泥水化反应会产生大量的热量，导致混凝土块体急速升温，若其内外温差很大，形成的温度应力超过混凝土的抗拉强度，就会产生裂缝。

防止这种裂缝的主要措施有：合理的分层、分块，采用低热水泥，添加掺合料（如粉煤灰），埋冷却水管，预冷骨料，预冷水，加强养护等。

（2）混凝土的塑性收缩裂缝。在混凝土初凝过程中因其表面水分蒸发快，而内部水分补充不上，表层混凝土因干缩而出现网状裂缝。

防止这种裂缝的措施是尽量降低混凝土的水化热，控制水灰比，采用合适的搅拌时间和浇筑措施，以及防止混凝土表面水分过快的蒸发（覆盖席棚或塑料布）等。

（3）混凝土塑性坍落引起的裂缝。在大厚度的构件中，混凝土浇筑后半个小时到数个小时即可发生这种裂缝，其原因是混凝土的塑性坍落受到模板或顶部钢筋的抑制，或是在过分凹凸不平的基础上进行浇筑，或是模板沉陷、移动，以及斜面浇注的混凝土向下流淌，使混凝土发生不均匀的坍落所致。

防止这种裂缝的方法是采用合适的混凝土配合比（特别要控制水灰比），防止模板沉陷，合适的振捣和养护等。

（4）混凝土干缩引起的裂缝。硬化过程中的混凝土，因干缩而引起的体积变化，若其受到约束时，可能产生这种裂缝，如两端固定梁，高配筋率梁的开裂等。

防止这种裂缝的措施是改善水泥性能，合理减少水泥用量，降低水灰比，对结构合理分缝，配筋率不要过高等，而加强潮湿养护尤为重要。

（5）外界温度变化引起的裂缝。混凝土结构突然遇到短期内温度发生大幅度的变化，会产生较大的内外温差，引起较大的温度应力而使混凝土开裂，如寒潮的袭击，混凝土烟囱等结构。

防止这类裂缝的措施是对于突然降温，要注意天气预报，采取防寒措施；对于高温，要采取隔热措施、合适的配筋与及时施加预应力等。

（6）不均匀沉陷引起的裂缝。超静定结构的基础沉陷不均匀时，结构构件受到强迫变形，会使结构构件开裂出现裂缝。

防止这类裂缝的措施是，根据地基条件和结构形式，采取合理的构造措施，如设置沉降缝等。

（7）钢筋腐蚀引起的裂缝。钢筋混凝土构件产生这种裂缝一般是受其工作环境、混凝土密实性不良、保护层过薄等因素的影响。构件因混凝土内钢筋锈蚀，体积膨胀，对周围混凝土挤压，使其胀裂，这种裂缝通常是"先锈后裂"，其走向沿钢筋方向，成为"顺筋裂缝"，对耐久性影响较大。

（8）荷载作用引起的裂缝。构件承受不同性质的荷载作用，其裂缝形状也不同。通常情况是裂缝的方向大致与主拉应力方向正交。为控制荷载作用下的裂缝，在结构设计规范中，给出了相应的计算方法和裂缝控制标准（抗裂或限制裂缝宽度）。

2. 裂缝对结构造成的危害

裂缝的出现会给结构带来了一系列的劣化影响：

（1）贯穿性裂缝改变了结构的受力模式，降低了混凝土的整体稳定性，有可能使结构的承载能力受到威胁。

（2）对于挡水结构及地下结构，贯穿性裂缝会引起渗漏，严重时影响结构的正常使用。非贯穿性裂缝会由于渗透水压力的作用而使得裂缝呈现不稳定发展趋势，促使贯穿性裂缝出现。此外，渗透水的冻融作用还会导致结构发生冻融破坏。

（3）在预应力桥梁结构中，裂缝的出现使结构的刚度降低，变形增加，超过规定的允许范围，结构无法正常使用；裂缝对动力机械及精密仪器的基础也有不利影响。

（4）裂缝的开展使结构在偶然荷载（如地震）作用下易于破坏，降低了结构的安全度。

（5）过宽的裂缝会导致结构耐久性下降。

2.2　砌体结构损伤机理及其危害

2.2.1　砌体结构的裂缝

砌体结构的开裂现象较为普通，它们除了影响建筑物的美观和正常使用外，还会降低结构的刚度、稳定性和整体性，甚至威胁结构的承载能力，严重时会引起倒塌事故。为了防止或减少裂缝的产生，必须对其产生原因进行分析。

1. 沉降裂缝

沉降裂缝主要指墙体因地基的不均匀沉降而产生的裂缝。该类裂缝常见的有以下几种：

（1）斜裂缝。这是最常见的一种裂缝，其主要原因是地基不均匀变形，使墙身受到较大的剪应力，造成砌体的主拉应力破坏。当建筑物中间沉降大，两端沉降小（正向挠曲）时，墙上会出现"八"字形裂缝，反之呈现为倒"八"字形裂缝。

（2）窗间墙上水平裂缝。这种裂缝一般成对地出现在窗间墙的上下对角处，沉降大的一边裂缝在下，沉降小的一边裂缝在上，并且靠窗处裂缝较宽。裂缝的主要原因是地基不均匀沉降，使窗间墙受到较大的水平剪力。

（3）竖向裂缝。这种裂缝一般产生在纵墙顶部或底层窗墙上，裂缝均表现为上面宽，向下逐渐缩小。

（4）单层厂房与生活间连接墙处的水平裂缝。多数是温度变形造成的，但也有的是由于地基不均匀沉降，使墙身受到较大的来自屋面板水平推力而产生裂缝。

以上各种裂缝往往是在结构建成后不久出现，裂缝的严重程度随着时间的推移逐渐发展。

2. 温度裂缝

温度裂缝是指在温度作用下因墙体与屋盖、楼盖变形不协调而在墙体上出现的裂缝，或者在温度作用下墙体本身因过大的收缩变形而产生的裂缝。该类裂缝较为普遍，最典型的裂缝有以下几种的类型：

（1）房屋顶层墙上的"八"字形裂缝。

（2）女儿墙角裂缝，女儿墙根部的水平裂缝。

（3）沿窗边（或楼梯间）贯穿整个房屋的竖直裂缝。

（4）较空敞高亮大房间窗口上下水平裂缝等。

产生温度裂缝的主要原因是：砖混建筑、单层厂房及多层框架等结构中砖砌体材料和钢筋混凝土材料的膨胀系数和收缩率不同，当环境温度变化时，各自产生不同的变形。因此当建筑物一部分结构发生变形，而又受到另一部分结构的约束时，其结果必然在结构内部产生应力，当超过砌体的抗拉能力时，就会在墙上出现裂缝。

3. 受力裂缝

在不同的受力情况下，砖砌体的裂缝形态的主要特征如下：

（1）轴心受压或小偏心受压时，墙、柱裂缝走向一般是竖直的。

（2）大偏心受压时，可能出现水平方向裂缝。

（3）裂缝常出现在墙、柱下部 1/3 处（但上下端局部承压强度不够除外），裂缝宽度 0.1～0.3mm 不等，呈现中间宽，两端细的特点。

砖砌体受力后产生裂缝的原因比较复杂，设计截面过小，稳定性不够，结构构造不良，砖及砂浆强度低等均可能引起开裂。

4. 建筑构造

不合理的建筑构造措施也会造成砖墙裂缝的产生。最常见的是在扩建工程中，新旧建筑砖墙如果没有适当的构造措施而砌建成整体，其结合处往往会产生裂缝。其他如圈梁不封闭，变形缝设置不当等均可能造成砖墙局部裂缝。

5. 施工质量

砖墙在砌筑中由于组砌方法不合理，重缝、通缝多等施工质量差等问题，在混水墙往往容易出现无规则的裂缝。另外，留脚手眼的位置不当、断砖集中使用、砖砌平拱中砂浆不饱满等也易引发裂缝的产生。

6. 相邻建筑的影响

与已有建筑邻近的新建建筑施工过程中，开挖、排水、打桩等都可能影响原有建筑地基基础及上部结构，从而造成墙砌体的开裂。此外，还因新建工程对旧建筑地基应力的影响，使旧建筑的不均匀沉降而造成砌墙等处产生裂缝。

2.2.2　砌体结构的变形

1. 沿墙面的变形

沿墙面水平方向的变形称为倾斜，沿墙面垂直方向的变形称为弯曲。

（1）施工不良造成的倾斜。砖墙在砌筑中由于组砌方法不合理，灰缝厚薄不均匀，砌筑砂浆的质量不符合规范规定等施工问题，往往会使墙体出现倾斜变形。

（2）地基不均匀沉降造成的倾斜。地基不均匀沉降造成的倾斜一般有以下两种情况：地质均匀而荷载（主要是恒载与活载）不均匀所造成的倾斜，以及荷载均匀但地质不均匀所造成的倾斜。其原因如下：

1）如果荷载不均匀或地质不均匀，均有可能导致房屋的弯曲，包括向上或向下的弯曲。

2）即使荷载与地质均为均匀，但是如果是高压缩性的地基，也会产生使房屋向下弯曲的沉降。这是由于地基应力的扩散，导致房纵向中点下地基的实际应力为最大而越向两端越小。基底中点下地基受到比附近更大的压应力，因而中点的沉降也必然比附近的大，造成基础呈圆弧的向下弯曲，也带来上层建筑相同的弯曲变形。

（3）横墙侧向刚度不足造成的倾斜。横墙由于高度大于宽度或开洞太多而导致侧向刚度不足时，在水平荷载作用下的侧移超过规范规定的允许值，且砖砌体呈现弹塑性变形特性，在外荷载取消后，约30%的侧移不消失。

（4）沿墙平面的弯曲。沿墙平面的弯曲也分为施工不良造成沿墙平面的弯曲与基础不均匀沉降造成的弯曲，其各自原因同上。

2. 出墙面的变形

垂直于墙面的变形被称为"出墙面变形"，产生该变形的原因大致有以下几种：

（1）由于墙身刚度不足所引起的变形。高厚比过大，超过规范规定的允许值（即由于设计错误）。

1）非承重墙。向水平面投视时可见其向外弯曲，向竖直面投视时可见其向外倾斜。

2）承重墙。尤其是端部承重墙，水平投视可见其向外弯曲，竖直面投视也可见其向外弯曲。

3）当纵墙缺少与楼盖的水平拉结时，在风力作用下会产生向外的倾斜。

（2）框架填充墙与排架围护墙的出墙面变形。

1）框架填充墙。此墙的稳定性依靠两侧的拉结筋与上下顶连接，要求预埋在柱内的插筋位置必须在灰缝处。此处在砌到梁底时不允许与下面一样平砌，而应斜侧砌与斜立砌，并使砖角上下顶紧。

2）排架围护墙。依靠从排架柱顶预埋锚固筋的伸出，与围护墙加强联系。同时，承墙梁必须装配成连续梁，其上下间距也不宜大于4.0m。

（3）由于出墙面强度不足所引起的变形。一般情况下，由于出墙面强度不足所引起的变形多发生在外墙与偏心受压墙，无论侧视或俯视，均可见出墙面的弯曲，且大多向外弯曲。

此外，施工不良、地基不均匀沉降等也易引起出墙面变形的产生。

2.2.3　造成砌体承载力不足的原因

1. 设计方面

因设计造成砌体承载力不足的原因主要表现有：采用的截面偏小，使用的砖和砂浆强度等级偏低，钢筋混凝土大梁支座处未设置梁垫，把大梁布置在门窗洞上面但没有设置托梁，以及砌体的高厚比等构造不符合规范规定等。

2. 施工方面

（1）砖的质量不合格。砖砌体的强度是与砖和砂浆的强度相关联的。如果在施工中使用了强度等级低于设计要求的砖，必定会降低砌体的强度，从而影响其承载能力。此外，砖的形状、焙烧情况、制砖成分等，也对砖砌体强度有影响。

（2）砂浆强度偏低。砂浆强度直接影响砌体的强度，如砂浆强度偏低，必然会降低砌体的强度。

（3）灰缝砂浆饱满度不够。砖砌体是用砂浆将零星的砖块粘结在一起的，其强度不仅取决于砖和砂浆的实际强度等级，而且也和灰缝砂浆饱满度有关。国家标准规定砖砌体的水平灰缝的砂浆饱满度不得低于80%；竖缝要求使用挤浆方法施工，使其砂浆饱满。

（4）组砌不合理。砖砌体是由砂浆将单个的砖块粘结在一起而成的。如果组砌不合理，也会降低砌体的承载能力。

（5）随意打洞或留洞位置不适当。为了安装水、暖、电管线，在已经砌好的砖墙、砖柱上随意开槽打洞，必定会降低砖砌体的承载能力。

2.3　钢结构损伤机理及其危害

2.3.1　钢结构的稳定问题

钢材具有高强、质轻、力学性能好等优点，是一种很好的建筑材料。由于钢材质轻高强，与普通的钢筋混凝土结构、砌体结构相比，在承受外力相同的条件下，钢结构构件具有截面轮廓尺寸小、构件细长和板件柔薄的特点。因此对于承受压应力的构件或板件，如果考虑不周或处理不当，很容易使钢结构发生整体失稳或局部失稳破坏。

1. 影响钢结构构件整体失稳的主要原因

（1）构件设计的整体稳定不满足。影响构件整体稳定最主要的因素是长细比 λ（$\lambda = L/i$，即构件的计算长度与其截面回转半径之比）。需要特别注意钢结构中型钢截面两个主轴方向的计算长度可能有所不同，以及构件两端实际支承情况与采用的理想支承情况间的差别，这都可能导致钢结构发生整体失稳破坏。

（2）构件的各种初始缺陷。在构件的稳定分析中，各种初始缺陷对其极限承载力的影响比较显著。这些初始缺陷主要有初弯曲、初偏心（轴压构件）、钢材热轧和冷加工而产生的残余应力和残余变形、钢材焊接产生的残余应力和残余变形等。

（3）构件受力条件的改变。钢结构使用荷载和使用条件的改变，如超载、节点的破坏、温度的变化、基础的不均匀沉降、意外的冲击荷载、结构加固过程中计算简图的改变等，引起受压构件应力增加，或者是受拉构件转变为受压构件，导致构件整体失稳。

（4）施工临时支撑体系不够。在结构的安装过程中，由于结构并未完全形成一个满足设计要求的受力整体或整体刚度较弱，通常需要设置一些临时支撑体系来维持结构或构件的整体稳定。若临时支撑体系不完善，轻则会使部分构件丧失整体稳定，重则造成整个结构的倒塌或倾覆。

2. 导致钢结构构件局部失稳的主要原因

（1）构件局部稳定不满足。钢结构构件，特别是组合截面构件的设计中，当规定的构件局部稳定的要求不满足时，如工形、槽形等截面翼缘的宽厚比和腹板的高厚比大于限值时，易发生局部失稳。

（2）局部受力部位加劲构造措施不合理。构件的局部受力较大部位，如支座、较大集中荷载作用点，没有设置支承加劲肋，而使外力直接传给较薄的腹板容易产生局部失稳。构件运输单元的两端以及较长构件的中间如果没有设置横隔，容易出现局部失稳破坏。

（3）吊装时吊点位置选择不当。在吊装过程中，由于吊点位置选择不当会造成构件局部较大的压应力，从而导致局部失稳，所以钢结构的设计图纸应详细说明正确的起吊方法和吊点位置。

2.3.2　钢结构的疲劳破坏问题

1. 疲劳破坏的机理及其影响因素

在持续反复荷载作用下，钢材内部及其外表的薄弱点（如损伤或有杂质处）附近形成应力集中，使钢材在很小的区域内产生较大的应变，于是在该处首先出现微小裂纹，随着荷载继续作用微裂纹不断扩展，当扩展到一定程度时，该截面上的应力超过钢材晶粒格间的结合力而发生脆断，这就是钢材的疲劳破坏机理。破坏前不出现明显的变形或局部的缩颈，没有明显预兆，属于脆性破坏。

钢材的疲劳破坏与疲劳强度、荷载循环次数，构件表面情况、焊缝表面情况、应力集中、残余应力、焊缝缺陷因素等有关，与钢材本身的强度关系不大。

2. 疲劳破坏的防治

钢结构的疲劳破坏有效预防措施有：把好选材关，选用优质钢材；注意制作过程；精心使用，定期检查。

2.3.3　钢结构的脆性断裂问题

1. 脆性破坏的机理及其影响因素

脆性断裂是由于结构内部存在着不同类型和不同形式的裂纹，在荷载和恶劣环境作用下，裂纹扩展到临界尺寸时发生的断裂。脆性断裂本质上是裂纹处存在尖锐的应力集中而引起的破坏。有时尽管荷载很小，甚至没有外荷载作用，脆性断裂破坏也会发生。

影响钢材脆性断裂的因素可分为外部因素和内部因素。外部因素一般是指低温、腐蚀及反复荷载等；而内部因素则是钢材本身的缺陷、设计不合理以及施工质量差等。

2. 脆性破坏的防治

钢结构脆性破坏由于具有急剧性，造成的危害相当大，应极力避免这样的事故发生。而避免钢结构脆性断裂的关键在于选择合适的材料，精心施工，定期检查和及时采取有效措施。

2.3.4　钢结构的防火与防腐问题

1. 钢结构的防火

钢结构防火性能较差。当温度升高到一定程度时，钢材的强度会降低，如温度达到550℃时，钢材的屈服强度大约降低至正常温度时屈服强度的 0.7 倍。在高温条件下可能引起钢结构的破坏，引起钢结构的防火问题十分突出。钢结构应根据相关规范规定的防火等级，采取相应的防火措施使建筑结构能满足相应防火标准的要求。在防火标准要求的时间内，应使钢结构的温度不超过临界温度 550℃，以保证结构的正常承载能力。必要时需要根据防火时间来选择合适的防火构造措施。常用的防火措施有：将钢结构构件埋于绝热材料中（多用于柱），用预制绝热板材粘结或钉固于钢构件外面，以及用灰浆绝热材料直接喷涂于钢构件表面形成防火墙（用于隐蔽的梁）等。

所有多层钢结构及有热源的车间均应采取有效的防火构造措施。

2. 钢结构的防腐

钢材和外部介质相互作用而产生的损坏过程称为腐蚀，又称为钢材锈蚀。钢材锈蚀分为化学腐蚀和电化学腐蚀两种。化学腐蚀是指大气或工业废气中含有的氧气、碳酸气、硫酸气或非电介质液体与钢材表面作用（氧化作用）产生氧化物引起的锈蚀。电化学腐蚀是指钢材内部含有的其他金属杂质具有不同电极电位，在与电介质或水、潮湿气体接触时，产生源电池作用，使钢材腐蚀。绝大多数钢材锈蚀是电化学腐蚀或化学腐蚀与电化学腐蚀同时作用形成，其腐蚀速度与环境湿度、温度及有害介质浓度有关。

2.4　地基基础损伤机理及其危害

任何建筑物都建在地层上，因此，建筑物的全部荷载都由它下面的地层来承担，受建筑物影响的那一部分地层称为地基；建筑物向地基传递荷载的下部结构称为基础。

一般来说，基础可分为浅基础（埋置深度小于或相当于基础底面宽度，一般认为小于5m）和深基础两类。开挖基坑后可以直接修筑基础的地基，称为天然基础。那些不能满足要求而需要事先进行人工处理的基础，称为人工基础。基础按其变形特性可分为柔性基础和刚性基础；按基础形式可分为独立基础、联合基础、条形基础、筏形基础、箱形基础、桩基础、地下连续墙基础等。

地基基础是保证建筑物安全和满足使用要求的关键。因此，其设计必须满足地基承载力以及整体稳定性要求，不产生滑动破坏；建筑物基础沉降不超过地基变形允许值，保证建筑物不因地基变形发生损坏或影响正常使用。一般出现地基基础事故的原因有以下几个方面：

1. 地基失稳

结构物作用在地基上的荷载超过地基承载力，地基将产生剪切破坏。破坏时基础四周地面出现明显隆起现象，称为整体剪切破坏。若四周地面略有隆起，称为局部剪切破坏。假如完全没有隆起迹象，则称为冲切剪切破坏。地基产生剪切破坏将引起结构物破坏甚至倒塌。

2. 土坡失稳

建造在土坡上或土坡顶以及土坡趾附近的建筑物会因土坡滑动产生破坏。造成土坡滑动的外界不利因素很多，如坡上加载、坡趾取土、雨水渗流等因素都会降低土层界面强度促使局部土体滑动，土坡失稳坍塌很容易造成严重的工程事故，不仅危及边坡上的建筑物，还会危及坡顶和坡脚附近的建筑物安全。

3. 软弱地基

软土一般抗剪强度较低、压缩性较高、透水性能差。在软土地基上修建建筑物，如果不进行地基处理，当建筑物荷载较大时，软土地基就有可能出现局部剪切破坏甚至整体滑动。此外，软土地基上建筑物的沉降和不均匀沉降较大，沉降稳定历时较长，会造成建筑物开裂或严重影响使用。

4. 湿陷性黄土地基

湿陷性黄土在天然含水量下，一般强度较高，压缩性较差，受水浸湿后，土的结构迅速破坏，强度随之降低，并发生显著的附加下沉。这种变形大速率高的湿陷，会导致建筑物产生严重变形甚至破坏。

5. 膨胀土地基

膨胀土具有吸水膨胀和失水收缩的特性，它一般强度较高，压缩性较差，易被误认为是承载力较好的地基土。利用这种土作结构地基时，如果对它的特性缺乏认识，在设计和施工中没有采取有效措施，其膨胀和收缩变形会引起上部结构墙体开裂，严重时会危及结构安全。

6. 季节性冻土地基

季节性冻土是指冬季冻结夏季融化的土层，每年冻融交替一次。冻土地基因环境条件变化在冻结和融化过程中往往产生不均匀冻胀和融陷，过大的冻融变形将导致建筑物开裂或破坏，影响建筑物正常使用和安全。

本 章 小 结

结构的损伤破坏是引起结构侧承载性能和耐久性能降低的主要原因，无论是人为主观因素或者是自然客观因素都会引起建筑结构的损伤破坏，甚至导致结构倒塌。设计方案的欠缺、设计人员的错误，以及施工人员的偷工减料、使用低劣建筑材料、施工质量不合格等人为因素缺陷容易引起结构的损伤破坏，而地震、火灾、飓风、地质灾害等自然灾变荷载会加速结构的损伤破坏。

采取合理的设计方法和科学的建造手段，是可以有效地减少或减缓建筑结构的损伤破坏。对于混凝土结构，可以通过防止混凝土的碳化、腐蚀、碱骨料反应、冻融、开裂以及钢筋锈蚀（或腐蚀）等有效手段，减少其损伤；对于砌体结构，应避免其开裂，以及采取可靠措施限制的过大的变形以及保证其足够的承载能力，是十分有效的防止砌体结构损伤的方法；钢结构的整体和局部失稳是其力学性能的薄弱环节，可以采取限制构件的长细比、板件的宽厚比、加设加劲肋等提高钢结构稳定性和疲劳性能，以及采用防火、防锈涂料，能有效减缓钢结构的损伤，延缓其使用年限。

地基基础对保证结构的整体安全性十分重要，通过采用合理措施改善软弱地基、湿陷性黄土、膨胀土、季节性冻土，防止建筑结构的地基失稳、土坡失稳能有效较少因地基基础原因引起的建筑结构损伤和破坏。

复 习 思 考 题

2-1　混凝土结构损伤破坏的种类有哪些？

2-2　混凝土结构中钢筋腐蚀的机理是什么？钢筋腐蚀对结构有哪些危害？影响钢筋腐蚀的主要因素有哪些？如何防止钢筋腐蚀？

2-3　混凝土碳化的机理是什么？混凝土碳化对结构有何不利影响？影响混凝土碳化的因素有哪些？

2-4　混凝土冻融破坏的机理是什么？影响混凝土抗冻性的因素有哪些？如何提高混凝土的抗冻性？

2-5　混凝土结构中产生裂缝的原因有哪些？裂缝对结构有何危害？如何进行裂缝控制？

2-6　混凝土结构强度不足的常见原因有哪些？

2-7　砌体结构裂缝的种类有哪些？分别说出其各自产生的原因。

2-8　砌体结构的变形有哪几种？各种变形会对结构所造成什么样的危害？

2-9　简述钢结构的稳定问题。如何防止钢结构的整体失稳和局部失稳破坏？

2-10　简述钢结构的疲劳破坏。导致钢结构疲劳破坏的原因有哪些？如何防止钢结构的疲劳破坏？

第3章

建 筑 结 构 检 测

本章讲述了建筑结构检测的概念、工作程序以及不同类型建筑结构的检测方法，并重点讲述了混凝土结构、砌体结构、地基基础的检测方法。最后介绍了检测报告编写的主要内容和要求。

通过本章学习，学生应掌握混凝土结构、砌体结构、地基基础强度检测的常用方法，了解建筑结构检测的概念及检测程序，学会运用国家标准、规范进行生产实践。

3.1 建筑结构检测的概念与分类

3.1.1 建筑结构检测的概念

为了评定建筑结构的工程质量或鉴定既有建筑结构的性能等所实施的检测工作称为建筑结构检测。建筑结构检测是通过对结构物受到各种不同因素作用后的观测和测试，并进行分析与计算，对结构物的工作性能及可靠性进行评价，并对结构物的承载能力作出正确的估计，同时，为验证和发展理论以及对新结构的研究提供依据。建筑结构检测是围绕建筑实体的结构强度、刚度和稳定性，对建筑实体进行相关的检测，是结构可靠性鉴定与耐久性评估的手段和基础。建筑结构的检测应为建筑结构工程质量的评定或建筑结构性能的鉴定提供真实、可靠、有效的检测数据和检测结论，是评定结构工程质量的重要手段。

检测包括检查和测试两方面工作。检查一般是指利用目测了解结构或构件的外观情况，例如，结构是否有裂缝，基础是否有沉降，混凝土构件表面是否存在蜂窝、麻面，钢结构焊接是否存在夹渣、气泡、咬边，连接构件是否松动等，主要是进行定性判别。测试是指通过工具或仪器了解结构构件的力学性能和几何特性，对观察到的情况要详细记录，对测量的数据要做好原始记录，并对原始记录进行必要的统计和计算。检测数据要公正、可靠，经得起推敲，尤其是对于重大问题的责任纠纷，涉及法律责任和经济责任，更加要求检测数据必须真实、客观。

3.1.2 建筑结构检测的分类及内容

建筑结构的检测一般可分为建筑结构工程质量的检测和既有建筑结构性能的检测两类。建筑结构工程质量的检测一般针对新建工程，包括施工阶段和通过验收不满两年的工程；既有建筑工程指已建成两年以上且投入使用的建筑工程。这两大类中的每一类又可以根据检测的性质进行分类，建筑结构工程质量的检测可分为施工过程中的质量控制检测、质量验收检测、结构工程的实体检测和对结构工程质量有怀疑或不符合验收要求的检测等几种类别。既有建筑结构性能的检测又分为建筑结构安全性检测，建筑结构抗震检测，建筑大修前的可靠性检测，建筑改变用途、改造、加层或扩建前的检测，建筑结构达到设计使用年限需要继续使用的检测，受到灾害、环境侵蚀等影响的建筑检测等。

按结构承受的荷载类别，可将结构检测分为静载检测和动载检测两大类。静载检测的作用在于通过观测各种变形（如挠度、转角、应变、支座位移、局部破坏现象等）判断结构在静荷载作用下的工作状态。动载检测的作用在于探查振动作用力或振源的特性、结构及其部件的动力特性，研究结构在动载作用下的工作性能。

根据检测目的不同，可将结构检测分为鉴定性检测和研究性检测两大类。

鉴定性检测主要是通过检测材料的力学性能，检测结构的实际工作状况和承载能力，为改建、扩建、超载使用或加固补强提供数据。同时检测一些比较重要的结构或批量生产的预制构件的施工质量，评定其质量的可靠程度。

研究性检测的目的在于确定新的结构计算理论，为编制结构设计规范提供理论上的依据。一种新材料出现以后，必须全面了解其性能；施工工艺的改变，对结构性能会产生直接的影响；新结构需要评定其可靠性，验证计算方法的正确性；要确立新的结构计算理论，必须有赖于多方面的参数、图表等。为此，都要通过研究性检测才能作出结论。

此外，结构检测也可按下列分法分类：

按分部工程，可分为地基工程检测、基础工程检测、主体工程检测、维护工程检测、粉刷工程检测、装修工程检测、防水工程检测、保温工程检测等。

按分项工程，可分为地基、基础、梁、板、柱、墙的检测等。

按结构材料不同，可分为砌体结构检测、混凝土结构检测、钢结构检测、木结构检测等。

按结构用途不同，可分为民用建筑、工业建筑、桥梁工程、水利水电工程检测。

按检测内容不同，可分为几何量检测、物理力学性能检测、化学性能检测等。

按检测技术不同，可分为无损检测、半破损检测、破损检测、综合法检测等。

建筑结构检测的内容很广，通常包括结构材料性能、结构的构造措施、结构构件尺寸、结构与构件的开裂和变形情况以及结构性能实际情况的检测等。

建筑工程结构检测的内容较为复杂，凡是影响结构可靠性的因素都可以成为检测的内容，从这个角度讲，检测内容根据其属性可以分为：几何度量（如结构的几何尺寸、地基沉降、结构变形、混凝土保护层厚度、钢筋位置和数量、裂缝宽度等）、物理力学性能（如材料强度、桩的承载能力、预制板的承载能力、结构自振周期等）和化学性能（如混凝土碳化、钢筋锈蚀等）。

根据结构类型和鉴定、加固的需要，常见的结构检测内容如下：

1. 各种结构类别的检测内容

（1）地基基础检测。地基基础检测包含地基特性测试和基础特性测试两部分内容。其中，地基特性测试主要针对地基土层分布状况、地基土物理力学指标、地基承载力和变形等进行测试；而基础特性测试主要是对基础强度和基桩质量进行检测。

（2）砌体结构构件检测。砌体结构构件检测主要包括：材料强度（砖、石、砌块及砂浆）、砌筑质量（砌筑方法、砂浆饱满度、截面尺寸及垂直度等）、砌体强度、砌体裂缝等的检测。

（3）混凝土结构构件检测。混凝土结构构件检测主要包括：测定混凝土的强度、钢筋的位置与数量、混凝土外观缺陷及内部缺陷等。

（4）钢结构构件检测。钢结构构件检测主要包括：材料检测（如结构材料的力学性能、材料成分的化学分析、材料表面质量、焊条、涂料质量等）、结构的连接检测（如螺栓、焊缝等质量检测）、结构性能检测（如构件的承载能力、强度校核等）。

2. 各种检测项目的检测内容

（1）结构与构件的外观检测，如构件平整度、轴线偏差、构件尺寸准确度、表面缺陷、砌体的咬磋情况、裂缝情况等。

（2）结构与构件力学特性检测，如地基承载力、材料力学性质、构件承载力、桩基施工质量及承载力等。

（3）内部缺陷的检测，如混凝土内部孔洞、离析、裂缝，钢结构的裂纹、焊接缺陷等。

（4）材料成分的化学分析，如混凝土骨料分析、水泥成分分析、钢材化学成分分析等。

3. 国家标准规定的检测内容

《建筑结构检测技术标准》（GB/T 50344—2004）规定，当遇到下列情况之一时，应进行建筑结构工程质量的检测：

（1）涉及结构安全的试块、试件以及有关材料检验数量不足。

（2）对施工质量的抽样检测结果达不到设计要求。

（3）对施工质量有怀疑或争议，需要通过检测进一步分析结构的可靠性。

（4）发生工程事故，需要通过检测分析事故的原因及对结构可靠性的影响。

当遇到下列情况之一时，应对既有建筑结构现有缺陷和损伤、结构构件承载力、结构变形等涉及结构性能的项目进行检测：

（1）建筑结构安全鉴定。

（2）建筑结构抗震鉴定。

（3）建筑大修前的可靠性鉴定。

（4）建筑改变用途、改造、加层或扩建前的鉴定。

（5）建筑结构达到设计使用年限要继续使用的鉴定。

（6）受到灾害、环境侵蚀等影响建筑的鉴定。

（7）对既有建筑结构的工程质量有怀疑或争议。

另外，对既有建筑物除了上述情况的检测外，宜在设计使用年限内对建筑结构进行常规检测。常规检测宜以下列部位构件为检测重点：

（1）出现渗、漏水部位的构件。

（2）受到较大反复荷载或动力荷载作用的构件。

（3）暴露在室外的构件。

（4）受到腐蚀性介质侵蚀的构件。

（5）与侵蚀性土壤直接接触的构件。

（6）受到冻融影响的构件。

（7）委托方年检怀疑有安全隐患的构件。

（8）容易受到磨损、冲撞损伤的构件。

此外，对于重要和大型公共建筑，宜进行结构动力测试和结构安全性监测。

3.1.3　建筑结构检测的原则

建筑结构的检测是一项技术性较强的工作，一个建筑物要检测哪些内容，需要由鉴定委托人视结构的复杂程度、房屋的现状和委托鉴定的目的而定。结构检测费财费时，有时还会对房屋的正常使用造成一定影响，因而检测的内容、范围和数量必须在开始前与委托单位协商后明确。检测工作一般应遵循以下几个原则：

（1）"必须、够用"原则。必须明确建筑工程检测的目的，建筑工程结构检测的目的决定了结构检测的范围、内容、项目及检测抽样方案，进而明确局部、专项与整体、新建工程质量与既有建筑的安全等检测目的；必须了解建筑工程结构检测的对象，从图纸资料和现场查看两个方面了解建筑工程结构检测的对象，有助于进一步确定检测的目的和内容；必须确定检测的范围和项目，检测的范围不能随意扩大，也不能由于委托方未明确检测的内容而精简检测内容和项目。

（2）针对性原则。针对具体的检测工程，选择合适的抽样方案和检测方法。《建筑结构检测技术标准》（GB/T 50344—2004）结合建筑结构工程检测项目的特点，给出了不同的抽样检测方案。该标准给出了不同结构类型、不同检测项目的检测方法及其适用的范围，在实际工程的结构检测中，检测单位应根据检测目的、检测项目、建筑结构的质量现状和现场条件等情况，综合选用合适的检测方法。

（3）规划性原则。测试方法必须符合国家有关的规范标准要求，测试仪器必须标准，测试单位必须具备资质，测试人员必须取得上岗证书。

（4）科学性原则。被测构件的抽取、测试手段的确定、测试数据的处理要有科学性，切忌头脑里先有结论而把检测作为证明来对待。

3.2　建筑结构检测依据的标准、规范与规程

在现代建筑结构设计和施工中，建筑结构的安全、可靠是建筑工程质量的重要指标。随着我国工程建设的发展，对新建工程的质量检测以及已有建筑物的检测鉴定变得越来越重要。在对建筑物的质量进行评定时，需要对建筑物的整体结构、结构的某一部分或某些构件进行检测。对结构进行检测，要通过对结构物的调查、研究并遵循相关规范、标准的原则下进行检测。

建筑结构检测是一项严谨的科学实践活动，不同于一般的工程操作，建筑结构的检测与建设工程施工阶段的送样和质量检查有明显的区别，它通常为事后检测，其工作难度大，技术含量高，检测技术一般结合了建筑科学、化学、材料学、物理学、电子学等，是一项学科交叉性较强的实践活动，通常是检测单位受委托方的请求而进行的。

建筑结构的检测方法很多，选用检测方法时应遵循下列基本规定：

（1）根据检测项目、检测目的、建筑结构状况、现场条件并结合已有检测手段和设备来选择合适的检测方法。

（2）现场检测宜优先选用对结构构件无损伤或损伤较小的检测方法。当选用局部破损的取样检测方法或原位检测方法时，宜选择结构构件受力较小的部位，并不得损害结构的安全性。当对古建筑和纪念性的既有建筑结构进行检测时，应避免对建筑结构造成损伤。对重要和大型公共建筑的结构进行动力检测时，应根据结构的特点和检测的目的，分别采用环境振动和激振等方法。对重要大型工程和新型结构体系的安全性监测，应根据结构的受力特点制定监测方案，并对监测方案进行论证。

（3）对于通用的检测项目，应选用国家标准或行业标准；对于有地区特点的检测项目，可选用地方标准；对同一种方法，地方标准与国家标准或行业标准不一致时，有地区特点的部分宜按地方标准执行，检测的基本原则和基本操作要求应按国家标准或行业标准执行；当国家标准、行业标准或地方标准的规定与实际情况有差异或存在明显不适问题时，可对相应规定作适当调整或修正，但调整与修正应有充分的依据，调整与修正的内容应在检测方案中予以说明，必要时应向委托方提供调整与修正的检测细则。

（4）采用扩大检测标准适用范围的检测方法时，应遵守下列规定：所检测项目的目的与相应检测标准相同；检测对象的性质与相应检测标准检测对象的性质相近；应采取有效的措施，消除因检测对象性质差异而存在的检测误差；检测单位应有相应的检测细则，在检测方案中应予以说明，必要时应向委托方提供检测细则。

（5）采用检测单位自行开发或引进的检测仪器及检测方法时，应遵守下列规定：该仪器或方法必须通过技术鉴定，并具有一定的工程检测实践经验；该方法应事先与已有成熟方法进行对比试验；检测单位应有相应的检测细则；在检测方案中应予以说明，必要时向委托方提供检测细则。

我国现行的建筑结构检测标准主要有：

（1）《建筑结构检测技术标准》（GB/T 50344—2004）。

（2）《砌体工程现场检测技术标准》（GB/T 50315—2000）。

（3）《回弹仪评定烧结普通砖强度等级的方法》（JC/T 796—1999）。

（4）《钻芯法检测混凝土强度技术规程》（CECS 03：2007）。

（5）《回弹法检测混凝土抗压强度技术规程》（JGJ/T 23—2001）。

（6）《建筑变形测量规范》（JGJ 8—2007）。

（7）《超声法检测混凝土缺陷技术规程》（CECS 21：2000）。

（8）《超声回弹综合法检测混凝土强度技术规程》（CECS 02：2005）。

（9）《后装拔出法检测混凝土强度技术规程》（CECS 69：94）。

3.3 建筑结构检测的工作程序与基本规定

发生工程质量问题之后，一般都需要进行结构的检验和评定，这种检验与评定是为了分析质量问题发生的原因，以便划分责任、吸取教训；同时也是为工程技术处理提供依据，以决定是继续施工、使用，还是需要加固、改造，或是报废拆除。

建筑结构检测的工作程序为：委托、调查、编写检测方案、检测、出具检测报告，如图 3-1 所示。接到建筑结构检测委托之后，对于较大型的房屋建筑应成立专门的检测小组，首先开展对建筑结构的调查，即对该结构的所有资料进行调查，以及对现场的实地调查，然后制定检测方案，根据检测方案对该结构进行各项检测，必要时做补充检测，并出具检测报告。

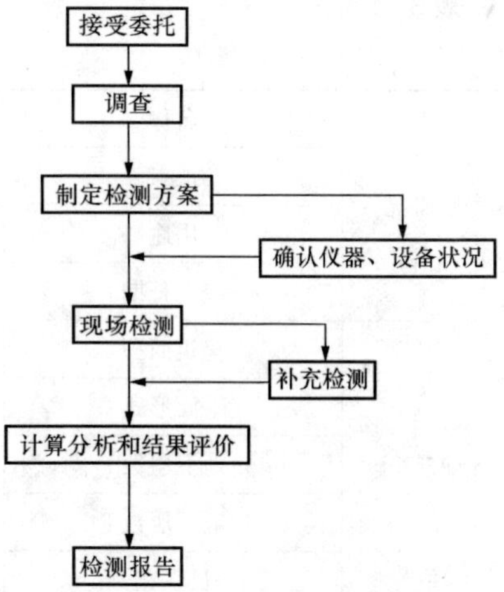

1. 委托

委托方应向检测单位提出书面委托，并提供如下资料：

（1）建筑结构检测委托书，说明该建筑的类别、检测目的、要求及完成时间等，必要时签订合同。

图 3-1　建筑结构检测工作程序框图

（2）建筑结构的基本资料，包括该建筑的位置、用途、竣工日期、装修情况、地震设防等级、地下水位等资料；设计、施工、监理单位。

（3）主要设计和施工资料，包括设计计算书、施工图（建筑图、结构图及水暖电图）、地质勘察报告、全部竣工资料（包括开、竣工报告、材料合格证及检测报告、混凝土配合比及其强度检测报告、质量验收记录、设计变更、施工记录、隐蔽工程验收记录及竣工图等）、地基沉降观测记录等。

（4）建筑的使用情况及维修、加固改造情况，包括房屋存在的病害（如渗漏、裂缝、变形、沉降）及维修记录、改变用途、房屋所处环境条件或条件改变（有无影响房屋耐久性的振动、腐蚀性介质等）、已有调查资料或加固、加层、改建或扩建施工资料。

2. 调查

检测单位接受委托后，首先要开展调查，调查分为资料调查、现场调查及补充调查，并以房屋的施工情况、现状及存在的质量问题为主，做到重点调查。要仔细察看已有的资料，并察看现场，以掌握房屋过去及目前的情况，作为制定检测方案的依据。

（1）资料调查。仔细查阅委托方提供的资料，并做好记录。

（2）现场调查。现场调查应实地观察，听取现场有关人员的意见，并做好现场调查记录。现场调查应着重做好以下内容：

1）调查结构基本情况、形式、连接，以及荷载变更情况。

2）调查委托方提供的房屋主要问题，如变形、裂缝、渗漏等病害或缺陷；受灾结构的损坏程度，查看改扩建部位或维修加固部位的结构状况。

3）调查地基基础、柱、梁、板等主要承重结构构件的工作状态。基础沉降程度和其所处的环境；查看柱、梁、板有无裂缝、钢筋锈蚀等现象。

4）调查房屋的施工质量，如果有维修、改扩建、加固或加层，应查看其施工质量，以及改建后对整个建筑的影响。

5）查看房屋的环境条件，周围有无空气污染或水污染，以及对房屋建筑的影响。

6）填写初步调查表，样表见表 3-1。

表 3 - 1 　　　　　　　　　　　　初 步 调 查 表

　　　　　　　　　　　　　　　　　　　　　　　　　　　　　　　　　年　月　日

房屋概况	名称		原设计		
	地点		原施工		
	用途		原监理		
	竣工日期		设防烈度/场地类别		
建筑	建筑面积		檐高		
	平面形式		女儿墙标高		
	地上层数		底层标高/层高		
	地下层数		柱距/开间		
	长、宽		屋面防水		
地基基础	地基土		基础形式		
	地基处理		基础埋深		
	冻胀类别		地下水		
上部结构	主体结构		屋盖		
	附属结构		墙体		
	构件	梁板		连接	梁—柱，屋架—柱
		桁架			梁墙，屋架—墙
		柱墙			其他
	结构构造	抗侧力系统		抗震设防情况	
		腰梁			
图纸资料	建筑图		地质勘探		
	结构图		施工记录		
	水、暖、电图		设计变更		
	标准、规范		设计计算书		
	已有资料				
环境	振动		设施	屋顶水箱	
	腐蚀性介质			电梯	
	其他			其他	
历史	用途变更				
	改、扩建		修缮		
	使用条件改变		灾害		
主要问题	委托方				
	检测方				
	合同				

检测单位　　　　　　　　　　检测负责人　　　　　　　　　　记录

（3）补充调查。对于现场调查的未尽事宜、遗漏部分或需要增加数据的情况可进行补充调查。补充调查主要涉及个别项目或个别部位，应在现场调查后尽快进行。

3. 编写检测方案

（1）工程概况，主要包括结构类型、建筑面积、总层数、设计、施工及监理单位，建造年代等。

（2）检测目的或委托方的检测要求。

（3）检测依据，主要包括检测所依据的标准及有关的技术资料等。

（4）检测项目和选用的检测方法以及检测的数量。

（5）检测人员和仪器设备情况。

（6）检测工作进度计划。

（7）所需要的配合工作。

（8）检测中的安全措施。

（9）检测中的环保措施。

4. 检测要求

（1）结合实际。编写方案一定要符合实际情况，根据具体的工程安排人力、设备和工作进程。

（2）编写前要充分查看已有的资料，掌握结构类型、主要结构配筋、施工情况及发现的问题，做到心中有数。

（3）对现场调查结果有清晰的概念，结合资料所提供的信息，对检测的主要目的、重点切中要害地分析，并体现在方案中。

（4）对于检测数量和方法，应坚持普通检测和重点检测相结合的原则，做到由点及面、点面结合。

（5）进度计划要留有余地，实事求是。

（6）绘出检测平面图，标明各种检测项目的抽样位置。

（7）重要大型工程和新型结构体系的安全性检测，应根据结构的受力特点制订检测方案，并进行论证。

5. 现场检测

检测的原始记录，应记录在专用的记录纸上，数据准确，字迹清晰，信息完整，不得追记、涂改，如有笔误，应进行更改。当采用自动记录时，应符合有关要求。原始记录必须由检测及记录人员签字。

6. 数据分析处理

现场检测结束后，检测数据应按有关规范、标准进行计算、分析，当发现检测数量不足或检测数据出现异常时，应再到现场进行补充检测。

7. 结果评定

对检测数据分析，着重分析裂缝或损伤的原因，并评定其是否符合设计规范要求以及是否影响结构性能。

8. 检测报告

检测报告应结论准确、用词规范、文字简练，对于当事方容易混淆的术语和概念可书面

予以解释。检测报告至少应包括以下内容:

(1) 委托单位名称。

(2) 建筑工程概况,包括工程名称、结构类型、规模、施工日期及现状等。

(3) 设计单位、施工单位及监理单位名称。

(4) 检测原因、检测目的,以往检测情况概述。

(5) 检测项目、检测方法及依据的标准。

(6) 抽样方案及数量。

(7) 检测日期,报告完成日期。

(8) 检测项目的主要分类检测数据和汇总结果,检测结果、检测结论。

(9) 主检、审核和批准人员的签名。

3.4 混凝土结构检测

混凝土结构检测可分为混凝土强度、原材料性能、混凝土构件外观质量与缺陷、尺寸与偏差、变形与损伤和钢筋配置等工作,必要时,可进行结构构件性能的实荷检验或结构的动力测试。

3.4.1 混凝土强度检测

混凝土强度是决定混凝土结构和构件受力性能的关键因素,也是评定混凝土结构和构件性能的主要参数。正确确定实际构件混凝土强度一直是国内外学者关心和研究的课题。

结构或构件混凝土抗压强度的检测方法很多,可分为非破损法和局部破损法两类。局部破损法主要有钻芯法、后装拔出法、压入法等。非破损法主要有表面硬度法(回弹法、印痕法)、声学法(共振法、超声脉冲法)等,这些方法可以按不同组合形成多种综合检测法,每种检测操作都应分别遵守相应技术规程的规定。

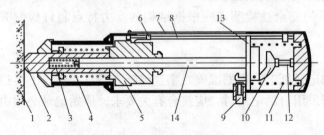

图 3-2　回弹仪构造图

1—结构混凝土表面;2—弹击杆;3—缓冲弹簧;4—拉力弹簧;
5—重锤;6—指针;7—刻度尺;8—指针导杆;9—按钮;
10—挂钩;11—压力弹簧;12—顶杆;13—导向法兰;
14—导向杆

1. 回弹法检测混凝土强度

(1) 回弹法的原理。回弹法是根据混凝土表面的硬度与抗压强度之间有一定的关系,利用仪器测量表面硬度来推算混凝土的强度。所用的仪器为回弹仪,其构造如图 3-2 所示。回弹仪的弹击拉簧驱动仪器内的弹击重锤,通过中心导杆,弹击混凝土的表面,并测出重锤反弹的距离,反弹距离与弹簧初始长度之比为回弹值 R,由 R 与混凝土强度的相关关系来推定混凝土抗压强度。

(2) 回弹测试技术。回弹法检测混凝土强度是以回弹仪水平方向垂直于结构或构件浇筑侧面为标准量测状态。测区的布置应符合《回弹法检测混凝土抗压强度技术规程》(JGJ/T

23—2001）规定，每一结构或构件测区数不少于 10 个，每个测区面积为 200mm×200mm，每一测区设 16 个回弹点，相邻两点的间距一般不小于 30mm，一个测点只允许回弹一次，最后从测区的 16 个回弹值中分别剔除 3 个最大值和 3 个最小值，取余下 10 个有效回弹值的平均值作为该测区的回弹值，即

$$R_{m\alpha} = \frac{\sum\limits_{i=1}^{10} R_{mi}}{10} \tag{3-1}$$

式中　$R_{m\alpha}$——测试角度为 α 时的测区平均回弹值，计算至 0.1；

　　　　R_{mi}——第 i 个测点的回弹值。

当回弹仪测试位置非水平方向时，考虑到不同测试角度，回弹值应按下式修正：

$$R_m = R_{m\alpha} + R_\alpha \tag{3-2}$$

式中　R_α——测试角度为 α 的回弹修正值，按表 3-2 采用。

表 3-2　　　　　　　　　　　不同测试角度 α 的回弹修正值 R_α

$R_{m\alpha}$	α 向上				α 向下			
	+90°	+60°	+45°	+30°	−30°	−45°	−60°	−90°
20	−6.0	−5.0	−4.0	−3.0	+2.5	+3.0	+3.5	+4.0
30	−5.0	−4.0	−3.5	−2.5	+2.0	+2.5	+3.0	+3.5
40	−4.0	−3.5	−3.0	−2.0	+1.5	+2.0	+2.5	+3.0
50	−3.5	−3.0	−2.5	−1.5	+1.0	+1.5	+2.0	+2.5

当测试面为浇筑方向的顶面或底面时，测得的回弹值按下式修正：

$$R_m = R_m^t + R_a^t \tag{3-3}$$
$$R_m = R_m^b + R_a^b \tag{3-4}$$

式中　R_m^b、R_m^t——水平方向检测混凝土浇筑表面、底面时，测区的平均回弹值，精确至 0.1；

　　　　R_a^b、R_a^t——混凝土浇筑表面、底面回弹值的修正值，按表 3-3 采用。

表 3-3　　　　　　　　　　　不同浇筑面的回弹修正值

R_m^b 或 R_m^t	表面修正值 R_a^b	底面修正值 R_a^t	R_m^b 或 R_m^t	表面修正值 R_a^b	底面修正值 R_a^t
20	+2.5	−3.0	40	+0.5	−1.0
25	+2.0	−2.5	45	0	−0.5
30	+1.5	−2.0	50	0	0
35	+1.0	−1.5			

测试时，如果回弹仪既处于非水平状态，同时又在浇筑顶面或底面，则应先进行角度修正，再进行顶面或底面修正。

对于混凝土，由于受到大气中 CO_2 的作用，使混凝土中一部分未碳化的 $Ca(OH)_2$ 逐渐形成碳酸钙 $CaCO_3$ 而变硬，因而在浇筑已久的混凝土上测试的回弹值偏高，应予以修正。

修正方法与碳化深度有关。碳化深度的测定方法可采用电锤或其他合适的工具，在测区表面形成直径为 15mm 的孔洞，深度略大于碳化深度。吹去洞中粉末（不能用液体冲洗），立即用浓度 1% 的酚酞酒精溶液滴在孔洞内壁边缘处，未碳化混凝土则变成紫红色，已碳化的则不变色。然后用钢尺测量混凝土表面至变色与不变色交界处的垂直距离，即为测试部位的碳化深度，取值精确至 0.5mm。

在每一测试面上至少要选择 2～3 点测量其碳化深度，然后求其平均碳化深度值 d_m。当 $d_m \leqslant 0.4mm$ 时，取 $d_m = 0$；当 $d_m > 6mm$ 时，取 $d_m = 6mm$。由于碳化深度直接影响构件强度的推定，当碳化深度为 1mm 时，强度会降低 5%～8%；当碳化深度为 6mm 时，强度会降低 32%～40%。因此，现场检测时，对碳化深度的精确测量应引起足够的重视。

根据各测区的平均回弹值及平均碳化深度即可按国家规范规定的方法查表确定各测区的混凝土强度，或由以下回归方程计算得到：

$$F_n = 0.0250 R_m^{2.0108} \times 10^{-0.0358 d_m} \tag{3-5}$$

式中　F_n——测区混凝土的抗压强度，MPa，精确至 0.1MPa。

（3）结构或构件混凝土强度的计算与评定。

1）结构或构件混凝土强度平均值和强度标准差计算。根据上述方法得到的测区混凝土强度换算值或换算值的修正值，求其结构或构件混凝土强度平均值和标准差，按下式计算：

$$m_{f_{cu}} = \frac{\sum\limits_{i=1}^{n} f_{cu,i}^c}{n} \tag{3-6}$$

式中　$m_{f_{cu}}$——结构或构件混凝土强度平均值，MPa，精确至 0.1MPa；

　　　n——对于单个测定的结构构件，取一个构件的测区数，对于批量构件，取各抽检构件测区数之和。

结构或构件混凝土强度标准差计算方法如下：

当测区数不少于 10 个时，混凝土强度标准差为：

$$S_{f_{cu}^c} = \sqrt{\frac{\sum\limits_{i=1}^{n} (f_{cu,i}^c)^2 - n(m_{f_{cu}^c})^2}{n-1}} \tag{3-7}$$

式中　$S_{f_{cu}^c}$——结构或构件混凝土强度标准差，MPa，精确至 0.01MPa。

2）结构或构件混凝土强度推定值 $f_{cu,e}$ 的计算和确定。

①当结构或构件测区数少于 10 个以及单个构件检测时：

$$f_{cu,e} = f_{cu,min}^c \tag{3-8}$$

式中　$f_{cu,min}^c$——构件中最小的测区混凝土强度换算值。

②当结构或构件测区数不少于 10 个或按批量检测时：

$$f_{cu,e} = m f_{cu}^c - 1.645 S_{f_{cu}^c} \tag{3-9}$$

③对按批量检测的构件，当该批构件混凝土强度标准差出现下列情况之一时，则该批构件应全部按单个构件检测与评定；当该批构件混凝土强度平均值小于 25MPa 和标准差 $S_{f_{cu}^c} > 4.5MPa$ 时；当该批构件混凝土强度平均值大于或等于 25MPa 和标准差 $S_{f_{cu}^c} >$

5.5MPa 时。

2. 超声脉冲法检测混凝土强度

（1）超声波脉冲法检测混凝土强度的原理。超声波脉冲法是根据超声脉冲在混凝土中的传播规律与混凝土强度之间有一定关系的原理，通过测定脉冲的参数，如传播速度或脉冲衰减值，来推断混凝土的强度，如图 3-3 所示。混凝土强度越高，相应超声波声速也越大。

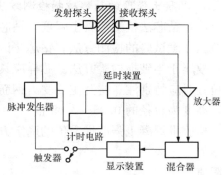

图 3-3　超声波脉冲法检测混凝土强度

（2）超声法的检测技术。当单个构件检测时，要求不少于 10 个测区，测区面积 200mm×200mm。如果对同批构件按抽样检测，抽样数应不少于同批构件数的 30%，且不少于 4 个，同样，每个构件测区数不少 10 个。测区应布置在构件混凝土浇筑方向的侧面；测区间距不宜大于 2m；测区宜避开钢筋密集区和预埋铁件；测试面应清洁、平整、干燥、无缺陷和无饰面层，测区应标明编号。

为了使构件混凝土检测条件和方法尽可能与建立率定曲线时的条件、方法一致，每个测区内应在相对测试面上对应布置三个（或五个）测点，相对面上对应的辐射和接收点应在同一轴线上，使每对测点的测距最短。测试时必须保持发射探头和接收探头与被测混凝土表面有良好的粘合，并利用黄油或凡士林等胶粘剂，以减少声能的反射损失。

测试声波传播速度

$$v = l/t_m \tag{3-10}$$

$$t_m = \frac{t_1 + t_2 + t_3}{3} \tag{3-11}$$

式中　　v——测区声速值，km/s；

　　　　l——超声测距，mm；

　　　　t_m——测区平均声时值，μs；

t_1、t_2、t_3——测区中 3 个测点的声速值。

当在试件混凝土的浇筑顶面或底面测试时，声速值应作修正。

$$v_a = \beta v \tag{3-12}$$

式中　v_a——修正后的测区声速值；

　　　β——超声测试面修正系数，在混凝土浇筑顶面及底面测试时，$\beta=1.034$；在混凝土浇筑侧面时，$\beta=1$。

（3）结构或构件混凝土强度推定。由试验量测的声速，可按 $f_{cu}^c - v$ 线求得混凝土的强度换算值。

3. 超声回弹综合法检测混凝土强度

超声回弹综合法是建立在超声波传播速度和回弹值与混凝土抗压强度之间具有相互关系的基础上，以超声波速度和回弹值综合反映混凝土抗压强度的一种非破损检测方法。在超声回弹综合法检测时，结构或构件上每一测区的混凝土强度是根据该测区实测的超声波声速 v 回弹平均值 R_m 按事先建立的 $f_{cu}^c - v - R_m$ 系曲线推定的。

4. 混凝土强度的局部破损检测方法

（1）钻芯法检测混凝土强度。钻芯法是在结构混凝土上直接钻取芯样，将芯样加工后进行抗压强度试验的检测方法。钻芯法试验需要专门的取芯钻机，由于钻芯时对结构有局部损伤，故属于半破损检验方法。芯样应具有代表性，并尽量在结构次要受力部位取芯，选择取芯位置时应特别注意避开主要受力钢筋、预埋件和管线的位置。芯样大于骨料最大粒径的 3 倍，高度为直径的 0.95～2.05 倍。

检验批混凝土强度推定值的确定方法如下：

上限值 $$f_{cu,e1} = f_{cu,cor,m} - k_1 S_{cor} \tag{3-13}$$

下限值 $$f_{cu,e2} = f_{cu,cor,m} - k_2 S_{cor} \tag{3-14}$$

式中　$f_{cu,cor,m}$——芯样试件的混凝土抗压强度平均值，MPa，精确至 0.1MPa；

k_1、k_2——推定区间上、下限值系数，可按《钻芯法检测混凝土强度技术规程》
（CECS 03：2007）规定取值；

S_{cor}——芯样试件抗压强度样本的标准差，MPa，精确至 0.1MPa。

$f_{cu,e1}$ 与 $f_{cu,e2}$ 之间的差值不宜大于 5.0MPa 和 $0.10 f_{cu,cor,m}$ 两者的较大值，在满足上述条件后，宜以 $f_{cu,e1}$ 作为检测批混凝土强度的推定值。当不满足上述条件时，不能直接将 $f_{cu,e1}$ 作为检测批混凝土强度的推定值，可通过减少样本的标准差 S 或增加样本的容量 n 来减少检测结果的不确定性，以满足确定检测批混凝土推定值的要求。

（2）拔出法检测混凝土强度。拔出法是用一根螺栓或类似的装置，部分埋入混凝土中，然后拔出，测定其拔出力的大小来评定混凝土的强度，分为先装法和钻孔后装法两种。

先装法：浇筑混凝土时按计划布置预埋金属锚固件，测定其拔出力的大小来评定混凝土的强度，常用于确定混凝土的停止养护、拆模时间及施加后张法预应力的时间。

钻孔后装法：钻孔直径为 18mm、深度 45mm，25mm 深度处扩直径 25mm 的环形槽，楔形胀管螺栓插入，由拉拔仪拔出。拔出设备为扭矩仪、张拉千斤顶等。后装法试验装置图如图 3-4 所示。

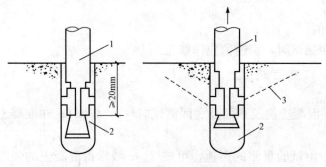

图 3-4　后装法试验装置图
1—胀锚螺栓；2—钻孔；3—破裂面

单个构件检测时，至少进行三点拔出试验。当最大拔出力或最小拔出力与中间值之差大于 5% 时，在拔出力测试点的最低点处附近再加测两点。对同批构件按批抽样检测时，构件抽样数应不少于同批构件的 30%，且不少于 10 件，每个构件应不少于 3 个测点。

在结构或构件上的测点，宜布置在混凝土浇筑方向的侧面，应分布在外荷载或预应力钢筋压力引起应力最小的部位。测点分布均匀并应避开钢筋和预埋件，测点间距应大于 10h，测点距离试件端部应大于 4h（h 为锚固件的锚固深度）。

采用拔出法作为混凝土强度的推定依据时，必须按已经建立的拔出力与立方体抗压强度之间的相关关系曲线，由拔出力确定混凝土的抗压强度。目前国内拔出法的测强曲线一般都

采用一元回归直线方程

$$f_{cu}^c = aF + b \tag{3-15}$$

式中　f_{cu}^c——测点混凝土强度换算值，MPa，精确至 0.1MPa；

　　　F——测点拔出力，kN，精确至 0.1kN；

　　　a、b——回归系数。

3.4.2　混凝土构件尺寸、缺陷与裂缝检测

1. 混凝土构件的尺寸与偏差检测

混凝土结构构件的尺寸与偏差的检测可分为下列项目：

（1）构件截面尺寸。

（2）标高。

（3）轴线尺寸。

（4）预埋件位置。

（5）构件垂直度。

（6）表面平整度。

现浇混凝土结构及预制构件的尺寸，应以设计图纸规定的尺寸为基准确定尺寸的偏差，尺寸的检测方法和尺寸偏差的允许值应按《混凝土结构工程施工质量验收规范》（GB 50204—2002）确定。

对于受到环境侵蚀和灾害影响的构件，其截面尺寸应在损伤最严重部位量测，在检测报告中应提供量测的位置和必要的说明。

2. 混凝土构件的缺陷检测

混凝土构件外观质量与缺陷的检测可分为蜂窝、麻面、孔洞、夹渣、露筋、裂缝、疏松区和不同时间浇筑的混凝土结合面质量等项目。

混凝土构件外观缺陷，可采用目测与尺量的方法检测；检测数量，对于建筑结构工程质量检测时宜为全部构件。混凝土构件外观缺陷的评定方法，可按《混凝土结构工程施工质量验收规范》（GB 50204—2002）确定。混凝土内部缺陷的检测，可采用超声法、冲击反射法等非破损方法；必要时可采用局部破损方法对非破损的检测结果进行验证。

3. 混凝土构件的裂缝检测

混凝土结构或构件裂缝的检测，应遵守下列规定：

（1）裂缝的检测包括裂缝的位置、长度、宽度、深度、形态和数量。

（2）裂缝深度，可采用超声法检测，必要时可钻取芯样予以验证。

（3）对于仍在发展的裂缝应进行定期观测，提供裂缝发展速度的数据。

（4）裂缝的观测，应按《建筑变形测量规程》（JGJ 8—2007）的有关规定进行。

混凝土构件裂缝的检测，首先要根据裂缝在结构中的部位及走向，对裂缝产生的原因进行判断与分析；其次对裂缝的形状及几何尺寸进行量测。

裂缝宽度的测量方法分三类：塞尺或裂缝宽度对比卡、裂缝显微镜、裂缝宽度测试仪；裂缝深度的检测宜采用超声法，根据裂缝深度与被测构件厚度的关系以及可测试表面情况可选择单面平测法、双面斜测法、钻孔对测法。

3.4.3 混凝土结构（构件）变形检测

混凝土结构或构件变形的检测可分为构件的挠度、结构的倾斜和基础不均匀沉降等项目。其检测方法主要有以下几种方法：

（1）对梁、板变形的检测。采用现场静载试验法，在梁、板上静力加载，在试验加载过程中测量梁、板的挠度。加载方式可在现场就地取材，采用砂、石、砖块或其他重物，可直接堆放在梁、板表面形成均布荷载，也可将重物放在荷载盘上通过吊杆挂于梁上形成集中荷载。采用水准仪将标杆分别垂直地立于梁、板构件的支座和跨中，通过水准仪测出同一高度时标杆上的读数，根据支座与跨中读数的对比即可得出梁、板构件跨中的挠度值。也可以采用细钢丝绳测量跨中挠度，在梁、板构件支座之间拉紧一条细钢绳，测量梁、板跨中的钢丝与梁、板构件的距离，即可得到梁、板跨中的挠度。

（2）结构的倾斜检测。目前一般建筑物倾斜检测所用的主要仪器是经纬仪。

（3）基础不均匀沉降检测。建筑物不均匀沉降检测主要采用水准仪。目前已有光传感器的产品，即将光传感器测试技术用于建筑物的沉降观测。水准测量采用闭合法。为确保测量精度，宜采用 II 级水准，观测过程中要做到固定测量工具、固定测量人员。鉴于沉降观测资料的连贯性，一般不要任意改用水准点和更改其标高，观测前，应严格校验仪器。

3.4.4 钢筋的强度、配置与锈蚀检测

钢筋配置的检测可分为钢筋位置、保护层厚度、直径、数量等项目。钢筋位置、保护层厚度和钢筋数量，宜采用非破损的雷达法或电磁感应法进行检测，必要时可凿开混凝土进行钢筋直径或保护层厚度的验证。钢筋配置与检测的方法如下：

（1）钢筋间距和保护层厚度。钢筋的检测，一般可在构件上进行。凿去保护层，即可看到钢筋的数量并测量其直径，然后与图纸对照复核。钢筋位置和保护层厚度也可采用磁感仪或雷达仪检测。

既有建筑性能检测时，每批构件的最小抽样数量按照《建筑结构检测技术标准》（GB/T 50344—2004）采用。实体检验钢筋间距和保护层厚度的检测应根据构件配筋特点，确定检测区域内钢筋可能分布的状况。选择适当的检测面，检测面应清洁、平整，并应避开金属预埋件。

一般情况下，板、墙类构件测量受力钢筋的间距和保护层厚度，梁、柱类构件测量箍筋的间距和主筋的保护层厚度。钢筋间距应测量至少 6 个值，保护层厚度数量为检测面的主筋数量。

（2）钢筋直径。应采用以数字显示示值的钢筋探测仪来检测钢筋公称直径。对于校准试件，钢筋探测仪对钢筋公称直径的检测误差应小于 ±1mm。当检测误差不能满足要求时，应以剔凿实测结果为准。建筑结构常用的钢筋外形有光圆钢筋和螺纹钢筋，钢筋直径是以 2mm 的差值递增的，螺纹钢筋以公称直径来表示。因此对于钢筋公称直径的检测，要求检测仪器的精度要高，如果误差超过 2mm，则失去了检测意义。钢筋探测仪容易受到邻近钢筋的干扰而导致检测误差的增大，因此，当误差较大时，应以剔凿实测结果为准。

3.4.5　混凝土构件实荷检验与结构动测

需要确定混凝土构件的承载力、刚度或抗裂等性能时，可进行构件性能的实荷检验。实荷检验一般指原型或足尺模型的荷载试验，分为静荷载试验和动荷载试验两大类。构件性能检验的加载与测试方法，应根据设计要求以及构件的实际情况确定。当仅对结构的一部分做实荷检验时，应使有问题部分或可能的薄弱部位得到充分的检验。

1. 混凝土结构静荷载试验

静荷载是指对结构不产生加速度的荷载，常见的加载设备种类有重物、液压、气压、机械和电液伺服加载系统。结构的静荷载试验是一项复杂的、系统的工作，必须综合考虑，一般主要包括三个方面的工作，即试验前的准备工作、加载方案的制定和量测方案的确定。

（1）试验前的准备工作比较复杂。在整个试验过程中，准备工作耗时最长，工作量最大，内容也最庞大，主要有调查资料、试验大纲制定、试件的准备、构件材料物理、力学性能测定、加载设备和量测仪表的安装等内容。

（2）加载方案。加载方案主要包括加载图式和加载程序的确定。试验荷载在试验结构构件上的布置形式称为加载图式，结构构件检测时，加载图式应与理论计算简图相一致；加载程序一般分为预载、正常使用荷载、破坏荷载三个阶段，混凝土结构的实荷检测一般加到正常使用荷载。

（3）量测方案。按照试验目的和要求，确定检测项目，选择量测区段，布置测点位置；选择合适的仪表并确定检测方法。

2. 混凝土结构动载试验

工程结构的动力特性主要包括结构的自振频率、阻尼和振型等一些基本参数。用试验方法检测结构的自振特性，就要设法对结构激振，使结构产生振动。结构动力特性试验的激振方法主要有人工激振法和环境随机激振法，人工激振法又可分为自由振动法和强迫振动法。

（1）自由振动法。自由振动法是使结构产生一初始位移或初始加速度，然后突然释放使其发生自由振动，常用的自由振动法有突加荷载法和突卸载法。

1）自振频率的测定。从实测得到有阻尼的结构自由振动图上，可以根据时间信号直接测量振动波形的周期，为消除荷载影响，起始的一、二个波不取用，同时，取若干个波的总时间除以波的数量得出平均数作为基本周期。其倒数就是基本频率，即 $f = 1/T$。

2）结构阻尼特性测定。结构的阻尼特性用对数衰减率或阻尼比来表示。在有阻尼的自由振动中，相邻两个振幅按指数曲线规律衰减，二者之比为常数，即

$$\frac{a_{n+1}}{a_n} = e^{-\gamma T} \tag{3-16}$$

对上式两边取对数，则对数衰减率 λ 为：

$$\lambda = \gamma T = \ln \frac{a_n}{a_{n+1}} \tag{3-17}$$

在实测振动图中量取 k 个整周期进行计算，即

$$\lambda_{平均} = \frac{1}{k}\ln\frac{a_n}{a_{n+k}} \tag{3-18}$$

阻尼比
$$\zeta = \frac{\lambda}{2\pi} \tag{3-19}$$

式中　a_n——第 n 个波峰的峰值；

　　　a_{n+k}——第 $n+k$ 个波峰的峰值；

　　　γ——波曲线衰减系数；

　　　T——周期；

　　　ζ——阻尼比。

（2）强迫振动法，也称共振法。由结构力学的知识可知，当干扰力的频率与结构本身自振频率相等时，结构就出现共振。可以利用共振现象测定结构的自振特性。

1）结构固有频率（基本频率）的测定。利用激振器可以连续改变激振频率的特点，使结构发生第一次共振，第二次共振……当结构产生共振时，振幅出现最大值，这时记录振动波形图，如图 3-5 所示，在图上可以找到最大振幅对应的频率就是结构的第一自振频率，即基本频率。然后，再在共振频率附近进行稳定的激振试验，仔细地测定结构的固有频率和振型。

以 A/ω^2 为纵坐标，以 ω 为横坐标，作共振曲线图，如图 3-5 所示，曲线上振幅最大峰值所对应的频率即为结构固有频率（基本频率）。

2）由共振曲线确定结构的阻尼系数和阻尼比。采用半功率法（即 0.707 法）由共振曲线求得结构的阻尼比和阻尼系数。

如图 3-6 所示，在共振曲线的纵坐标最大值的 0.707 倍处作一水平线与共振曲线相交于 A、B 两点，其对应横坐标 ω_1 和 ω_2，则半功率点带宽为

$$\Delta\omega = \omega_2 - \omega_1 \tag{3-20}$$

阻尼系数
$$c = \frac{\Delta\omega}{2} = \frac{\omega_2 - \omega_1}{2} \tag{3-21}$$

阻尼比
$$\zeta = \frac{c}{\omega} \tag{3-22}$$

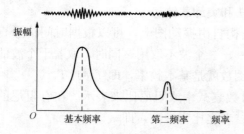

图 3-5　共振时的振动图和共振曲线图

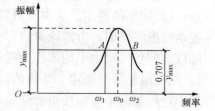

图 3-6　由共振曲线求阻尼系数和阻尼比

3）结构的振型测量。结构振动时，结构上各点的位移、速度和加速度都是时间和空间的函数，当结构按某一固有频率振动时，各点的位移之间呈现一定的比例关系。如果这时沿结构各点将其位移连接起来，形成一定形式的曲线，则称为结构按此频率振动的振动型式，简称对应该频率时的结构振型。

3.5　砌体结构检测

3.5.1　砌块强度检测

对于砌块，通常可从砌体上取样，清理干净后，按常规方法进行试验。

如取 5 块砖做抗压强度试验。将砖样锯成两个半砖（每半砖长度不小于 100mm），放入室温净水中浸 10～30min，取出以断口方向相反叠放，中间用净水泥砂浆粘牢，上下面用水泥砂浆抹平，养护 3d 后进行。

抗压强度

$$f_c = P/A \tag{3-23}$$

另取 5 块砖做抗折强度试验。滚轴支座置于条砖长边向内 20mm，加荷压滚轴应平行于支座，且位于支座之中间 $L/2$ 处，加载前测得砖宽 b、厚 h、支承距离 L，加荷破坏荷载为 P，则抗折强度为

$$f_r = \frac{3PL}{2bh^2} \tag{3-24}$$

根据实验结果，可按表 3-4 确定砖的强度等级。

表 3-4　　　　　　　　　　　　黏土砖的强度指标

砖的等级	抗压强度/MPa		抗折强度/MPa	
	平均值不小于	最小值不小于	平均值不小于	最小值不小于
MU20	20	14	4.0	2.6
MU15	15	10	3.1	5.2
MU10	10	6.0	2.3	1.3
MU7.5	7.5	4.5	1.8	1.1
MU5.0	5.0	3.5	1.6	0.8

注：在寻找事故原因的复核验算中，可按实测值作为计算指标进行复核计算，不一定去套等级号。例如，若测得强度指标可达 MU12.5，则可按此强度验算，不一定降到 MU10。但对于设计，则必须按有关规定执行。

3.5.2　砌体砂浆强度检测

砌体中的砂浆不可能做成标准立方体试件，所以无法按常规试验方法测得其强度。常用的现场检测方法有推出法、筒压法、砂浆片剪切法、回弹法、点荷法和射钉法等。下面主要介绍回弹法和射钉法。

1. 回弹法

回弹法是一种无损检测方法，不但适用于混凝土检测，也适用于砂浆的强度检测，测位是砂浆检测中的最小测量单位，类似于混凝土检测的测区。由于墙面上的部分灰缝较薄或不够饱满等原因，不适宜布置弹击点，因此一个测位的墙面面积宜大于 0.3m²。

（1）测试设备及其技术指标。测试设备为砂浆测强的专用回弹仪，其结构、性能应符合《砌体现场检测技术标准》（GB/T 50315—2000）的规定。其主要技术性能指标应符合表3-5的要求。

表 3 - 5   **砂浆回弹仪技术性能指标**

项　目	指　标	项　目	指　标
冲击动能/J	0.196	弹击球面曲率半径/mm	25
弹击锤冲程/mm	75	在钢砧上率定平均回弹值 R	74 ± 2
指针滑块的静摩擦力/N	0.5 ± 0.1	外形尺寸/mm×mm	60×280

（2）试验步骤。

1）测位处的粉刷层、勾缝砂浆、污物等应清除干净；弹击点处的砂浆表面，应仔细打磨平整，并除去浮灰。

2）每个测位内均匀布置 12 个弹击点。选定弹击点应避开砖的边缘、气孔或松动的砂浆，相邻两弹击点的间距应不小于 20mm。

3）每个弹击点上，使用回弹仪连续弹击 3 次，第一、二次不读数，仅记读第三次回弹值、精确至 1 个刻度。在常用砂浆的强度范围内，每个弹击点的回弹值随着连续弹击次数的增加而逐步提高，经第三次弹击后，其提高幅度趋于稳定。如果仅弹击 1 次，读数不稳，且对低强砂浆，回弹仪往往不起跳；弹击 3 次与 5 次相比，回弹值约低 5%。因此，每个弹击点连续弹击 3 次，仅读记第三次的回弹值。测强回归公式也按此确定。测试过程中，回弹仪应始终处于水平状态，其轴线应垂直于砂浆表面，且不得移位，因为正确地操作回弹仪，可获得准确而稳定的回弹值。

4）在每一测位内，选择 1～3 处灰缝，用游标卡尺和 1% 的酚酞试剂测量砂浆碳化深度，读数精确至 0.5mm。

（3）数据分析。

1）从每个测位的 12 个回弹值中，分别剔除最大值、最小值，将余下的 10 个回弹值计算平均值，以 R 表示。

2）每个测位的平均碳化深度，应取该测位各次测量值的算术平均值，以 d 表示，精确至 0.5mm 平均碳化深度大于 3.0mm 时，取 3.0mm。

3）第 i 个测区第 j 个测位的砂浆强度换算值，应根据该测位的平均回弹值和平均碳化深度值，分别按下式计算：

$d \leqslant 1.0$mm 时：　　　　$f_{2ij} = 13.97 \times 10^{-5} R^{2.57}$ 　　　　　　　　(3 - 25)

1.0mm $< d < 3.0$mm 时：　$f_{2ij} = 4.85 \times 10^{-5} R^{3.04}$ 　　　　　　　　(3 - 26)

$d \geqslant 3.0$mm 时：　　　　$f_{2ij} = 6.34 \times 10^{-5} R^{3.60}$ 　　　　　　　　(3 - 27)

式中　f_{2ij}——第 i 个测区第 j 个测位的砂浆强度值，MPa；

　　　d——第 i 个测区第 j 个测位的平均碳化深度，mm；

　　　R——第 i 个测区第 j 个测位的平均回弹值。

4）测区的砂浆抗压强度平均值，应按下式计算：

$$f_{2,m} = \frac{1}{n_1} \sum_{j=1}^{n_1} f_{2ij}$$ 　　　　　　　　(3 - 28)

（4）强度等级推定。每一检测单元的砌筑砂浆抗压强度等级，应分别按下式规定进行推定：

当测区数 $n_1 \geqslant 6$ 时：

$$f_{2,\mathrm{m}} > f_2 \tag{3-29}$$

$$f_{2,\mathrm{min}} > 0.75 f_2 \tag{3-30}$$

式中　$f_{2,\mathrm{m}}$——同一检测单元，按测区统计的砂浆抗压强度平均值，MPa；

　　　f_2——砂浆推定强度等级所对应的立方体抗压强度值，MPa；

　　　$f_{2,\mathrm{min}}$——同一检测单元，测区砂浆抗压强度的最小值，MPa。

当测区数 $n_1 < 6$ 时：

$$f_{2,\mathrm{min}} > f_2 \tag{3-31}$$

当检测结果的变异系数 $\delta > 0.35$ 时，应检查检测结果离散性较大的原因，若系检测单元划分不当，宜重新划分，并可增加测区数进行补测，然后重新推定。

2. 射钉法

射钉法是砂浆强度无损检测方法。射钉在砂浆中的射入量与砂浆立方体抗压强度之间，具有显著的相关性。

（1）测试设备及其校验方法。

测试设备：射钉法的测试设备包括射钉、射钉器、射钉弹和游标卡尺。

标准射入量的测定与校验方法。射钉、射钉器、射钉弹的计量性能可按如下标准射入量的测定与校验方法进行配套校验：

1）凡遇有下列情况之一时，应进行标准射入量的测定或校验：

①制订新的射钉测强方程时。

②使用射钉 100 枚后。

③射钉器、射钉弹或射钉的配套性能发生变化后。

④对射钉器、射钉弹或射钉的计量性能产生疑问时。

2）测定或校验使用的铅制标准靶，为直径约 100mm、厚度不小于 60mm 的铅制铸件，其材质应符合 $\mathrm{GBP_b S_b}$10-0.2-0.5 的规定。

3）射钉器、射钉弹或射钉应配套校验、配套使用。

4）测定或校验方法。

①从配套的同批购入的 1000 发射钉弹和 1000 枚射钉中，各抽 10 枚作为测定或校验样品。

②将抽出的样品（射钉弹和射钉）随机组合，用配套的射钉器将射钉射入铅靶中，并用游标卡尺测定出每一枚射钉的射入量。

③计算平均射入量及其变异系数。

④对校验性能测试，应按下式计算射入量相对偏差：

$$\lambda = \frac{l - l_{\mathrm{k}}}{l_{\mathrm{k}}} \times 100\% \tag{3-32}$$

式中　l_{k}——射钉测强方程的标准射入量；

　　　l——校验测得的平均射入量；

　　　λ——射入量偏差。

配套校验结果应符合下列各项指标的规定：在标准靶上的平均射入量为 29.1mm；平均射入量的允许偏差为 ±5%；平均射入量的变异系数不大于 5%。校验结果不符合上述要求时，不应在砂浆测强中使用。射钉、射钉器、射钉弹每使用1000发或半年应作1次计量校验。

（2）试验步骤。

1）在各测区的水平灰缝上，应按规定标出测点位置。测点处的灰缝厚度应不小于10mm；在门窗洞口附近和经修补的砌体上不应布置测点。

2）清除测点表面的覆盖层和疏松层，将砂浆表面修理平整。

3）应事先量测射钉的全长 l_1；将射钉射入测点砂浆中，并量测射钉外露部分的长度 l_2 射钉的射入量应按下式计算：

$$l = l_1 - l_2 \tag{3-33}$$

对长度指标 l、l_1、l_2 的取值应精确至 0.1mm。射入砂浆中的射钉，应垂直于砌筑面且无擦靠块材的现象，否则应舍去和重新补测。

（3）数据分析。

1）测区的射钉平均射入量，应按下式计算：

$$l_{mi} = \frac{1}{n_1} \sum_{j=1}^{n_1} l_{ij} \tag{3-34}$$

式中　l_{mi}——第 i 个测区的射钉平均射入量，mm；

　　　l_{ij}——第 i 个测区的第 j 个测点的射入量，mm。

2）测区的砂浆抗压强度，应按下式计算：

$$f_{2i} = a l_i^{-b} \tag{3-35}$$

式中　a、b——射钉常数，按表3-6取用。

表 3-6　　　　　　　　　　　　射钉常数 a、b 值

砖品种	a	b	砖品种	a	b
烧结普通砖	47 000	2.52	烧结多孔砖	50 000	2.40

测区砂浆抗压强度按式（3-35）算得后，即可按回弹法中所述方法推定砂浆强度等级。

3.5.3　砌体结构强度检测

如果有了砌块与砂浆的强度，就可按砌体结构设计规范求出砌体强度，这是一种间接测定砌体强度的方法。有时希望直接测定砌体的强度，下面介绍几种直接测定法。

1. 原位轴压法

（1）测试设备及其测试部位。本方法适用于推定240mm厚普通砖砌体的抗压强度。检测时，在墙体上开凿两条水平槽孔，安放原位压力机。原位压力机由手动油泵、扁式千斤顶、反力平衡架等组成，其工作状况如图3-7所示。测试部位宜选在墙体中部距楼、地面1m左右的高度处，槽间砌体每侧的墙体宽度应不

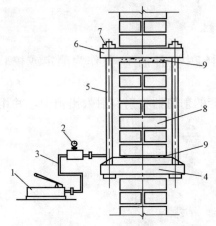

图 3-7　原位压力机测试工作状况

1—手动油泵；2—压力表；3—高压油管；
4—扁式千斤顶；5—拉杆（共4根）；
6—反力平衡架；7—螺母；
8—槽间砌体；9—砂垫层

小于 1.5m；同一墙体上，测点不宜多于 1 个，且宜选在沿墙体长度的中间部位，多于 1 个时，其水平净距不得小于 2.0m；测试部位不得选在挑梁下、应力集中部位以及墙梁的墙体计算高度范围内。

（2）加载步骤。正式测试前，应进行试加荷载试验，试加荷载值可取预估破坏荷载的 10%。检查测试系统的灵活性和可靠性，以及上下压板和砌体受压面接触是否均匀密实。经试加荷载，测试系统正常后卸荷；正式测试时，应分级加荷，每级荷载可取预估破坏荷载的 10%，并应在 1～1.5min 内均匀加完，然后恒载 2min，加荷至预估破坏荷载的 80% 后，应按原定加荷速度连续加荷，直至槽间砌体破坏，当槽间砌体裂缝急剧扩展和增多，油压表的指针明显回退时，槽间砌体达到极限状态；试验过程中，应仔细观察槽间砌体初裂裂缝与裂缝开展情况，记录逐级荷载下的油压表读数、测点位置、裂缝随荷载变化情况等。

（3）数据分析。根据槽间砌体初裂和破坏时的油压表读数，分别减去油压表的初始读数，按原位压力机的校验结果，计算槽间砌体的初裂荷载值和破坏荷载值。

槽间砌体的抗压强度，应按下式计算：

$$f_{uij} = N_{uij}/A_{ij} \qquad (3\text{-}36)$$

式中　f_{uij}——第 i 个测区第 j 个测点槽间砌体的抗压强度，MPa；

　　　N_{uij}——第 i 个测区第 j 个测点槽间砌体的受压破坏荷载值，N；

　　　A_{ij}——第 i 个测区第 j 个测点槽间砌体的受压面积，mm^2。

槽间砌体抗压强度换算为标准砌体的抗压强度应按下式计算：

$$f_{mij} = N_{uij}/\xi_{1ij} \qquad (3\text{-}37)$$

$$\xi_{1ij} = 1.36 + 0.54\sigma_{0ij} \qquad (3\text{-}38)$$

式中　f_{mij}——第 i 个测区第 j 个测点的标准砌体抗压强度换算值，MPa；

　　　ξ_{1ij}——原位轴压法的无量纲的强度换算系数；

　　　σ_{0ij}——该测点上部墙体的压应力，MPa，其值可按墙体实际所承受的荷载标准值计算。

测区的砌体抗压强度平均值，应按下式计算：

$$f_{mi} = \frac{1}{n_1}\sum_{j=1}^{n_1} f_{mij} \qquad (3\text{-}39)$$

式中　f_{mi}——第 i 个测区的砌体抗压强度平均值，MPa；

　　　n_1——测区的测点数。

2. 扁顶法

扁式液压顶法简称扁顶法，是原位检测砌体承载力和砌体受压性能的方法。在砖墙内开凿上下两条水平灰缝槽孔，在槽孔内装入扁式液压千斤顶（简称扁顶）后，对扁顶供油施压使其与槽孔上、下砌体顶紧，从而直接测得墙体受压工作应力，并通过测定槽间砌体抗压强度和轴向变形值确定其标准砌体抗压强度和弹性模量。现将该法的测试部位、所需设备、试验步骤和方法、数据分析等介绍如下：

（1）测试部位。

1）测点宜选在墙体中间部位距楼、地面约 1m 高度处，槽孔间砌体每侧墙体宽度应不小于 1.5m。

2）同一墙体上，测点不宜多于1个，当多于1个时，其水平净距不得小于2m。

3）测点不得选在应力集中的部位，如挑梁、梁垫下以及墙梁墙体计算高度范围内。

要求测点取在离楼地面1m高度处，是考虑压力机和手动泵之间的高压油管一般长约2m。这样试验过程中手动泵、油压表置于楼地面上，操作和搬运均较为省力方便。两侧约束墙体的宽度要求不小于1.5m；同一墙体多于一个测点，水平净距不小于2.0m，其目的是保证槽间墙体两侧有足够多的约束墙体，防止出现剪切破坏。因此，一般测点还要求设在墙体中间部位。

（2）测试设备及其技术指标。

1）扁顶。扁顶厚应小于灰缝厚，灰缝厚一般为5～7mm；平面尺寸为250mm×250mm、250mm×350mm、380mm×380mm和380mm×500mm，240墙选用前两种，370墙选用后两种；扁顶由两块1mm厚优质合金钢板焊接而成。扁顶主要技术指标：额定压力、行程和极限压力、额定行程等主要技术指标，应符合表3-7的要求。

表3-7 扁顶主要技术指标

项　　目	指　标	项　　目	指　标
额定压力/kN	400	极限行程/mm	15
极限压力/kN	480	示值相对误差（%）	±3
额定行程/mm	10	—	—

2）手持式应变仪和千分表。手持式应变仪和千分表的行程应为1～3mm，分辨率应为0.001mm。

（3）试验方法和步骤。

1）测定砌体抗压强度。在检测中经常遇到的情况是仅需测定砌体的抗压强度，其试验方法和步骤为：

①在符合上述要求的测点部位同时开凿两条水平槽孔，上下槽孔应互相平行、对齐。当选用250mm×250mm扁顶时，两槽之间相隔7皮砖，净距宜取430mm；当选用其他尺寸的扁顶时，两槽孔之间相隔8皮砖，净距宜取490mm。遇有灰缝不规则或砂浆强度较高难以凿槽的情况，可以在槽孔处取出1皮砖，以便安装扁顶。

②在槽孔内安装扁顶，其上下两面宜垫以尺寸相同的钢板（当槽孔处取出一皮砖时，其间隙可采用楔形钢块调整），并连通试验油路（图3-8）。

③正式测试前应进行试加荷载试验，试加荷载值可取预估破坏荷载的10%。检查测试系统的灵活性和可靠性，以及上下压板和砌体受压面接触是否均匀密实。经试加荷载，测试系统正常后卸载，开始正式试验。

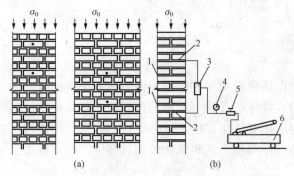

图3-8　扁顶法测试装置与变形测点布置

（a）测试受压工作压力；（b）测试弹性模量、抗压强度
1—变形测量脚标（两对）；2—扁式液压千斤顶；3—三通接头；4—压力表；5—滋流阀；6—手动油泵

④正式测试时，应分级加荷。每级荷载可取预估破坏荷载的 10%，并应在 1～1.5min 内均匀加完，然后恒载 2min。当加荷至预估破坏荷载的 80% 后，应按上述加荷速度连续加荷，直至槽间砌体破坏。当槽间砌体裂缝急剧扩展和增多，油压表的指针明显回退时，槽间砌体达到极限状态，加荷试验完毕。

当槽间砌体上部压力小于 0.2MPa 时，应加设反力平衡架，才可以进行试验。反力平衡架可由两块反力板和四根钢拉杆组成。

2）测定砌体弹性模量。当需测定砌体受压弹性模量时，应在槽间砌体两侧各粘贴一对变形测量脚标，脚标应位于槽间砌体中部，脚标之间相隔 4 条水平灰缝，净距宜取 250mm［图 3-8（b）］。试验前应记录标距值（精确至 0.1mm）。按上述加荷方法进行试加荷载试验，正式试验时，记录逐级荷载下的变形值。加荷应力上限不宜大于槽间砌体极限抗压强度的 50%。

3）实测墙体受压工作应力。当需要测试墙体受压工作应力时，应按下列步骤进行：

①在选定的墙体上，标出水平槽的位置并牢固粘贴两对变形测量脚标。脚标应位于水平槽正中且跨越该槽；脚标之间的标距应相隔四皮砖，宜取 250mm，试验前应记录该标距值（精确至 0.1mm）。

②用手持式应变仪或千分表测量脚标标距的初读数，应测 3 次取其平均值。

③在标出水平槽位置处，剔除水平灰缝的砂浆。水平槽的尺寸应略大于扁顶尺寸。开凿时不得损伤测点部位的墙体及变形测量标记，应除去槽四周的灰渣使其平整。

④用手持式应变仪或千分表测量开槽后脚标之间砌体变形值，待读数稳定之后，才可以进行下一步试验工作。

⑤在槽内安装扁顶，其上下两面宜垫尺寸相同的钢垫板，并连通试验油路。

⑥正式测试前，应按前述方法和要求进行试加荷载试验。

⑦正式测试应分级加载，每级应为预估破坏荷载的 5%，并应在 1.5～2min 内均匀加完，恒载 2min 后测读变形值。当变形值接近开槽前的读数时，应适当减小加荷级差，直至实测变形值达到开槽前的读数，然后卸荷。

以上试验记录内容应包括描绘测点布置图、墙体砌筑方式、扁顶位置、脚标位置、轴向变形值、逐级荷载下的油压表读数、裂缝随荷载变化情况等。

（4）数据分析。

1）根据扁顶校验结果，应将油压表读数换算为试验荷载值。

2）根据试验结果，应按《砌体基本力学性能试验方法标准》（GBJ 129—1990）的方法，计算砌体在有侧向约束情况下的弹性模量。当换算为标准砌体的弹性模量时，计算结果应乘以换算系数 0.85。

墙体的受压工作应力等于实测变形值达到开凿前的读数时所对应的应力值。

槽间砌体的抗压强度，按下式计算：

$$f_{uij} = \frac{N_{uij}}{A_{uij}} \tag{3-40}$$

式中　f_{uij}——第 i 个测区第 j 个测点槽间砌体的抗压强度，MPa；

　　　N_{uij}——第 i 个测区第 j 个测点槽间砌体的受压破坏荷载值，N；

A_{uij}——第 i 个测区第 j 个测点槽间砌体的受压面积，mm^2。

3）将槽间砌体抗压强度换算为标准砌体抗压强度。槽间砌体的受力状态与标准砌体的受力状态有较大的差异，考虑槽间砌体的上部垂直压应力 σ_{0ij} 和两侧墙肢约束的影响，槽间砌体的抗压强度换算为标准砌体的抗压强度，按下式计算：

$$f_{mij} = f_{uij} / \xi_{2ij} \tag{3-41}$$

$$\xi_{2ij} = 1.18 + \frac{4\sigma_{0ij}}{f_{uij}} - 4.18\left(\frac{\sigma_{0ij}}{f_{uij}}\right)^2 \tag{3-42}$$

式中　ξ_{2ij}——扁顶法的强度换算系数；

σ_{0ij}——该测点上部墙体的压应力，MPa，其值可按墙体实际所承受的荷载标准值计算。

4）测区砌体抗压强度平均值按下式计算：

$$f_{mi} = \frac{1}{n_1}\sum_{j=1}^{n_1} f_{mij} \tag{3-43}$$

式中　f_{mi}——第 i 个测区的砌体抗压强度平均值，MPa；

n_1——测区的测点数。

（5）强度推定。

1）检测单元的强度平均值、标准差和变异系数，应分别按下式计算：

$$f_m = \frac{1}{n_2}\sum_{i=1}^{n_2} f_i \tag{3-44}$$

$$s = \sqrt{\frac{\sum_{i=1}^{n_2}(f_m - f_i)^2}{n_2 - 1}} \tag{3-45}$$

$$\delta = \frac{s}{f_m} \tag{3-46}$$

式中　f_m——同一检测单元的强度平均值，MPa；

n_2——同一检测单元的测区数；

f_i——测区的砌体抗压强度代表值，MPa；

s——同一检测单元，按 n_2 个测区计算的强度标准差，MPa；

δ——同一检测单元的强度变异系数。

2）每一检测单元的砌体抗压强度标准值可按下列要求进行推定：

①当测区数 n_2 不小于 6 时为：

$$f_k = f_m - ks \tag{3-47}$$

式中　f_k——砌体抗压强度标准值，MPa；

f_m——同一检测单元的砌体抗压强度平均值，MPa；

k——与 a、C、n_2 有关的强度标准值计算系数，见表 3-8；

a——确定强度标准值所取的概率分布下分位数，取 $a=0.05$；

C——置信水平，取 $C=0.6$。

表 3-8 计 算 系 数

n_2	5	7	9	12	15	18	20	25	35	45	50
k	2.055	1.098	1.858	1.816	1.790	1.773	1.764	1.748	7.128	1.716	1.712

②当测区数 n_2 小于 6 时为：

$$f_k = f_{mi,min} \tag{3-48}$$

式中 $f_{mi,min}$——同一检测单元中，测区砌体抗压强度的最小值，MPa。

③每一检测单元的砌体抗压强度，当检测结果的变异系数 $\delta > 0.2$ 时，应检查检测结果离散性较大的原因。

3.5.4 砌体结构缺陷检测

1. 灰缝检验

灰缝检验主要检查砂浆饱满度、错缝、水平灰缝厚度、游丁走缝等。质量控制要求如下：

1）砌筑实心砖砌体的水平灰缝厚度和竖向灰缝宽度一般为 10mm，但应不小于 8mm，也应不大于 12mm，砌筑方法宜采用"三一"砌砖法，即"一铲灰、一块砖、一揉挤"的操作方法，使其砂浆饱满，水平灰缝的砂浆饱满度不低于 80%。

2）清水墙面不应有上下二皮砖搭接长度小于 25mm 的通缝，不得有三分头砖，不得在上部随意变化乱缝。

3）空斗墙的水平灰缝厚度和竖向灰缝宽度一般为 10mm，但应不小于 7mm，也应不大于 13mm。

4）筒拱拱体灰缝应全部用砂浆填满，拱底灰缝宽度宜为 5~8mm，筒拱的纵向缝应与拱的横断面垂直。

5）砌体的伸缩缝、沉降缝、防震缝中，不得夹有砂浆、碎砖和杂物。

6）竖向灰缝不得出现透明缝和假缝。

2. 砖砌体的位置及允许偏差检查

砖砌体的位置、垂直度及一般尺寸允许偏差应符合表 3-9 的规定。

表 3-9 砌体结构的检测方法及允许偏差

序号	项目			允许偏差/mm			检验方法
				基础	墙	柱	
1	轴线位移			10	10	10	用经纬仪复查
2	基础顶面和楼面标高			±15	±15	±15	用水平仪复查
3	垂直度	每层			5	5	用2m托线板复查
		全高	<10cm		10	10	用经纬仪或吊线和尺检查
			>10cm		20	10	
4	表面平整度	清水墙柱			5	5	用2m直尺和楔形塞尺检查
		混水墙柱			8	8	

序号	项目		允许偏差/mm			检验方法
			基础	墙	柱	
5	水平灰缝平直度	清水墙		7		拉 10m 线和尺检查
		混水墙		10		
6	水平灰缝厚度（10 皮砖累计）			±8		与皮数杆比较用尺检查
7	清水墙游丁走缝			20		吊线和尺检查以第一皮为准
8	外墙上下窗口偏移			20		用经纬仪或吊线检查以底层高为准
9	门窗洞口宽度（后塞口）			±5		用尺检查

3. 砌体腐蚀深度检验

用小锤轻敲墙面表层已腐蚀部分，除去腐蚀层，用钢尺直接量取砖的腐蚀层深度。灰缝砂浆的腐蚀层深度检测方法与检测砖的腐蚀层深度方法相同。

4. 砌体结构裂缝检测

砌体结构上出现的裂缝一般比较宽，检测方法较简单。但是，产生砌体结构裂缝的原因很多，检测时应根据裂缝的形式走向、位置等情况初步确定引起裂缝的原因。

具体检测方法为：记录裂缝出现的位置、裂缝数量、走向，用钢尺测量裂缝长度，用对比卡或塞尺测量裂缝宽度。关键的一点是要绘制裂缝展开图，将检测结果详细标注到裂缝展开图上。此外，砌体裂缝多数是发展变化的，应重视裂缝发展变化规律与影响因素的观测或测定。

3.6 钢结构检测

3.6.1 材料性能检测

1. 钢材化学成分的检测

钢材化学成分的检测其实就是化学成分的化验问题。目前可采用的检测方法和手段有很多，如质谱仪、色谱仪、光谱仪、核磁共振等。通常用直径为 6mm 的钻头，从焊缝中钻取试样。常规分析需试样 50～60g。

2. 钢材冶炼及轧制缺陷的检测

钢材常见的冶炼和轧制缺陷通常采用宏观检查、机械法和超声波探伤相结合进行检测。例如，气泡的检测，首先通过宏观检查确定部位，然后用手锤敲打凸包处，若听到声响便是气泡。

3.6.2 结构构件的检测

钢结构检测的主要内容有：外观平整度的检测，构件长细比、构件平整度及损伤的检测，连接的检测。

1. 构件整体平整度的检测

可先目测，发现有异常情况或疑点时，对梁或桁架可在构件支点间拉紧一根细铁丝，然后测量各点的垂度与偏度；对柱子的倾斜度则可用经纬仪检测；对柱子的挠曲度可用吊锤线法测量。

2. 构件长细比、局部平整度和损伤检测

构件的长细比在粗心的设计中或施工时，或构件的型钢代换中，常被忽视而不能满足要求，应在检查时重点加以复核。

构件的局部平整度可用靠尺或拉线的方法检查，其局部挠曲应控制在允许范围内。构件的裂缝可用目测法检查，但主要用锤击法检查，即用包有橡皮的木锤轻轻敲击构件各部分，如果声音不脆，传音不匀，有突然中断等异常情况，则必有裂缝。另外，也可用 10 倍放大镜逐一检查。如果疑有裂缝，尚不肯定时，可用滴油的方法检查。无裂缝时，油渍成圆弧形扩散；有裂纹时，油会渗入裂隙呈直线状伸展。当然也可用超声探伤仪检查。

3. 连接的检测

连接检测内容包括：

（1）检测连接板尺寸（尤其是厚度）是否符合要求。

（2）用直尺作为靠尺检查其平整度。

（3）测量因螺栓孔等造成的实际尺寸的减少。

（4）检测有无裂缝、局部缺塌等损伤。

焊缝的缺陷种类较多，常见的有裂纹、气孔、夹渣、未熔透、虚焊、咬肉、弧坑等，如图 3-9 所示。检查焊接缺陷时首先进行外观检查，借助于 10 倍放大镜观察，并可用小锤轻轻敲击，细听异常声响。必要时可用超声探伤仪或射线探测仪检查。

对于螺栓连接，可用目测、锤敲相结合的方法检查，并用示功扳手（带有声、光指示的扳手）对螺栓的紧固性进行复查，尤其对高强螺栓的连接更应仔细检查。此外，对螺栓的直径、个数、排列方式也要进行检查。

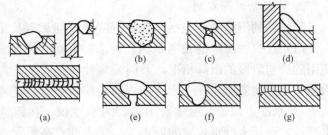

图 3-9　焊接的缺陷

(a) 裂纹；(b) 气孔；(c) 夹渣；(d) 虚焊；

(e) 未熔透；(f) 咬肉；(g) 弧坑

3.7　地基基础检测

3.7.1　地基基础变形检测

1. 建筑物的倾斜观测

建筑主体倾斜观测应测定建筑顶部观测点相对于底部固定点或上层相对于下层观测点的倾斜度、倾斜方向及倾斜速率。刚性建筑的整体倾斜，可通过测量顶面或基础的差异沉降来间接确定。

选择需要观测倾斜的建筑物阳角作为观测点。通常情况下用经纬仪对四个阳角均进行倾斜观测，综合分析才能反映整幢建筑物的倾斜情况。倾斜的观测方法如下：

（1）经纬仪位置的确定。经纬仪位置如图 3-10 所示，其中要求经纬仪至建筑物间距离 l 大于建筑物高度。

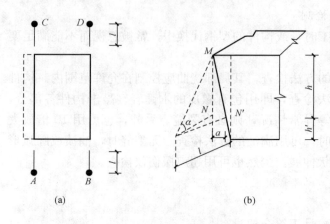

图 3-10　用经纬仪观测建筑物倾斜示意图
(a) 建筑物平面；(b) 在建筑物一角观测

（2）倾斜数据测读。如图 3-10 (b) 所示，瞄准墙顶一点 M，向下投影得一点 N，然后量出 NN' 间水平距离 a。另外，以 M 点为基准，采用经纬仪量出 M、N 点角度 α，$MN=h$，经纬仪高度为 h'，经纬仪到建筑物间的水平距离为 l。

（3）结果整理。根据垂直角 α 可按下式计算高度：

$$H = l\tan\alpha \qquad (3-49)$$

则建筑物的倾斜度

$$i = a/h \qquad (3-50)$$

建筑物该阳角的倾斜量

$$\bar{a} = i(h+h') \qquad (3-51)$$

用同样的方法，也可得其他各阳角的倾斜度、倾斜量，从而可进一步描述整栋建筑物的倾斜情况。

2. 建筑物沉降观测

建筑物的沉降观测包括建筑物沉降的长期观测及建筑物不均匀沉降的现场观测。

（1）建筑物沉降的长期观测。为掌握重要建筑物或软土地基上建筑物在施工过程中以及使用的最初阶段的沉降情况，及时发现建筑物有无危害的下沉现象，以便采取措施保证工程质量和建筑物安全，在一定时间内需对建筑物进行连续的沉降观测。

1）水准点位置。通常所用仪器为水准仪，在建筑物附近布置三处水准点，选择水准点位置的要求为：①水准点高程无变化（保证水准点的稳定性）；②观测方便；③不受建筑物沉降的影响；④埋设深度至少要在冰冻线下 0.5m 处。

2）观测点的布置。观测点的数目和位置应能全面反映建筑物的沉降情况。一般是沿建筑物四周每隔 15～30m 布置一个，数量不宜小于 6 个。另外，在基础形式及地质条件改变处或荷重较大的地方也要布置观测点。建筑物沉降观测的观测点一般是设在墙上，用角钢制成（图 3-11）。

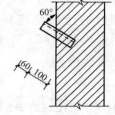

图 3-11　沉降观测点示意图

3）数据测读及整理。水准测量采用闭合法。为保证测量精度宜采用 Ⅱ 级水准。观测过程中要做到固定测量工具，固定测量人员。观测前应严格校验仪器。

沉降观测一般是在增加荷载（新建建筑物）或发现建筑物的沉降量增加（已使用的建筑物）后开始。观测时应随记气象资料。观测次数和时间应根据具体情况确定。一般情况下，新建建筑中，民用建筑每施工完一层（包括地下部分）应观测 1 次；工业建筑按不同荷载阶段分次观测，但施工期间的观测次数不应少于 4 次。已使用建筑物则根据每次沉降量大小后确定观测次数。一般是以沉降量在 5～10mm 以内为限度。当沉降发展较快时，应增加观测的次数，随着沉降量的减少而逐渐延长沉降观测的时间间隔，直至沉降稳定为止。

测读数据就是用水准仪及水准尺测读出各观测点的高程。水准尺离水准仪的距离为20～30m。水准仪离前、后视水准尺的距离要相等（最好同一根水准尺）。观测应在成像清晰、稳定时进行，读完各观测点后，要回测后视点，两次同一后视点的读数差要求小于±1mm。将观测结果记入沉降观测记录表，并在表上计算出各观测点的沉降量和累计沉降量，同时绘制时间—荷载—沉降曲线（图3-12）。

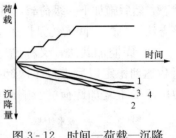

图 3-12　时间—荷载—沉降曲线图

（2）建筑物不均匀沉降的现场观测。

1）观测点选择。在对实际建筑物进行现场调查时，由于不均匀沉降已经发生，故可初步了解到建筑物不均匀沉降情况。因此，观测点应布置在建筑物的阳角和沉降量最大处，挖开覆土露出建筑物基础顶面。

2）仪器布置及数据测读写。采用水准仪及水准尺，将水准仪布置在距两观测点等距离的地方，同时将水准尺放在观测点处的基础顶面，即可从同一水平的读数得知两观测点之间的沉降差。如此反复，便可得知其他任意两观测点间的沉降差。

3）整理。将以上步骤得到的结果汇总整理，就可以得出建筑物当前不均匀沉降情况。

3.7.2　桩基承载力检测

1. 静压检测技术

桩基承载能力是桩身结构的承载力和地基对桩的支承能力的综合反映。

灌入地基中的桩身，其周身与地基土连续紧密接触，当桩顶作用竖向载荷时，对支承型桩而言，除了桩底支点处的强大反力外，桩的周围还存在着无穷多个向上的未知反力；对摩擦桩来说，基桩承载力则完全由桩周围的这类未知的反力累积而成。桩身周围的这类未知力与桩的结构质量和桩与土的作用有着紧密的联系。由于实际的土质条件与土的参数和桩土间的真实相互作用具有很强的不确定性，因此，除了对桩身质量进行检测外，也必要对基桩的承载能力进行抽样测定。

（1）加载方法。静荷载试验最显著的优点是其受力条件比较接近桩基础的实际受力状态，直观，易于被人们接受。常见的加载方法有：慢速维持荷载法、等贯入速率法、快速维持荷载法、循环加、卸载法等。

1）慢速维持荷载法。该方法是美国 ASTM 推荐的，在需要得出荷载—沉降关系曲线时，此方法属于优选。实施过程为按照规范要求将荷载分级施加到试桩上，每级荷载维持不变，直至桩顶下沉量增量达到规范规定的相对稳定标准，然后继续实施下一级荷载。当达到规定的终止试验条件时（达到容许荷载或工作荷载）终止加载，然后分级卸载，在回弹已完成的前提下卸荷至 0。

2）等贯入速率法。该方法适用于专门确定极限承载力，实施时采用液压千斤顶加载，加荷方法与土样不排水试验相同，速率为 0.5mm/min，总沉降为 50～75mm，需要 2～3h。

3）快速加载法。该方法主要用于确定极限承载力。加载方式为每级荷载都稍高于规定量，而后卸载到规定量，以减小沉降的速率，很快达到平衡。第一次加载约为估算极限荷载的1/10，在 3～5min 内达到，而后维持 5min，让其在桩的下沉过程中自行减小，几分钟后达到平衡状态，然后施加下一级荷载，重复上述过程。在较高量级的荷载时，荷载需要维持5～10min。用该方法，总的时间大约是慢速维持荷载法的1/3；而其结果与慢速维持荷载法几乎相同。

4）周期加载法，又称循环加载卸载试验法。它以慢速维持荷载法为基础，只是在每级荷载达到稳定以后进行一次卸荷，目的是区分摩阻力和端阻力。该方法得到的实际极限承载力由于受重复加卸荷的影响而比持续荷载法小。

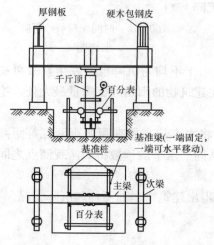

图3-13　竖向静载试验装置图

（2）反力系统装置。在静荷载试验中，不管采用什么加载方法，它都必须装备反力系统、加载系统和监测系统，这三个系统是相互独立而又构成一套试验装置。按照反力系统的类型，静荷试验反力装置又可分为堆重法、锚桩法、地锚杆反力法三类或它们的组合。由于反力系统装置的存在和测试的周期较长，就决定了静荷试验具有费用昂贵、费时且受场地的限制以及不适用于对桩基进行普查等缺点。

1）锚桩横梁反力装置。该装置是历年来国家规范中规定和推荐的一种装置，其结构布局如图3-13所示。该装置需要在被测桩的周边预先施工至少四根反力锚桩，因此成本较高，且测试时还需吊车予以配合。规范中还对锚桩与被测桩的距离，锚桩与基准桩的距离以及基准梁的架设方案都予以详细的说明，并给出了原始数据的记录表格等。测试前，检测负责人必须对锚桩按抗拔桩的有关规定予以复算验证，采用工程桩作为锚桩时，锚桩数量不少于4根，并且在试验过程中对锚桩的上拔量进行监控测量。

2）压重平台反力装置。该装置的压重平台加力装置如图3-14所示。压重重量不得少于预估值（试桩的破坏荷载）的1.2倍，压重应在试验开始前一次加上，并均匀稳固地放置于平台上。压重物通常采用钢铁块、混凝土块及构件、钢筋、砂石以及水箱等，测试过程与锚桩法一样。规范中同样规定压重平台支墩边与试桩和基准桩之间的最小距离，以减小桩周土的影响。压重平台的优点是可对基桩进行随机抽检，缺点是成本最高，且试验周期长。

3）锚桩承载梁反力装置。锚桩承载梁反力装置能提供的反力，应不小于预估最大荷载的1.3～1.5倍。锚桩一般采用4根，如入土较浅或土质较松散时可增加至6根，锚桩与试桩的中心间距，当试桩直径（或边长）小于或等于800mm时，可为试桩直径（或边长）的2倍；当试桩直径大于800mm，上述距离不得小于4m。

4）锚桩压重联合反力装置。当试桩最大加载量超过锚桩的抗拔能力时，可在承载梁上放置

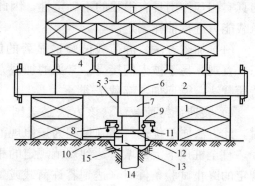

图3-14　压重平台荷载装置

1—压载铁；2—通用梁；3—加劲板；4—通用梁；
5—十字撑；6—测力环；7—支架；8—千分表；
9—槽钢；10—最小2.0m；11—槽钢；
12—液压千斤顶；13—灌筑在试验桩桩
头上的桩帽；14—试验桩；15—空隙

或是挂一定重物，由锚桩和重物共同承受千斤顶受力。

（3）测量装置。测量仪表必须精确，一般使用 1/20mm 光学仪器或力学仪表，如水平仪、挠度仪、偏移计等。支承仪表的基准架应有足够的刚度和稳定性。基准梁的一端在其支承上可以自由移动，不受温度影响引起上拱或下挠。基准桩应埋入地基表面以下一定深度，不受气候条件等影响。基准桩中心与试桩、锚桩中心（或压重平台支承边缘）的距离宜符合表 3-10 的规定。

表 3-10　　　　　　　　基准桩中心与试桩、锚桩中心（或压重平台支承边）的距离

反力系统	基准桩与试桩	基准桩与锚桩（或压重平台支承边）
锚桩承载梁反力装置	$\geq 4d$	$\geq 4d$
压重平台反力装置	$\geq 2.0m$	$\geq 2.0m$

注：表中为试桩的直径或边长 $d \leq 800mm$ 的情况；若试桩直径 $d > 800mm$ 时，基准桩中心至试桩中心（或压重平台支承边）的距离不宜小于 4.0m。

（4）基准点和基准梁设置。用于观测下沉量的基准点和基准梁原则上应该是不动的，但由于外界因素的影响，基准点或基准梁将产生一定的变位。这时观测的下沉量将是不可靠的。

基准点的设置应保证：基准点本身不变形；没有被接触或遭破损的危险；附近没有振源；不受直射阳光与风雨的干扰；不受试桩下沉的影响。

基准梁一般采用型钢。受温度变化的影响，基准梁会产生一定的挠度。为保证测试精度需采取基准梁的一端固定，另一端必须自由支承；防止基准梁受日光直接照射；基准梁附近不设照明及取暖炉；必要时基准梁可用聚苯乙烯等隔热材料包裹起来，以消除温度影响。

（5）观测要求。

1）下沉未达稳定不得进行下一级加载。

2）每级加载的观测时间规定为：每级加载完毕后，每隔 15min 观测一次；累计 1h 后，每隔 30min 观测一次。

3）桩端下为巨粒土、砂类土、坚硬黏质土，最后 30min，每级加载下沉量如果不大于 0.1mm 时即可认为稳定；桩端下为半坚硬和细粒土，最后 1h，每级加载下沉量如果不大于 0.1mm 时即可认为稳定。

（6）加载终止及极限荷载取值。

1）总位移量大于或等于 40mm，本级荷载的下沉量大于或等于前一级荷载的下沉量的 5 倍时，加载即可终止。取此终止时荷载小一级的荷载为极限荷载。

2）总位移量大于或等于 40mm，本级荷载加上后 24h 未达稳定，加载即可终止。取此终止时荷载小一级的荷载为极限荷载。

3）巨粒土、密实砂类土以及坚硬的黏质土中，总下沉量小于 40mm，但荷载已大于或等于设计荷载乘以设计规定的安全系数，加载即可终止。取此时的荷载为极限荷载。

4）施工过程中的检验性试验，一般加载应继续到桩的 2 倍的设计荷载为止。如果桩的总沉降量不超过 40mm，且最后一级加载引起的沉降不超过前一级加载引起的沉降 5 倍，则

该桩可予以检验。

5) 极限荷载的确定有时比较困难,应绘制荷载—沉降曲线（P—s 曲线）、沉降—时间曲线（s—t 曲线）确定,必要时还应绘制 s—$\lg t$ 曲线、s—$\lg P$ 曲线（单对数法）等综合比较,确定比较合理的极限荷载取值。

（7）桩的卸载及回弹量观测。

1) 卸载应分级进行,每级卸载量为两个加载级的荷载值,每级荷载卸载后,应观测桩顶的回弹量,观测办法与沉降相同。直到回弹稳定后,再卸下一级荷载。回弹稳定标准与下沉稳定标准相同。

2) 卸载到零后,至少在 2h 内每 30min 观测一次,如果桩尖下为砂类土,则开始 30min 内,每 15min 观测一次;如果桩尖下为黏质土,每小时内,每 15min 观测一次。

2. 静拔、静推试验检测技术

（1）静拔试验检测。在个别桩基中设计承受拉力时,静拔试验用以确定单桩抗拔容许承载力。

1) 加载装置。可采用油压千斤顶加载。千斤顶的反力装置一般采用两根锚桩和承载梁组成,试桩和承载梁用拉杆连接,将千斤顶置于两根锚桩之上,顶推承载梁,引起试桩上拔,试桩与锚桩间中心距离可按静压试验中的有关规定确定。

2) 加载方法。一般采用慢速维持荷载法进行。施加的静拔力必须作用于桩的中轴线,加载应均匀、无冲击,每级加载量不大于预计最大荷载的 1/10～1/15,位移量小于或等于 0.1mm/h,即可认为稳定。

3) 加载终止。勘测设计阶段,总位移大于或等于 25mm,加载即可终止;施工阶段,加载不应大于设计容许抗拔荷载。

（2）静推试验检测。

1) 试验目的及方法。静推试验主要是确定桩的水平承载力、桩侧地基土水平抗力系数的比例系数。试验方法:对于承受反复水平荷载的基桩,采用多循环加卸载方法;对于承受长期水平荷载的基桩,采用单循环加载方法。

2) 加载装置。

①一般采用两根单桩通过千斤顶相互顶推加载;或在两根锚桩间平放一根横梁,用千斤顶向试桩加载;有条件时可利用墩台或专设反力座以千斤顶向试桩加载,在千斤顶与试桩接触处宜安设一球形铰座,保证千斤顶作用能水平通过桩身轴线。

②加载反力结构的承载能力应为预估最大试验荷载的 1.3～1.5 倍,其作用方向的刚度不应小于试桩。反力结构与试桩之间净距按设计要求确定。

③固定百分表的基准桩宜设在桩侧面靠位移的反方向,与试桩净距不小于试桩直径的 1 倍。

3) 多循环加卸载试验法。

①加载分级:可按预计最大试验荷载的 1/10～1/5,一般可采用 5～10kN,过软的土可采用 2kN 级差。

②加载程序与位移观测:各级荷载施加后,恒载 4min 测读水平位移,然后卸载至 0,2min 后测读残余水平位移,至此完成一个加载循序,如此循环 5 次,便完成一级荷载的试验观测。加载时间应尽量缩短,测量位移间隔时间应严格准确,试验不得中途停歇。

③加载终止条件：当出现下列情况之一时即可终止加载：桩顶水平位移超过 20～30mm（软土取 40mm）；桩身已经断裂；桩侧地表明显裂纹或隆起。

④资料整理。由试验记录绘制水平荷载—时间—桩顶位移关系曲线（H—t—x 曲线），水平荷载—位移梯度关系曲线（H—$\Delta x/\Delta H$ 曲线），当桩身具有应力量测资料时，尚应绘制应力沿桩身分布和水平力—最大弯矩截面钢筋应力关系曲线（H—σ_g 曲线）。

⑤临界荷载 H_{cr}、极限荷载 H_u 及水平抗推容许承载力。

临界荷载 H_{cr} 相当于桩身开裂，受拉混凝土不参加工作时桩顶水平力，其数值可取 H—t—x 曲线出现突变点的前一级荷载；取 H—$\Delta x/\Delta H$ 曲线的第一直线段的终点所对应的荷载；取 H—σ_g 曲线第一突变点对应的荷载的方法综合确定。

极限荷载 H_u 其数值可取 H—t—x 曲线明显陡降的前一级荷载；取 H—t—x 曲线各级荷载下水平位移包络线向下凹曲的前一级荷载；取 H—$\Delta x/\Delta H$ 曲线第二直线终点所对应的荷载；桩身断裂或钢筋应力达到极限的前一级荷载的方法综合确定。

水平抗推容许荷载：为水平极限荷载除以设计规定的安全系数。

4）单循环加载试验法。

①加载分级与多循环加卸载试验方法相同。

②加载后测读位移量与静压试验测读的方法相同。

③静推稳定标准：如位移量小于或等于 0.05mm/h，可认为稳定。

④终止加载条件：勘测设计阶段的试验，水平力作用点处位移量大于或等于 50mm，加载即可终止；施工检验性试验，加载不应超过设计的容许荷载。

3. 单桩承载力确定的方法

现有的确定单桩承载力的方法很多，这些方法可以分为两大类（表 3-11）：第一类方法是通过对实际试桩进行动载或静载的试验测定，称为直接法；第二类方法，则是通过其他手段，分别得出桩底端阻力和桩身的侧阻力后相加求得，无需对桩进行试验，故称间接法，也称为静力计算法。

表 3-11　　　　　　　　　　　单桩承载力确定方法分类

直接法	静荷载试验
	各种桩的动测方法
间接法	承载力理论公式
	经验公式
	原位测试（静力触探法、标准贯入法、旁压仪法等）

间接法（尤其是经验公式）一般比直接法要简单，但毕竟不是在具体桩上取得的试验结果，所以可靠性不如直接法，通常主要在初步设计阶段作为估算桩承载力的手段。

4. 高应变动力检测技术

高应变试验方法主要是为了确定桩基极限承载力。

（1）检测基本要求。

1) 高应变试验方法是用重锤冲击桩顶，同时测量桩顶附近截面上承受的力和质点速度。一般锤的质量应大于单桩极限承载力的 1% 或桩身质量的 1/8~1/10。

2) 为了控制锤的冲击能量，在试验时最好用精密水准仪或激光变形仪等测量每一次锤击的桩的贯入度。为使桩周土发生塑性变形，一般贯入度应大于 2.5mm，但也不宜过大。

3) 为确保在试验期间多次冲击下桩头不会出现破裂，在试验前应对桩头进行加固处理。特别对灌注桩，一般应重新浇筑桩头。桩头混凝土强度等级宜比桩身混凝土高 1~2 级，在距桩顶 1.5 倍桩径范围内设置箍筋，间距不宜大于 150mm。桩顶应设置钢筋网片 2~3 层，间距 60~100mm。同时要求桩头顶面应水平、平整，桩头中线与桩身中线重合。

(2) Case 法检测。

1) Case 法检测设备。目前生产凯斯法测试仪器的厂家有许多，有代表性的是瑞典桩基开发公司的 PID 打桩分析系统（图 3-15），美国桩基动力公司的 PDA 分析系统和荷兰富国公司的产品，在国内有中国建筑科学研究院研制的打桩分析系统和中科院武汉岩土所研制的分析系统等。

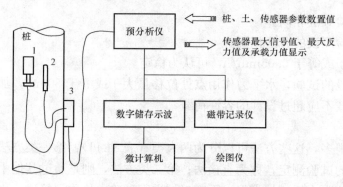

图 3-15　打桩分析仪整机系统
1—应变传感器；2—加速度传感器；3—接线匣

2) 仪器的安装与连接。为避免高频信号的干扰，传感器应安装在距桩顶 1~3 倍桩径处，安装前应将桩表面凿平、磨光，以保证传感器的轴线与桩轴线平行。传感器与桩的连接可采用螺栓（应加弹簧垫圈），也可用粘贴，加速度传感器及应变式传感器采用两个，并安装在桩的两侧对称布置，以消除桩身弯曲应力的影响。

传感器的选择应考虑量程、动态范围和后接仪器的接口和匹配等问题。在每次现场测试前必须检查系统各部分仪器是否能正常运行。

3) 信号的现场采集。对于每一根测试桩，测试时必须做好现场记录，特别要注意：试验用锤、垫层情况；记录信号所对应的桩入土深度；每次锤击所对应的实测贯入度。

在测定单桩承载力时，建议试桩数不小于总桩数的 2%，进行完整性检测时测试桩数通常达 10% 以上。

4) 现场测试结果判读。现场测试的结果，应得到一条力波曲线和一条速度波曲线。在开始阶段上阻力的回波还不明显时，P 曲线与 ZV 曲线应基本重合，如果开始阶段就没有明显的重合趋势或相差太大时，应当停止试验，仔细检查系统状况，直到正常为止。

(3) 波形拟合法。波形拟合法是分析桩承载力的一种较精密的数值方法。它采用 Case 法现场实测的力波曲线和速度波曲线作为边界条件。该方法只考虑桩和土的计算模型，而不考虑锤和垫层。其原理是：将桩的计算模型视为连续杆件模型，即将其分成 N 个弹性杆件单元，使应力波通过各单元的时间相等。在具体计算中输入桩长和传感器安装位置，程序自动划分单元数，然后输入各单元的声阻抗 $Z_p(i)$ 值。

程序中土的计算模型采用改进的史密斯土模型。除原有的最大静阻力 $R_s(i)$、最大弹性变形 $Q(i)$ 和阻尼系数 $J(i)$ 等三个参数外，还增加了卸载系数。

波形拟合法除了给出桩的极限承载力外，还可以得出打桩时桩身最大应力的分布包络图以及模拟静载试验的 $P{-}s$ 曲线等，程序运行后，输出结果。

3.8　检测报告编写要求

检测报告由五部分组成：封面、目录、签发页、报告正文和附件。检测报告应结论准确、用词规范、文字简练，对于当事方容易混淆的术语和概念可书面予以解释，建筑结构工程质量的检测报告应做出所检测项目是否符合设计文件要求或相应验收规范的评定；既有建筑结构性能的检测报告应给出所检测项目的评定结论，并能为建筑结构的鉴定提供可靠的依据。

（1）封面。封面的内容包括题目、委托单位名称、检测单位名称、报告日期、报告编号。题目需要有工程名称。报告编号一般放在封面右上角，其他内容居中。

（2）目录。对于内容比较多的检测报告或者比较重要的检测报告，最好有报告目录，内容比较少的检测报告可不设目录。

（3）签发页。签发页是检测单位相关人员签字的地方，对于内容比较多或者比较重要的检测报告，最好独立一页作为签发页，对于内容比较少的检测报告可以将签发页的内容放在报告的最后一页。在一份检测报告上需要签字的人员有检测人员、计算人员、技术审核人员、行政主管人员，签发页的内容有检测（试验）、计算（制表）、技术审核（技术负责人）、行政主管人员（最高主管或项目负责人）。

（4）报告正文。主要内容有委托情况、工程概况、执行标准、检测方案、检测结果、检测结论。

委托情况：主要内容有委托单位、工程名称、委托内容（指检测项目）、委托日期、委托人以及联系方式等。

工程概况：主要内容有结构形式、建筑面积、层数、层高、基础形式、构造形式、平面形式、立面形式、建设年代、设计单位、施工单位等以及需要进行交代的其他内容。通过这部分内容的介绍，让人们对检测对象有一个初步的认识。

执行标准：指现行检测规范。

检测方案：对于没有标准检测方法或标准试验方法的检测项目，需要将具有一定个性的检测方案进行概要的描述，描述语言如文字语言、工程语言、数学语言等。

检测结果：检测结果是检测报告的主体，内容较多，要求细致、有理有据、条理清晰，尽可能让外行也能读懂。同时对所检测的每一个参数都要进行判定。

检测结论：在检测结果的基础上，对结构进行综合评定，判定哪些内容合格、哪些内容不合格以及相差多少等。

处理建议：根据检测结论给一个或多个处理建议。

（5）附件：指为检测结果服务的过程性内容，如各构件检测的布点平面图、钢筋试验报告、混凝土回弹评定报告、频谱曲线、结构验算书等。

本 章 小 结

新建建筑工程质量检测和既有服役建筑结构的性能检测是建筑工程领域常见的两个检测类型。无论哪种类型结构，检测时应遵循"必须、够用、针对性、规划性、科学性"等指导原则，需要经过业主委托、初步调查、制定检测方案、检测实施、出具检测报告等严格工作程序，对地基基础、混凝土结构构件、砌体结构构件、钢结构构件等建筑工程进行检测。

为了避免在结构检测过程中，造成对结构带来不必要的损坏，一般可采用非破损法或局部破损法进行检测。对混凝土结构主要进行混凝土强度检测、钢筋强度、配置与锈蚀检测，其中，混凝土强度常见的非破损检测方法有回弹法、超声脉冲法、超声回弹综合法，局部破损法主要有钻芯法、后装拔出法；对砌体结构的检测，应包括砌块强度、砂浆强度和砌体整体强度等内容的检测；对钢结构检测重点在钢材的材料性能、构件平整度和长细比的检测。

地基基础方面的检测应包括建筑物的倾斜观测、建筑物得沉降观测、数据测读及整理等内容，其中桩基的静压检测、静拔或静推试验检测、高应变动力检测等方法是桩基检测的主要技术方法。

复 习 思 考 题

3-1 混凝土结构构件、砌体结构构件、钢结构构件以及地基基础的检测内容主要有哪些？

3-2 回弹法检测混凝土强度的原理和检测步骤有哪些？如何评定混凝土的强度等级？

3-3 混凝土的碳化深度如何测定？

3-4 砌体结构的检查内容主要包括哪些？如何评定砂浆的强度？

3-5 钢结构的检查内容主要包括哪些？如何检测钢材的力学性能？

3-6 建筑结构的检测报告一般包含哪些内容？

3-7 桩基检测的方法有哪些？各自有何技术要求？

3-8 建筑变形观测有哪些技术要求？

第4章

建筑可靠性鉴定

本章首先讲述了建筑可靠性鉴定的一般概念及分类、所依据的标准和规范及工作程序；然后根据现行标准对民用建筑可靠性鉴定、工业建筑可靠性鉴定、危险房屋鉴定及鉴定报告的编写要求进行了详细的介绍。

通过本章学习，学生应掌握建筑可靠性鉴定的一般概念及工作程序，了解各类建筑可靠性鉴定的类别、鉴定评级的层次等级划分原则及基本的工作内容，从而对结构进行可靠性鉴定。

4.1 建筑可靠性鉴定的概念与分类

4.1.1 可靠性鉴定的概念

建筑在自然环境和使用荷载的长期作用后，或者是结构的使用功能要求和使用状态发生改变，其完成预定功能的能力将逐渐减弱。建筑可靠性鉴定就是采取科学的方法分析结构损伤的演化规律，评估结构损伤的程度，对其完成预定功能的能力进行评价和鉴定，继而采取及时有效的处理措施，从而延缓结构损伤的进一步演化，达到延长结构使用寿命的目的。

既有建筑物的可靠性鉴定与新建建筑物的可靠性设计有其相似处，二者的理论基础都是基于结构可靠性理论，即通过对各种不确定因素的分析，控制（可靠性设计）或评估（可靠性鉴定）建筑物的可靠性水平。但是由于可靠性鉴定是基于自然环境、使用荷载长期作用后或使用状态发生改变后的建筑物，其分析方法并不能完全套用新建建筑物结构设计中的校核方法，二者区别主要表现在以下几个方面：

1. 设计基准期和目标使用期

对于新建建筑物的可靠性设计，设计基准期为规范规定的基准期，《建筑结构可靠度设计统一标准》（GB 50068—2001）规定了统一的设计使用年限（一般为 50 年），但对于现有建筑物的可靠性鉴定特别是工业建筑物的可靠性鉴定，目标使用期宜根据国民经济和社会发展状况、工艺更新、服役结构的技术状况（包括已使用年限、破损状况、危险程度、维修状况）等综合确定，一般由使用者或业主提出，且较目前规定的设计使用年限短。

2. 前提条件

新建建筑物可靠性分析的前提条件，是建筑物能够按照国家相关标准、规范的要求得到正常设计、正常施工、正常使用和正常维护。而对于现有建筑物，设计和施工已完成，其可靠性分析的前提条件较新建建筑物有较大的不同，如果原设计或施工存在缺陷，则必须考虑它们对建筑物可靠性的影响；若使用期间没有得到正常的维护或受到破坏，还必须考虑这些附加条件的影响。

3. 设计荷载和验算荷载

进行结构设计时采用的荷载值为设计荷载，它是根据《建筑结构荷载规范》（GB 50009—2001）及生产工艺要求而确定的。对使用若干年后的服役结构进行承载力验算时采用的荷载值则是根据服役结构在使用期间的实际荷载，并考虑荷载规范规定的基本原则经过分析研究核准确定的。对一些无规范可遵循的荷载，如温度应力作用，超静定结构的地基不均匀下沉所造成的附加应力作用等，均应根据《建筑结构可靠度设计标准》（GB 50068—2001）的基本原则和现场测试数据的分析结果来确定。

4. 抗力计算依据

新建建筑物的可靠性设计时，抗力是根据结构设计规范规定的材料强度和计算模式来进行计算的。而建筑物的可靠性鉴定中验算结构抗力时，结构的材性和几何尺寸是通过查阅设计图纸，施工文件和现场检测结果等综合考虑确定的，对结构抗力的验算模式是根据需要对规范提供的计算模式加以修正的。对情况比较复杂的结构或难以计算的结构问题，还必须参考结构试验的结果。

5. 可靠性控制级别

在新建建筑物的可靠性设计中可靠性控制是以满足现行设计规范为准则，其设计结果只有两种结论即满足或不满足。在建筑物的可靠性鉴定中可靠性是以某个等级指标给出的。例如 a、b、c、d 级，这是因为在验算和评估工作中必须考虑结构设计规范的变迁，服役结构的使用效果及对目标使用期的要求等问题，因而其鉴定结论不能按满足或不满足来评定，而应更细化。所以，目前颁布的工业建筑可靠性鉴定标准和民用建筑可靠性鉴定标准均按四个级别来反映服役结构的可靠度水平。

4.1.2　可靠性鉴定的分类

根据《建筑结构可靠度设计统一标准》（GB 50068—2001）的定义，可靠性就是结构在规定的时间内，规定的条件下，完成预定功能的能力。此定义中的"预定功能"包括结构的安全性、适用性和耐久性能，其是否达到预定要求，是以结构的两种极限状态来划分的，其中承载能力极限状态主要考虑安全性功能，正常使用极限状态主要考虑适用性和耐久性功能，这两种极限状态均规定有明确的界限和限值。

1. 承载能力极限状态

承载能力极限状态对应于结构或构件达到最大承载力或不适于继续承载的变形，当结构或构件出现下列状态之一时，即认为超过了承载能力极限状态：

（1）整个结构或结构的一部分作为刚体失去平衡（如倾覆、滑移等）。

（2）结构构件或连接因超越材料强度而破坏，或因产生过度的塑性变形而不能继续承受荷载。

（3）结构转变为机动体系。

（4）结构或结构构件丧失稳定（如压屈等）。

2. 正常使用极限状态

正常使用极限状态对应于结构或构件达到正常使用或耐久性能的某项规定限值。当结构或构件出现下列状态之一时，即认为超过了正常使用极限状态：

（1）影响正常使用或外观的变形。

（2）影响正常使用或耐久性能的局部破坏（包括裂缝）。

（3）影响正常使用的振动。

（4）影响正常使用的其他特定状态。

按照结构功能的两种极限状态，结构可靠性鉴定可以分为两种，即安全性鉴定（或称承载力鉴定）和使用性鉴定（或称正常使用鉴定）。根据不同的鉴定目的和要求，安全性鉴定与使用性鉴定可分别进行，或选择其一进行，或合并成为可靠性鉴定。当鉴定评为需要加固处理或更换构件时，根据加固或更换的难易程度、修复价值及加固修复对原建筑功能的影响程度，还可以补充构件的适修性评定，作为工程加固修复决策时的参考或建议。当要确定结构继续使用的寿命时，还需进一步作结构的耐久性鉴定。

安全性鉴定、使用性鉴定和可靠性鉴定有不同的适用范围，实际中应按不同要求选用不同的鉴定类别：

（1）可仅进行安全性鉴定的情况。

1）危房鉴定及各种应急鉴定。

2）房屋改造前的安全检查。

3）临时性房屋需要延长使用期的检查。

4）使用性鉴定中发现有安全问题。

（2）可仅进行使用性鉴定的情况。

1）建筑物日常维护的检查。

2）建筑物使用功能的鉴定。

3）建筑物有特殊使用要求的专门鉴定。

（3）应进行可靠性鉴定的情况。

1）建筑物大修前的全面检查。

2）重要建筑物的定期检查。

3）建筑物改变用途或使用条件的鉴定。

4）建筑物超过设计基准期继续使用的鉴定。

5）为制定建筑群维修改造规划而进行的普查。

4.2　建筑可靠性鉴定依据的标准、规范与规程

目前，用于建筑可靠性鉴定依据的标准、规范与规程及其主要适用的范围简要介绍如下：

1.《民用建筑可靠性鉴定标准》（GB 50292—1999）

该标准适用于民用建筑在下列情况下的检查与鉴定：建筑物的安全鉴定（其中包括危房鉴定及其他应急鉴定）；建筑物使用功能鉴定及日常维护检查；建筑物改变用途、改变使用条件或改造前的专门鉴定。

2.《工业建筑可靠性鉴定标准》（GB 50144—2008）

该标准为一项新修订的国家标准，在原《工业厂房可靠性鉴定标准》（GB J 144—1990）

基础上修订，自 2009 年 5 月 1 日起实施。修订中扩大了对既有工业建筑可靠性鉴定的适用范围，将原标准中的钢结构从单层厂房扩充到多层厂房，并增加了烟囱、贮仓、通廊、水池等一般工业构筑物的可靠性鉴定，适用范围由原来的工业厂房扩大到工业建、构筑物。

3. 《建筑抗震鉴定标准》（GB 50023—2009）

该标准为国家标准，并于 2008 年"汶川地震"后在《建筑抗震鉴定标准》（GB 50023—1995）的基础上进行了修订，修订后较原标准变化较大，适用于抗震设防烈度为 6～9 度地区的现有建筑的抗震鉴定，不适用于新建建筑工程的抗震设计和施工质量的评定。

4. 《危险房屋鉴定标准》（JBJ 125—1999）

该标准适用于既有房屋的危险性鉴定。主要内容为有效利用既有房屋，正确判断房屋结构的危险程度，及时治理危险房屋，确保使用安全。

5. 《混凝土结构耐久性评定标准》（GB/T 50476—2008）

该标准为国家标准，适用于既有房屋、桥梁及一般构筑物的混凝土结构耐久性评定，不适用于轻骨料混凝土及特种混凝土结构，采取附加防腐措施的混凝土结构可参考该标准评定。

6. 《火灾后建筑结构可靠性标准》（待颁布）

该标准为中国工程建设标准化协会标准，现为征求意见稿阶段，主要介绍建筑结构火灾后的鉴定和检测方法，以及不同火灾损害情况下建筑结构加固和修复的方法步骤。

7. 《古建筑木结构维护与加固技术规范》（GB 50165—1992）

该规范为行业标准，主要包括古建筑木结构可靠性鉴定与抗震鉴定、古建筑的防护、木结构的维修等内容。

4.3　建筑可靠性鉴定的工作程序与基本规定

4.3.1　鉴定方法及工作程序

建筑物可靠性鉴定的目的是全面、准确地掌握建筑物的性能、状况和所承受的各种作用，准确评价其可靠度水平，为建筑物的使用和管理提供技术依据。已有建筑物的可靠性鉴定方法，正在从传统经验法和实用鉴定法向可靠度鉴定法过渡；目前采用的仍然是传统经验法和实用鉴定法，可靠度鉴定法尚未达到应用阶段。

1. 传统经验法

传统经验法是在不具备检测仪器设备的条件下，对建筑结构的材料强度及其损伤情况，按目测调查，或结合设计资料和建筑年代的普遍水平，凭经验进行评估取值，然后按相关设计规范进行验算；主要从承载力、结构布置及构造措施等方面，通过与设计规范比较，对建筑物的可靠性作出评定。这种方法快速、简便、经济，适合于构造简单的旧房的普查和定期检查。由于未采用现代测试手段，故鉴定人员的主观随意性较大，鉴定质量由鉴定人员的专业素质和经验水平决定，鉴定结论容易出现争议。

2. 实用鉴定法

实用鉴定法是运用现代检测技术手段，对结构材料的强度、老化、裂缝、变形、锈蚀等问题通过实测确定，然后按照现行规范进行验算校核。实用鉴定法将鉴定对象从构件到鉴定单元划分成三个层次，每个层次划分为三四个等级。评定顺序是从构件开始，通过调查、检测、验算确定等级，然后按该层次的等级构成评定上一层次的等级，最后评定鉴定单元的可靠性等级。

实用鉴定法包括初步调查、确定鉴定目的、范围和内容、详细调查、补充调查、检测、试验、理论计算、可靠性分析、可靠性评定等多个环节。

建筑物可靠性鉴定的范围、内容和要求需根据具体的鉴定任务确定，一般以合同的形式予以规定，如果不是对整个建筑物进行鉴定，鉴定对象则应具有一定的独立性，如由变形缝所划分的建筑物单元、屋盖系统、吊车梁系统等。

建筑物和环境的调查检测主要是了解建筑物和环境的历史，全面、准确地掌握建筑物当前的实际性能、使用状况以及所处的环境，收集涉及建筑物及其环境未来变化的有关信息等，为建筑物的可靠性分析和评定提供依据。

建筑物的可靠性分析是根据调查检测结果以及可靠性鉴定的目的和要求，通过力学和必要的物理、化学分析，确定建筑物在目标使用期里的可靠度水平，包括建筑物整体和各个组成部分的可靠度水平，并综合分析建筑物所存在问题的原因。

建筑物的可靠性评定是根据调查检测和可靠性分析的结果按照一定的评定标准和方法，逐步评定建筑物各个组成部分以及建筑物整体的可靠性，确定相应的可靠性等级，指明建筑物中不满足可靠性要求的具体部位和构件，并提出初步处理意见。

3. 可靠度鉴定法

实用鉴定法比传统经验法有较大的突破，评价的结论比传统经验法更接近实际。已有建筑物的作用力、结构抗力等影响建筑物的诸因素，实际上都是随机变量甚至是随机过程，采用现有规程进行应力计算、结构分析均属于定值法的范围，用定值法的固定值来估计已有建筑物的随机变量的不定性的影响，显然是不合理的。近几年，随着概率论和数理统计的应用，采用非定值理论的研究已经有所进展，对已有建筑物可靠性的评价和鉴定已形成一种新的方法—可靠度鉴定法。

可靠度鉴定就是用概率的概念来分析已有建筑物的可靠度，即已有建筑物结构抗力 R，作用力 S 都是随机变量，他们之间的关系表示为：$R > S$ 表示可靠；$R = S$ 表示恰好达到极限状态；$R < S$ 表示失效。失效的可能性有大有小，用概率来表示，称之失效概率，一般用 P_f 表示。如果已有建筑物可靠度用概率来表示，显然，保证概率 P_s 与失效概率 P_f 是互补的。即 $P_s + P_f = 1$。因此，只要能计算失效概率，便可得到保证概率即已有建筑物的可靠度。

应该指出，可靠性鉴定法在理论上是完善的，但要达到实用的程度，还有很大困难。为了达到实用的目的，目前大多采用近似概率可靠度鉴定。

4.3.2　基本规定

1. 鉴定评级层次的划分

将建筑结构体系按照结构失效的逻辑关系，划分为相对简单的三个层次，即构件、子单元和鉴定单元三个层次。

构件是鉴定的第一层次，是最基本的鉴定单位，它可以是一个单件，如一根梁或柱，也可以是一个组合件，如一榀桁架，也可以是一个片段，如一片墙。子单元由构件组成，是鉴定的第二层次，子单元层次一般包括地基基础、上部承重结构和围护系统三个子单元。鉴定单元由子单元组成，是鉴定的第三层次；根据建筑物的构造特点和承重体系的种类，将建筑物划分为一个或若干个可以独立进行鉴定的区段，则每一个区段就是一个鉴定单元。

2. 鉴定评级

《民用建筑可靠性鉴定标准》（GB 50292—1999）按构件、子单元、鉴定单元三个层次将安全性、适用性、可靠性分别划分为四级、三级和四级。相类似，《工业建筑可靠性鉴定标准》（GB 50144—2008）则按构件、结构系统、鉴定单元三个层次将安全性、适用性、可靠性分别划分为四级、三级和四级。工程实践说明，这两个标准所采用的等级级数和分级原则总体上是适合的，能够有效区别可靠度水平不同的建筑物，满足工程决策的需要。

综合这两个标准的分级原则，这里按构件、子单元、鉴定单元三个层次将安全性、适用性和可靠性均划分为四个等级，并采用统一的分级原则。为便于叙述，安全性、适用性、可靠性的等级均采用相同的符号表示。

（1）构件。

1）a 级：符合国家现行规范要求，安全、适用，不必采取措施。

2）b 级：略低于国家现行规范要求，基本安全、适用，可不必采取措施。

3）c 级：不符合国家现行规范要求，影响安全或正常使用，应采取措施。

4）d 级：严重不符合国家现行规范要求，危及安全或不能正常使用，必须立即或及时采取措施。

（2）子单元。

1）A 级：主要项目符合国家现行规范要求，次要项目可略低于国家现行规范要求，不影响系统整体的安全、适用功能，不必采取措施。

2）B 级：主要项目符合或略低于国家现行规范要求，个别次要项目可不符合国家现行规范要求，尚不显著影响系统整体的安全、适用功能，宜采取适当措施。

3）C 级：主要项目略低于或不符合国家现行规范要求，个别次要项目可严重不符合国家现行规范要求，显著影响系统整体的安全、适用功能，应采取措施。

4）D 级：主要项目严重不符合国家现行规范要求，严重影响系统整体的安全、适用功能，必须立即或及时采取措施。

（3）鉴定单元。

1）Ⅰ级：符合国家现行规范要求，个别项目宜采取措施。不影响鉴定单元整体的安全、适用功能。

2）Ⅱ级：略低于国家现行规范要求，尚不显著影响鉴定单元整体的安全、适用功能，个别项目应采取措施。

3）Ⅲ级：不符合同家现行规范要求，影响鉴定单元整体的安全、适用功能，有些项目应采取措施，个别项目必须立即或及时采取措施。

4）Ⅳ级：严重不符合国家现行规范要求，严重影响鉴定单元整体的安全、适用功能，必须立即或及时采取措施。

上述的措施，对于评为 b、B 及 Ⅱ 级的，一般是指维护，个别的为耐久性处理或加固等措施；对于评为 c、C 及Ⅲ级的，是指加固、补强，或个别更换等措施；对于评为 d、D 及Ⅳ级的，是指应急、加固、更换或报废等措施。

4.4　民用建筑可靠性鉴定

4.4.1　鉴定程序

《民用建筑可靠性鉴定标准》(GB 50292—1999) 采用了以概率理论为基础，以结构各种功能要求的极限状态为鉴定依据的可靠性鉴定方法，简称为概率极限状态鉴定法。并将已有建筑物的可靠性鉴定划分为安全性鉴定与正常使用性鉴定两个部分；采用等级评定对建筑物的安全性和正常使用性现状作出评价，根据分级模式设计的评定程序，将复杂的建筑结构体系分为相对简单的若干层次，然后分层分项进行检查，逐层逐步进行综合，以取得能满足实用要求的可靠性鉴定结论。具体实施时是进行安全性鉴定，还是进行正常使用性鉴定，或是两者均需进行（即可靠性鉴定），应根据鉴定的目的和要求按照 4.1 节所述的原则进行选择。

民用建筑可靠性鉴定的程序如图 4-1 所示。

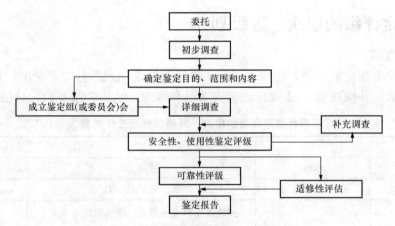

图 4-1　民用建筑鉴定程序流程图

鉴定程序流程可分为初步调查、详细调查和补充调查。

1. 初步调查

初步调查的目的是了解建筑物和环境的历史及现状的一般情况，一般应包括以下内容：

（1）图纸资料（如岩土工程勘察报告、设计计算书、设计变更记录、施工图、施工及施工变更记录、竣工图、竣工质检及验收文件、定点观测记录、事故处理报告、维修记录、历次加固改造图纸等）。

（2）建筑物历史（如原始施工、历次修增、改造、用途变更、使用条件改变以及受灾情况）。

（3）考察现场（按资料核对实物、调查建筑物实际使用条件和内外环境、查看已发现的问题、听取有关人员的意见等）。

（4）填写初步调查表。

（5）制订详细调查计划及检测、试验工作大纲并提出需由委托方完成的准备工作。

2. 详细调查

详细调查是可靠性鉴定的基础，其目的是为结构的质量评定、结构验算和鉴定以及后续的加固设计提供可靠的资料和依据。根据实际需要选择下列工作内容：

（1）结构基本情况勘查：结构布置及结构形式；圈梁、支撑（或其他抗侧力系统）布置；结构及其支承构造；构件及其连接构造；结构及其细部尺寸，其他有关的几何参数。

（2）结构使用条件调查核实：结构上的作用；建筑物内外环境；使用史（含荷载史）。

（3）地基基础（包括桩基础）检查：场地类别与地基土（包括土层分布及下卧层情况）；地基稳定性（斜坡）；地基变形，或其在上部结构中的反应；评估地基承载力的原位测试及室内物理力学性质试验；基础和桩的工作状态（包括开裂、腐蚀和其他损坏的检查）；其他因素（如地下水抽降、地基浸水、水质、土壤腐蚀等）的影响或作用。

（4）材料性能检测分析：结构构件材料；连接材料；其他材料。

（5）承重结构检查：构件及其连接工作情况；结构支承工作情况；建筑物的裂缝分布；结构整体性；建筑物侧向位移（包括基础转动）和局部变形；结构动力特性。

（6）围护系统使用功能检查。

（7）易受结构位移影响的管道系统检查。

4.4.2 鉴定评级的层次、等级划分

1. 安全性鉴定

民用建筑安全性鉴定评级，应按构件、子单元和鉴定单元各分三个层次，每一层次分为四个安全性等级，并应按表4-1规定的检查项目和步骤，从第一层开始，分层进行：

表4-1 可靠性鉴定评级的层次、等级划分及工作内容

层次		一	二		三
层名		构件	子单元		鉴定单元
安全性鉴定	等级	a_u、b_u、c_u、d_u	A_u、B_u、C_u、D_u		A_{su}、B_{su}、C_{su}、D_{su}
	地基基础	—	按地基变形或承载力、地基稳定性（斜坡）等检查项目评定地基等级	地基基础评级	鉴定单元安全性评级
		按同类材料构件各检查项目评定单个基础等级	每种基础评级		
	上部承重结构	按承载能力、构造、不适于继续承载的位移或残损等检查项目评定单个构件等级	每种构件评级	上部承重结构评级	
			结构侧向位移评级		
		—	按结构布置、支撑、圈梁、结构间联系等检查项目评定结构整体性等级		
	围护系统承重部分	按上部承重结构检查项目及步骤评定围护系统承重部分各层次安全性等级			

续表

层次		一	二		三
层名		构件	子单元		鉴定单元
正常使用性鉴定	等级	a_s、b_s、c_s、d_s	A_s、B_s、C_s、D_s		A_{ss}、B_{ss}、C_{ss}、D_{ss}
	地基基础	—	按上部承重结构和围护系统工作状态评估地基基础等级		
	上部承重结构	按位移、裂缝、风化、锈蚀等检查项目评定单个构件等级	每种构件评级	上部承重结构评级	鉴定单元正常使用性评级
			结构侧向位移评级		
	围护系统功能	—	按屋面防水、吊顶、墙、门窗、地下防水及其他防护设施等检查项目评定围护系统功能等级	围护系统评级	
		按上部承重结构检查项目及步骤评定围护系统承重部分各层次使用性等级			
可靠性鉴定	等级	a、b、c、d	A、B、C、D		Ⅰ、Ⅱ、Ⅲ、Ⅳ
	地基基础	以同层次安全性和正常使用性评定结果并列表达，或按国家标准规定的原则确定其可靠性等级			鉴定单元可靠性评级
	上部承重结构				
	围护系统				

注：表中地基基础包括桩基和桩。

（1）根据构件各检查项目评定结果，确定单个构件等级，分为四个等级：a_u，b_u，c_u，d_u。

（2）根据子单元各检查项目及各种构件的评定结果，确定子单元等级，分为四个等级：A_u，B_u，C_u，D_u。

（3）根据各子单元的评定结果，确定鉴定单元等级，分为四个等级：A_{su}，B_{su}，C_{su}，D_{su}。

民用建筑安全性鉴定的层次、等级划分如图4-2所示：

民用建筑安全性鉴定评级的构件、子单元和鉴定单元三层次分级标准如下：

（a_u，A_u，A_{su}）：安全性符合标准要求，具有足够的承载能力，不必采取处理措施。

（b_u，B_u，B_{su}）：安全性略低于标准要求，尚不显著影响承载能力。可不采取处理措施，但可能有极个别构件应采取措施。

（c_u，C_u，C_{su}）：安全性不符合标准要求，显著影响承载能力。应采取措施，且个别构件须立即采取处理

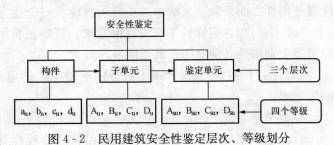

图4-2　民用建筑安全性鉴定层次、等级划分

措施。

（d_u，D_u，D_{su}）：安全性极不符合标准要求，已严重影响承载能力。必须及时或立即采取处理措施。

2. 正常使用性鉴定

正常使用性鉴定评级，也按构件、子单元和鉴定单元各分三个层次，并应按表4-1规定的检查项目和步骤，从第一层开始，分层进行。但与安全性鉴定不同的是，由于使用性鉴定中不存在类似安全性严重不足，必须立即采取措施的情况，所以使用性鉴定分级的档数比安全性和可靠性鉴定少一档，每一层次分为三个使用性等级。

正常使用性鉴定的层次、等级划分如图4-3所示。

民用建筑正常使用性鉴定评级的构件、子单元和鉴定单元三层次分级标准如下：

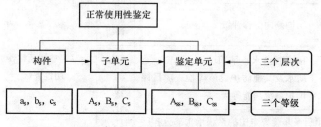

图4-3　民用建筑正常使用性鉴定层次、等级划分

（a_s，A_s，A_{ss}）：使用性符合标准要求，具有正常的使用功能不必采取处理措施。

（b_s，B_s，B_{ss}）：使用性略低于标准要求，尚不显著影响使用功能，可不采取处理措施，但可能有少数构件应采取适当处理措施。

（c_s，C_s，C_{ss}）：使用性不符合标准要求，显著影响使用功能，应采取处理措施。

3. 可靠性鉴定

可靠性鉴定的层次、等级划分与安全性鉴定一样，也是按构件、子单元、鉴定单元三个层次，每一层次分为四个等级进行鉴定。各层次可靠性鉴定评级，以该层次的安全性和使用性的评定结果为依据综合确定。

可靠性鉴定的层次、等级划分如图4-4所示。

民用建筑可靠性鉴定评级的构件、子单元和鉴定单元三层次分级标准如下：

（a，A，Ⅰ）：可靠性符合标准要求，具有正常的承载能力和使用功

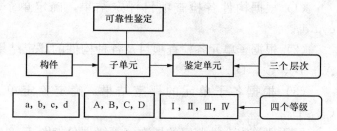

图4-4　民用建筑可靠性鉴定层次、等级划分

能，可不采取措施，但可能有少数构件应在使用性方面采取适当措施进行处理。

（b，B，Ⅱ）：可靠性略低于标准要求，尚不显著影响承载能力和使用功能，有些构件应在使用性方面采取适当措施，少数构件应在安全性方面采取措施进行处理。

（c，C，Ⅲ）：可靠性不符合标准要求，影响正常的承载能力和使用功能。应采取措施，且可能个别构件必须立即采取措施进行处理。

（d，D，Ⅳ）：可靠性严重不符合标准要求，已危及安全，应停止使用，必须立即采取措施处理。

4. 适修性评定

所谓适修性，是指一种能反映残损结构适修程度与修复价值的技术与经济的综合特性。

对于这一特性，建筑物所有或管理部门尤为关注。因为残损结构的鉴定评级固然重要，但鉴定评级后更需要关于结构能否修复及是否值得修复的评价意见。

在民用建筑可靠性鉴定中，若委托方要求对 C_{su} 级和 D_{su} 级鉴定单元，或 C_u 级和 D_u 级子单元（或其中某种构件）的处理提出建议时，宜对其适修性进行评估。民用建筑适修性评级按构件、子单元、鉴定单元三个层次，每一层次分为四个等级进行鉴定。

适修性评定的层次、等级划分如图 4 - 5 所示。

各层次分级标准如下：

（a_r，A'_r，A_r）：构件易加固或易更换，所涉及的相关构造问题易处理，适修性好，修后可恢复原功能，所需的费用远低于新建的造价应予修复或改造。

（b_r，B'_r，B_r）：构件稍难加固或

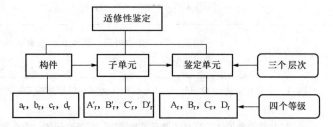

图 4 - 5　民用建筑适修性评定层次、等级划分

稍难更换，所涉及的相关构造问题易于或稍难处理，修后可恢复或接近恢复原功能，所需费用为新建造价 30%～70%，适修性尚好宜予修复或改造。

（c_r，C'_r，C_r）：难修、或难改造或所涉及的相关构造问题难处理或所需总费用为新建造价，适修性差是否有保留价值，取决于重要性和使用要求。

（d_r，D'_r，D_r）：该鉴定对象已严重残损，构造很难加固，也难更换，或所需费用接近、甚至超过新建的造价。适修性很差，除非是纪念性或历史性建筑，否则一般宜予拆换或重建。

4.4.3　构件安全性鉴定评级

单个构件安全性的鉴定评级，应根据构件的不同种类执行。常见的结构构件有混凝土结构构件、钢结构构件、砌体结构构件和木结构构件。限于篇幅，本节以混凝土构件为例进行讲解。

混凝土结构构件的安全性鉴定，分为承载能力、构造以及不适于继续承载的位移（或变形）和裂缝等四个检查项目，分别评定每一受检构件的等级，并取其中最低一级作为该构件安全性等级。

（1）混凝土结构构件的安全性按承载能力评定时，应按表 4 - 2 的规定，分别评定每一验算项目的等级，然后取其中最低一级作为该构件承载能力的安全性等级。

表 4 - 2　　　　　　　　　　混凝土结构构件承载能力等级的评定

构件类别	$R/\gamma_0 S$			
	a_u 级	b_u 级	c_u 级	d_u 级
主要构件	≥1.0	≥0.95，且<1	≥0.90，且<0.95	<0.90
一般构件	≥1.0	≥0.90，且<1	≥0.85，且<0.90	<0.85

（2）混凝土结构构件的安全性按构造评定时，应按表 4 - 3 的规定，分别评定两个检查

项目的等级，然后取其中较低一级作为该构件构造的安全性等级。

表 4-3　　　　　　　　　　　混凝土结构构件构造等级的评定

检查项目	a_u 级或 b_u 级	c_u 级或 d_u 级
连接（或节点）构造	连接方式正确，构造符合国家现行设计规范要求，无缺陷，或仅有局部的表面缺陷，工作无异常	连接方式不当，构造有严重缺陷，已导致焊缝或螺栓等发生明显变形、滑移、局部拉脱、剪坏或裂缝
受力预埋件	构造合理，受力可靠，无变形、滑移、松动或其他损坏	构造有严重缺陷，已导致预埋件发生明显变形、滑移、松动或其他损坏

注：1. 评定结果取 a_u 级或 b_u 级，可根据其实际完好程度确定；评定结果取 c_u 级或 d_u 级，可根据其实际严重程度确定。

　　2. 构件支承长度的检查结果不参加评定，但若有问题，应在鉴定报告中说明，并提出处理建议。

（3）混凝土结构构件的安全性按不适于继续承载的位移或变形评定时，应遵守下列规定：

1）对桁架（屋架、托架）的挠度，当其实测值大于其计算跨度的 1/400 时，应验算其承载能力。验算时，应考虑由位移产生的附加应力的影响，若验算结果不低于 b_u 级，仍可定为 b_u 级，但宜附加观察使用一段时间的限制。若验算结果低于 b_u 级，可根据其实际严重程度定为 c_u 级或 d_u 级。

2）对其他受弯构件的挠度或施工偏差造成的侧向弯曲，应按表 4-4 的规定评级。

3）对柱顶的水平位移（或倾斜），当其实测值大于表 4-4 所列的限值时，若该位移与整个结构有关，根据位移评定结果，取与上部承重结构相同的级别作为该柱的水平位移等级；若该位移只是孤立事件，则应在其承载能力验算中考虑此附加位移的影响，并根据验算结果评级；若该位移尚在发展，应直接定为 d_u 级。

表 4-4　　　　　　　　　　混凝土受弯构件不适于继续承载的变形的评定

检查项目	构件类别		c_u 级或 d_u 级
挠度	主要受弯构件—主梁、托梁等		$>l_0/250$
	一般受弯构件	$l_0<9$m	$>l_0/150$ 或 >45mm
		$l_0>9$m	$>l_0/200$
侧向弯曲的矢高	预制屋面梁、桁架或深梁		$>l_0/500$

注：1. 表中 l_0 为计算跨度。

　　2. 评定结果取 c_u 级或 d_u 级，可根据其实际严重程度确定。

（4）不适于继续承载的裂缝检查项目应分别检查受力裂缝和非受力裂缝，且若同时存在受力和非受力裂缝时，分别评定其等级，取其中较低一级作为该构件的裂缝等级。

当混凝土结构构件出现表 4-5 所列的受力裂缝时，应视为不适于继续承载的裂缝，并应根据其实际严重程度定为 c_u 级或 d_u 级。

表 4-5　　　　　　　　　　　混凝土构件不适于继续承载的裂缝宽度的评定

检查项目	环境	构　件　类　别		c_u 级或 d_u 级
受力主筋处的弯曲（含一般弯剪）裂缝和轴拉裂缝宽度/mm	正常湿度环境	钢筋混凝土	主要构件	＞0.50
			一般构件	＞0.70
		预应力混凝土	主要构件	＞0.20（0.30）
			一般构件	＞0.30（0.50）
	高湿度环境	钢筋混凝土	任何构件	＞0.40
		预应力混凝土		＞0.10（0.20）
剪切裂缝/mm	任何湿度环境	钢筋混凝土或预应力混凝土		出现裂缝

注：1. 表中的剪切裂缝是指斜拉裂缝，以及集中荷载靠近支座处出现的或深梁中出现的斜压裂缝。
　2. 高湿度环境是指露天环境，开敞式房屋易遭飘雨部位，经常受蒸汽或冷凝水作用的场所（如厨房、浴室、寒冷地区不保暖屋盖等）以及与土壤直接接触的部件等。
　3. 表中括号内的限值适用于冷拉Ⅱ、Ⅲ、Ⅳ级钢筋的预应力混凝土构件。
　4. 对板的裂缝宽度以表面量测值为准。

当混凝土结构构件出现下列情况的非受力裂缝时，也应视为不适于继续承载的裂缝，并应根据其实际严重程度定为 c_u 级或 d_u 级。因主筋锈蚀产生的沿主筋方向的裂缝，其裂缝宽度已大于 1mm。因温度收缩等作用产生的裂缝，其宽度已比表 4-5 规定的弯曲裂缝宽度值超出 50%，且分析表明已显著影响结构的受力。

当混凝土结构构件出现受压区混凝土有压坏迹象或因主筋锈蚀导致构件掉角以及混凝土保护层严重脱落时，不论其裂缝宽度大小，应直接定为 d_u 级。

4.4.4　构件正常使用性鉴定评级

单个构件正常使用性的鉴定评级，应根据构件的不同种类执行。

混凝土结构构件的正常使用性鉴定，应按位移和裂缝两个检查项目，分别评定每一受检构件的等级，并取其中较低一级作为该构件使用等级。而混凝土结构构件碳化深度的测定结果，主要用于鉴定分析，不参与评级。但若构件主筋已处于碳化区内，则应在鉴定报告中指出，并应结合其他项目的检测结果提出处理的建议。

（1）当混凝土桁架和其他受弯构件的正常使用性按其挠度检测结果评定时，若检测值小于计算值及现行设计规范限值时，可评为 a_s 级；若检测值大于或等于计算值，但不大于现行设计规范限值时，可评为 b_s 级；若检测值大于现行设计规范限值时，应评为 c_s 级。

当混凝土柱的正常使用性需要按其柱顶水平位移（或倾斜）检测结果评定时，若该位移的出现与整个结构有关，应根据评定结果，取与上部承重结构相同的级别作为该柱的水平位移等级；若该位移的出现只是孤立事件，则可根据其检测结果直接评级，评级所需的位移限值，按层间数值乘以 1.1 的系数确定。

（2）当混凝土结构构件的正常使用性按其裂缝宽度检测结果评定时，若检测值小于计算值及现行设计规范限值时，可评为 a_s 级；若检测值大于或等于计算值，但不大于现行设计规范限值时，可评为 b_s 级；若检测值大于现行设计规范限值时，应评为 c_s 级；若计算有困难或计算结果与实际情况不符时，宜按表 4-6 或表 4-7 的规定评级；对沿主筋方向出现的锈蚀裂缝，应直接评为 c_s 级；若一根构件同时出现两种裂缝，应分别评级，并取其中较低一级作为该构件的裂缝等级。

表 4-6　　　　　　　　钢筋混凝土构件裂缝宽度等级的评定

检查项目	环境	构件类别		a_s 级	b_s 级	c_s 级
受力主筋处横向或斜向裂缝宽度/mm	正常湿度环境	主要构件	屋架、托架	≤0.15	≤0.20	>0.20
			主梁、托梁	≤0.20	≤0.30	>0.30
		一般构件		≤0.25	≤0.40	>0.40
	高湿度环境	任何构件		≤0.15	≤0.20	>0.20

注：1. 高湿度环境是指：露天环境，开敞式房屋易遭飘雨部位，经常受蒸汽或冷凝水作用的场所（如厨房、浴室、寒冷地区不保暖屋盖等）以及与土壤直接接触的部位等。

　　2. 对拱架和屋面梁，应分别按桁架和主梁评定。

　　3. 对板的裂缝宽度，以表面量测的数值为准。

表 4-7　　　　　　　　预应力混凝土构件裂缝宽度等级的评定

检查项目	环境	构件类别	评定标准		
			a_s 级	b_s 级	c_s 级
横向或斜向裂缝宽度/mm	正常湿度环境	主要构件	无裂缝（≤0.15）	无裂缝（>0.15，且≤0.20）	无裂缝（>0.20）
		一般构件	无裂缝（≤0.20）	无裂缝（>0.20，且≤0.30）	无裂缝（>0.30）
	高湿度环境	任何构件	无裂缝	无裂缝	出现裂缝

注：1. 表中括号内限值适用于冷拉Ⅱ、Ⅲ、Ⅳ级钢筋的预应力混凝土构件。

　　2. 当构件无裂缝时，评定结果取 a_s 或 b_s 级，可根据其完好程度确定。

4.4.5　子单元安全性鉴定评级

民用建筑安全性的第二层次鉴定评级，应按地基基础（含桩基和桩，以下同）、上部承重结构和围护系统的承重部分划分为三个子单元进行评定。若不要求评定围护系统可靠性，也可不将围护系统承重部分列为子单元，而将其安全性鉴定并入上部承重结构中。

1. 地基基础

地基基础（子单元）的安全性鉴定，包括地基、桩基和斜坡三个检查项目，以及基础和桩两种主要构件。地基基础（子单元）的安全性等级，应根据对地基基础（或桩基、桩身）和地基稳定性的评定结果，按其中最低一级确定。

（1）当地基（或桩基）的安全性按地基变形（建筑物沉降）观测资料或其上部结构反应的检查结果评定时，应按下列规定评级：

A_u 级：不均匀沉降小于《建筑地基基础设计规范》（GB 50007—2002）规定的允许沉降差；或建筑物无沉降裂缝、变形或位移。

B_u 级：不均匀沉降不大于《建筑地基基础设计规范》（GB 50007—2002）规定的允许沉降差，且连续两个月地基沉降速度小于 2mm/月；或建筑物上部结构砌体部分虽有轻微裂缝，但无发展迹象。

C_u 级：不均匀沉降大于《建筑地基基础设计规范》(GB 50007—2002) 规定的允许沉降差，或连续两个月地基沉降速度大于 2mm/月；或建筑物上部结构砌体部分出现宽度大于 5mm 沉降裂缝，预制构件之间的连接部位可出现宽度大于 1mm 的沉降裂缝，且沉降裂缝短期内无终止趋势。

D_u 级：不均匀沉降远大于《建筑地基基础设计规范》(GB 50007—2002) 规定的允许沉降差，连续两个月地基沉降速度大于每月 2mm，且尚有变快趋势；或建筑物上部结构的沉降裂缝发展明显，砌体的裂缝宽度大于 10mm；预制构件之间的连接部位的裂缝大于 3mm；现浇结构个别部位也已开始出现沉降裂缝。

(2) 地基（或桩基）的安全性按其承载力评定时，可根据岩土工程勘察档案和有关检测资料的完整程度，适当补充近位勘探点，进一步查明土层分布情况，并采用原位测试和取原状土作室内物理力学性能试验方法进行地基检验，结合当地工程经验对地基、桩基的承载力综合评价；若现场条件许可，还可以在基础（承台）下进行载荷试验以确定地基（或桩基）的承载力，当发现地基受力层范围内有软弱下卧层时，应对软弱下卧层的地基承载力进行验算。采用下列标准评级当承载能力符合《建筑地基基础设计规范》(GB 50007—2002) 或《建筑桩基技术规范》(JGJ 94—2008) 的要求时，可根据建筑物的完好程度评为 A_u 级或 B_u 级。当承载能力不符合《建筑地基基础设计规范》(GB 50007—2002) 或《建筑桩基技术规范》(JGJ 94—2008) 的要求时，可根据建筑物损坏的严重程度定为 C_u 级或 D_u 级。

(3) 当地基基础（或桩基础）的安全性按基础（或桩）评定时，宜根据下列原则进行鉴定评级：

1) 对浅埋的基础或桩，宜根据抽样或全数开挖的检查结果，按同类材料结构主要构件的有关项目评定每一受检基础或单桩的等级，并按样本中所含的各个等级基础（或桩）的百分比，按下列原则评定该种基础或桩的安全性等级：

A_u 级：不含 C_u 级及 D_u 级基础（或单桩），可含 B_u 级基础（或单桩），但含量不大于 30%。

B_u 级：不含 D_u 级基础（或单桩），可含 C_u 级基础（或单桩），但含量不大于 15%。

C_u 级：可含 D_u 级基础（或单桩），但含量不大于 5%。

D_u 级：D_u 级基础（或单桩）的含量大于 5%。

注：当评定群桩基础时，括号中的单桩应改为基桩。

2) 对深基础（或深桩），宜进行计算分析。若分析结果表明，其承载能力（或质量）符合现行有关国家规范的要求，可根据其开挖部分的完好程度定为 A_u 级或 B_u 级；若承载能力（或质量）不符合现行有关国家规范的要求，可根据其开挖部分所发现问题的严重程度定为 C_u 级或 D_u 级。

3) 在下列情况下，可不经开挖检查而直接评定一种基础（或桩）的安全性等级：当地基（或桩基）的安全性等级已评为 A_u 级或 B_u 级，且建筑场地的环境正常时，可取与地基（或桩基）相同的等级；当地基（或桩基）的安全性等级已评为 C_u 级或 D_u 级，且根据经验可以判断基础或桩也已损坏时，可取与地基（或桩基）相同的等级。

（4）当地基基础的安全性按地基稳定性（斜坡）项目评级时，应按下列标准评定：

A_u 级：建筑场地地基稳定，无滑动迹象及滑动史。

B_u 级：建筑场地地基在历史上曾有过局部滑动，经治理后已停止滑动，且近期评估表明，在一般情况下，不会再滑动。

C_u 级：建筑场地地基在历史上发生过滑动，目前虽已停止滑动，但若触动诱发因素，今后仍有可能再滑动。

D_u 级：建筑场地地基在历史上发生过滑动，目前又有滑动或滑动迹象。

2. 上部承重结构

上部承重结构（子单元）的安全性鉴定评级，应根据其所含各种构件的安全性等级、结构的整体性等级，以及结构侧向位移等级进行确定。

（1）当评定一种主要构件的安全性等级时，根据其每一受检构件评定结果，按表 4-8 的规定评级。

表 4-8   每种主要构件安全性等级的评定

等级	多层及高层房屋	单 层 房 屋
A_u	在该种构件中，不含 c_u 级和 d_u 级，可含 b_u 级，但一个子单元含 b_u 级的楼层数不多于（$\sqrt{m}/m$）%，每一楼层的 d_u 级含量不多于 25%，且任一轴线（或任一跨）上的 b_u 级含量不多于该轴线（或该跨）构件数的 1/3	在该种构件中不含 c_u 级和 d_u 级，可含 b_u 级，但一个子单元的含量不多于 30%，且任一轴线（或任一跨）的 b_u 级含量不多于该轴线（或该跨）构件数的 1/3
B_u	在该种构件中，不含 d_u 级，可含 c_u 级，但一个子单元含 c_u 级的楼层数不多于（$\sqrt{m}/m$）%，每一楼层的 c_u 级含量不多于 15%，且任一轴线（或任一跨）上的 c_u 级含量不多于该轴线（或该跨）构件数的 1/3	在该种构件中不含 d_u 级，可含 c_u 级，但一个子单元的含量不多于 20%，且任一轴线（或任一跨）上的 c_u 级含量不多于该轴线（或该跨）构件数的 1/3
C_u	在该种构件中，可含 d_u 级，但一个子单元含有 d_u 级楼层数不多于（$\sqrt{m}/m$）%，每一楼层的 d_u 级含量不多于 5%，且任一轴线（或任一跨）上的 d_u 级含量不多于 1 个	在该种构件中可含 d_u 级（单跨及双跨房屋除外），但一个子单元的含量不多于 7.5%，且任一轴线（或任一跨）上的 d_u 级含量不多于 1 个
D_u	在该种构件中，d_u 级的含量或其分布多于 C_u 级的规定数	在该种构件中，d_u 级的含量或其分布多于 C_u 级的规定数

注：1. 表中"轴线"系指结构平面布置图中的横轴线或纵轴线，当计算纵轴线上的构件数时，对桁架、屋面梁等构件可按跨统计。m 为房屋鉴定单元的层数。

2. 当计算的含有低一级构件的楼层数为非整数时，可多取一层，但该层中允许出现的低一级构件数，应按相应的比例进行折减（即以该非整数的小数部分作为折减系数）。

当评定一般构件的安全性等级时，应根据其每一受检构件的评定结果，按表 4-9 的规定评级。

表 4 - 9　　　　　　　　　　　每种一般构件安全性等级的评定

等级	多层及高层房屋	单 层 房 屋
A_u	在该种构件中，不含 c_u 级和 d_u 级，可含 b_u 级，但一个子单元含 b_u 级的楼层数不多于 $(\sqrt{m}/m)\%$，每一楼层的 d_u 级含量不多于 30%，且任一轴线（或任一跨）上的 b_u 级含量不多于该轴线（或该跨）构件数的 2/5	在该种构件中不含 c_u 级和 d_u 级，可含 b_u 级，但一个子单元的含量不多于 35%，且任一轴线（或任一跨）的 b_u 级含量不多于该轴线（或该跨）构件数的 2/5
B_u	在该种构件中，不含 d_u 级，可含 c_u 级，但一个子单元含 c_u 级的楼层数不多于 $(\sqrt{m}/m)\%$，每一楼层的 c_u 级含量不多于 20%，且任一轴线（或任一跨）上的 c_u 级含量不多于该轴线（或该跨）构件数的 2/5	在该种构件中不含 d_u 级可含 c_u 级，但一个子单元的含量不多于 25%，且任一轴线（或任一跨）上的 c_u 级含量不多于该轴线（或该跨）构件数的 2/5
C_u	在该种构件中，可含 d_u 级，但一个子单元含有 d_u 级楼层数不多于 $(\sqrt{m}/m)\%$，每一楼层的 d_u 级含量不多于 7.5%，且任一轴线（或任一跨）上的 d_u 级含量不多于该轴线（或该跨）构件数的 1/3	在该种构件中可含 d_u 级，但一个子单元的含量不多于 10%，且任一轴线（或任一跨）上的 d_u 级含量不多于该轴线（或该跨）构件数的 1/3
D_u	在该种构件中，d_u 级的含量或其分布多于 C_u 级的规定数	在该种构件中，d_u 级的含量或其分布多于 C_u 级的规定数

表 4 - 10　　　　　　　　　　结构整体性等级的评定

检查项目	A_u 级或 B_u 级	C_u 级或 D_u 级
结构布置、支承系统（或其他抗侧力系统）布置	布置合理，形成完整系统，且结构选型及传力路线设计正确，符合现行设计规范要求	布置不合理，存在薄弱环节，或结构选型、传力路线设计不当，不符合现行设计规范要求
支承系统（或其他抗侧力系统）的构造	构件长细比及连接构造符合现行设计规范要求，无明显残损或施工缺陷，能传递各种侧向作用	构件长细比或连接构造不符合现行设计规范要求，或构件连接已失效或有严重缺陷，不能传递各种侧向作用
圈梁构造	截面尺寸、配筋及材料强度等符合现行设计规范要求，无裂缝或其他残损，能起封闭系统作用	截面尺寸、配筋或材料强度不符合现行设计规范要求，或已开裂，或有其他残损，或不能起封闭系统作用
结构间的联系	设计合理、无疏漏；锚固、连接方式正确，无松动变形或其他残损	设计不合理，多处疏漏；或锚固、连接不当，或已松动变形，或已残损

注：评定结果取 A_u 级或 B_u 级，根据其实际完好程度确定；取 C_u 级或 D_u 级，根据其实际严重程度确定。

（2）对上部承重结构不适于继续承载的侧向位移，应根据其检测结果，按下列规定评级：

1）当检测值已超出表 4 - 11 界限，且有部分构件（含连接）出现裂缝、变形或其他局部损坏迹象时，应根据实际严重程度定为 C_u 级或 D_u 级。

表 4 - 11　　　　　　　各类结构不适于继续承载的侧向位移评定

检查项目	结构类别				顶点位移 C_u 级或 D_u 级	层间位移 C_u 级或 D_u 级
结构平面内的侧向位移/mm	混凝土结构或钢结构	单层建筑			$>H/400$	—
		多层建筑			$>H/450$	$>H_i/350$
		高层建筑	框架		$>H/550$	$>H_i/450$
			框架剪力墙		$>H/700$	$>H_i/600$
	砌体结构	单层建筑	墙	$H\leqslant7m$	>25	—
				$H>7m$	$>H_i/280$ 或>50	—
			柱	$H\leqslant7m$	>20	—
				$H>7m$	$>H/350$ 或>40	—
		多层建筑	墙	$H\leqslant10m$	>40	$>H_i/100$ 或>20
				$H>10m$	$>H/250$ 或>90	
			柱	$H\leqslant10m$	>30	$>H_i/150$ 或>15
				$H>10m$	$>H/330$ 或>70	
	单层排架平面外侧倾				$>H/750$ 或>30	—

注：1. H—结构顶点高度；H_i—第 i 层层间高度。

　　2. 墙包括带壁柱墙。

　　3. 框架筒体结构、筒中筒结构及剪力墙结构的侧向位移评定标准，可以当地实践经验为依据制订，但应经当地主管部门批准后执行。

　　4. 对木结构房屋的侧向位移（或倾斜）和平面外侧移，可根据当地经验进行评定。

2) 当检测值虽已超出表 4 - 11 界限，但尚未发现上述情况时，应进一步作计入该位移影响的结构内力计算分析，验算各构件的承载能力，若验算结果均不低于 b_u 级，仍可按该结构定为 B_u 级，但宜附加观察使用一段时间的限制。若构件承载能力的验算结果低于 b_u 级时，应定为 C_u 级。

上部承重结构的安全性等级，应根据上述项目的评定结果按下列原则确定：

1) 一般情况下，应按各种主要构件和结构侧向位移（或倾斜）的评级结果，取其中最低一级作为上部承重结构（子单元）的安全性等级。

2) 当上部承重结构按上款评为 B_u 级，但若发现其主要构件所含的各种 c_u 级构件（或其连接）处于下列情况之一时，宜将所评等级降为 C_u 级：c_u 级构件沿建筑物某方位呈规律性分布，或过于集中在结构的某部位；出现 c_u 级构件交汇的节点连接；c_u 级存在于人群密集场所或其他破坏后果严重的部位。

3) 当上部承重结构按上述第①条评为 C_u 级，但若发现其主要构件（不分种类）或连接有下列情形之一时，宜将所评等级降为 D_u 级：任何种类房屋中，有 50％以上的构件为 c_u 级；多层或高层房屋中，其底层均为 c_u 级；多层或高层房屋的底层，或任一空旷层，或框支剪力墙结构的框架层中，出现 d_u 级；或任何两相邻层同时出现 d_u 级；或脆性材料结构中出现 d_u 级；在人群密集场所或其他破坏后果严重部位，出现 d_u 级。

4) 当上部承重结构按上款评为 A_u 级或 B_u 级，而结构整体性等级为 C_u 级时，应将所评的上部承重结构安全性等级降为 C_u 级。

5）当上部承重结构在按上述第④条的规定后作了调整后仍为 A_u 级或 B_u 级，而各种一般构件中，其等级最低的一种为 C_u 级或 D_u 级时，尚应按下列规定调整其级别：若设计考虑该种一般构件参与支撑系统（或其他抗侧力系统）工作，或在抗震加固中，已加强了该种构件与主要构件锚固，应将所评的上部承重结构安全性等级降为 C_u 级；当仅有一种一般构件为 C_u 级或 D_u 级，且不属于第（1）项的情况时，可将上部承重结构的安全性等级定为 B_u 级；当不止一种一般构件为 C_u 级或 D_u 级，应将上部承重结构的安全性等级降为 C_u 级。

3. 围护系统的承重部分

围护系统承重部分（子单元）的安全性，应根据该系统专设的和参与该系统工作的各种构件的安全性等级，以及该部分结构整体性的安全性等级进行评定。

评定一种构件的安全性等级时，应根据每一受检构件的评定结果及其构件类别，分别按表 4-8 或表 4-9 的规定评级。评定围护系统承重部分的结构整体性时，按表 4-10 的规定评级。

围护系统承重部分的安全性等级，按照上述评定结果，按下列原则确定：

（1）当仅有 A_u 级和 B_u 级时，按占多数级别确定。

（2）当含有 C_u 级或 D_u 级时，若 C_u 级或 D_u 级属于主要构件时，按最低等级确定；若 C_u 级或 D_u 级属于一般构件时，可按实际情况，定为 B_u 级或 C_u 级。

（3）围护系统承重部分的安全性等级，不得高于上部承重结构等级。

4.4.6　子单元正常使用性鉴定评级

民用建筑正常使用性的第二层次鉴定评级，应按地基基础、上部承重结构和围护系统划分为三个子单元进行评定。当仅要求对某个子单元的使用性进行鉴定时，该子单元与其他相邻子单元之间的交叉部分，也应进行检查，并应在鉴定报告中提出处理意见。

1. 地基基础

地基基础的正常使用性，可根据其上部承重结构或围护系统的工作状态进行评估。若安全性鉴定中已开挖基础（或桩）或鉴定人员认为有必要开挖时，也可按开挖检查结果评定单个基础（或单桩、基桩）及每种基础（或桩）的使用性等级。

地基基础的使用性等级，应按下列原则确定：

（1）当上部承重结构和围护系统的使用性检查未发现问题，或所发现问题与地基基础无关时，可根据实际情况定为 A_s 级或 B_s 级。

（2）当上部承重结构或围护系统所发现的问题与地基基础有关时，可根据上部承重结构和围护系统所评的等级，取其中较低一级作为地基基础使用性等级。

（3）当一种基础（或桩）按开挖检查结果所评的等级为 C_s 级时，应将地基基础使用性的等级定为 C_s 级。

2. 上部承重结构

上部承重结构（子单元）的正常使用性鉴定，应根据其所含各种构件的使用性等级和结构的侧向位移等级进行评定。当建筑物的使用要求对振动有限制时，还应评估振动（颤动）的影响。

（1）当评定一种构件的使用性等级时，应根据其每一受检构件的评定结果，对主要构件，应按表 4 - 12 的规定评级，对一般构件，应按表 4 - 13 的规定评级。

表 4 - 12　　　　　　　　　每种主要构件使用性等级的评定

等级	多层及高层房屋	单 层 房 屋
A_s	在该种构件中，不含 c_s 级，可含 b_s 级，但一个子单元含有 b_s 级的楼层数不多于（$\sqrt{m}/m$）%，且每一个楼层含量不多于 35%	在该种构件中不含 c_s 级，可含 b_s 级，但一个子单元的含量不多于 40%
B_s	在该种构件中，可含 c_s 级，但一子单元含有 c_s 级的楼层数不多于（$\sqrt{m}/m$）%，且一个楼层含量不多于 25%	在该种构件中，可含 c_s 级，但一个子单元的含量不多于 30%
C_s	在该种构件中，c_s 级含量或含有 c_s 级的楼层数多于 B_s 级的规定数	在该种构件中，c_s 级含量多于 B_s 级的规定数

注：表中 m 为建筑物鉴定单元的楼层数。

表 4 - 13　　　　　　　　　每种一般构件使用性等级的评定

等级	多层及高层房屋	单 层 房 屋
A_s	在该种构件中，不含 c_s 级，可含 b_s 级，但一个子单元含有 b_s 级的楼层数不多于（$\sqrt{m}/m$）%，且每一个楼层含量不多于 40%	在该种构件中不含 c_s 级，可含 b_s 级，但一个子单元的含量不多于 45%
B_s	在该种构件中，可含 c_s 级，但一子单元含有 c_s 级的楼层数不多于（$\sqrt{m}/m$）%，且一个楼层含量不多于 30%	在该种构件中，可含 c_s 级，但一个子单元的含量不多于 35%
C_s	在该种构件中，c_s 级含量或含有 c_s 级的楼层数多于 B_s 级的规定数	在该种构件中，c_s 级含量多于 B_s 级的规定数

注：1. 表中 m 为建筑物鉴定单元的楼层数。
　　2. 当计算的含有低一级构件的楼层数为非整数时，可多取一层，但该层中允许出现的低一级构件数，应按相应的比例进行折减（即以该非整数的小数部分作为折减系数）。

（2）当上部承重结构的正常使用性需考虑侧向（水平）位移的影响时，可采用检测或计算分析的方法进行鉴定，但应按下列规定进行评级：

1）对检测取得的主要是由风荷载（可含有其他作用，但不含地震作用）引起的侧向位移值，应按表 4 - 14 的规定评定每一测点的等级，并按下列原则分别确定结构顶点和层间的位移等级。

①对结构顶点，按各测点中占多数的等级确定。

②对层间，按各测点中最低的等级确定。

根据以上两项评定结果，取其中较低等级作为上部承重结构侧向位移使用性等级。

2）当检测有困难时，允许在现场取得与结构有关参数的基础上，采用计算分析方法进行鉴定。若计算的侧向位移不超出表 4 - 14 中 B_s 级的界限，可根据该上部承重结构的完好程度评为 A_s 级或 B_s 级。若计算的侧向位移值已超出表 4 - 14 中 B_s 级的界限，应定为 C_s 级。

表 4 - 14 结构侧向（水平）位移等级的评定

检查项目	结构类型		位移限值		
			A_s 级	B_s 级	C_s 级
钢筋混凝土结构或钢结构的侧向位移	多层框架	层间	$\leqslant H_i/600$	$\leqslant H_i/450$	$> H_i/450$
		结构顶点	$\leqslant H/750$	$\leqslant H/550$	$> H/550$
	高层框架	层间	$\leqslant H_i/650$	$\leqslant H_i/500$	$> H_i/500$
		结构顶点	$\leqslant H/850$	$\leqslant H/650$	$> H/650$
	框架/剪力墙框架/筒体	层间	$\leqslant H_i/900$	$\leqslant H_i/750$	$> H_i/750$
		结构顶点	$\leqslant H/1000$	$\leqslant H/800$	$> H/800$
	筒中筒	层间	$\leqslant H_i/950$	$\leqslant H_i/800$	$> H_i/800$
		结构顶点	$\leqslant H/1100$	$\leqslant H/900$	$> H/900$
	剪力墙	层间	$\leqslant H_i/1050$	$\leqslant H_i/900$	$> H_i/900$
		结构顶点	$\leqslant H/1200$	$\leqslant H/1000$	$> H/1000$
砌体结构侧向位移	多层房屋（柱承重）	层间	$\leqslant H_i/650$	$\leqslant H_i/500$	$> H_i/450$
		结构顶点	$\leqslant H/750$	$\leqslant H/550$	$> H/550$
	多层房屋（柱承重）	层间	$\leqslant H_i/600$	$\leqslant H_i/450$	$> H_i/400$
		结构顶点	$\leqslant H/700$	$\leqslant H/500$	$> H/500$

注：1. 表中限值是对一般装修标准而言，若为高级装修应事先协商确定。

2. 表中 H 为结构顶点高度；H_i 为第 i 层的层间高度。

3. 木结构建筑的侧向位移对建筑功能的影响问题，可根据当地使用经验进行评定。

（3）上部承重结构的使用性等级，应根据上述构件的使用性等级和结构的侧向位移等级的评定结果，按下列原则确定：

1）一般情况下，应按各种主要构件及结构侧移所评等级，取其中最低一级作为上部承重结构的使用性等级。

2）若上部承重结构按上款评为 A_s 级或 B_s 级，而一般构件所评等级为 C_s 级时，应按下列规定进行调整：

①当仅发现一种一般构件为 C_s 级，且其影响仅限于自身时，可不作调整。若其影响波及非结构构件、高级装修或围护系统的使用功能时，则可根据影响范围的大小，将上部承重结构所评等级调整为 B_s 级或 C_s 级。

②当发现多于一种一般构件为 C_s 级时，可将上部承重结构所评等级调整为 C_s 级。

（4）当需评定振动对某种构件或整个结构正常使用性的影响时，可根据专门标准的规定，对该种构件或整个结构进行检测和必要的验算，若其结果不合格，应按下列原则所评的等级进行修正：

1）当振动仅涉及一种构件时，可仅将该种构件所评等级降为 C_s 级。

2）当振动的影响涉及整个结构或多于一种构件时，应将上部承重结构以及所涉及的各种构件均降为 C_s 级。

当遇到下列情况之一时，直接将该上部承重结构定为 C_s 级。

1）在楼层中，其楼面振动（或颤动）已使室内精密仪器不能正常工作，或已明显引起人体不适感。

2）在高层建筑的顶部几层，其风振效应已使用户感到不安。

3）振动引起的非结构构件开裂或其他损坏，也可通过目测判定。

3. 围护系统

围护系统（子单元）的正常使用性鉴定评级，应根据该系统的使用功能等级及其承重部分的使用性等级进行评定。围护系统的使用性等级，应根据其使用功能和承重部分使用性的评定结果，按较低的等级确定。

（1）当评定围护系统使用功能时，应按表 4-15 规定的检查项目及其评定标准逐项评级，并按下列原则确定围护系统的使用功能等级：

1）一般情况下，可取其中最低等级作为围护系统的使用功能等级。

2）当鉴定的房屋对表中各检查项目的要求有主次之分时，也可取主要项目中的最低等级作为围护系统使用功能等级。

3）当按上述主要项目所评的等级为 A_s 级或 B_s 级，但有多于一个次要项目为 C_s 级时，应将所评等级降为 C_s 级。

表 4-15   围护系统使用功能等级的评定

检查项目	A_s 级	B_s 级	C_s 级
屋面防水	防水构造及排水设施完好，无老化、渗漏及排水不畅的迹象	构造设施基本完好，或略有老化迹象，但尚不渗漏或积水	构造设施不当，或已损坏，或有渗漏，或积水
吊顶（天棚）	构造合理，外观完好，建筑功能符合设计要求	构造稍有缺陷，或有轻微变形或裂纹，或建筑功能略低于设计要求	构造不当，或已损坏，或建筑功能不符合设计要求，或出现有碍外观的下垂
非承重内墙（或隔墙）	构造合理，与主体结构有可靠联系，无可见位移，面层完好，建筑功能符合设计要求	略低于 A_s 级要求，但尚不显著影响其使用功能	已开裂、变形，或已破损，或使用功能不符合设计要求
外墙（自承重墙或填充墙）	墙体及其面层外观完好，墙脚无潮湿迹象，墙厚符合节能要求	略低于 A_s 级要求，但尚不显著影响其使用功能	不符合 A_s 级要求且已显著影响其使用功能
门窗	外观完好，密封性符合设计要求，无剪切变形迹象，开闭或推动自如	略低于 A_s 级要求，但尚不显著影响其使用功能	门窗构件或其连接已损坏，或密封性差，或有剪切变形，已显著影响使用功能
地下防水	完好，且防水功能符合设计要求	基本完好，局部可能有潮湿迹象，但尚不渗漏	有不同程度损坏，或有渗漏
其他防护设施	完好，且防护功能符合设计要求	有轻微缺陷，但尚不显著影响其防护功能	有损坏，或防护功能不符合设计要求

注：其他防护设施是指隔热、保温、防尘、隔声、防湿、防腐、防灾等各种设施。

（2）当评定围护系统承重部分的使用性时，应按表 4-12 或表 4-13 评定其每种构件的等级，并取其中最低等级，作为该系统承重部分使用性等级。

4.4.7　鉴定单元安全性评级

民用建筑鉴定单元的安全性鉴定评级，应根据其地基基础、上部承重结构和围护系统承重部分等的安全性等级，以及与整幢建筑有关的其他安全问题进行评定。

鉴定单元的安全性等级，应根据子单元安全性鉴定的评定结果，按下列原则确定：

（1）一般情况下，应根据地基基础和上部承重结构的评定结果按其中较低等级确定。

（2）当鉴定单元的安全性等级按上述方法评为 A_{su} 级或 B_{su} 级，但围护系统承重部分的等级为 C_u 级或 D_u 级时，可根据实际情况将鉴定单元所评等级降低一级或二级，但最后所定的等级不得低于 C_{su} 级。

（3）对下列任一情况，可直接评为 D_{su} 级建筑：

1）建筑物处于有危房的建筑群中，且直接受到其威胁。

2）建筑物朝一方向倾斜，且速度开始变快。

（4）当新测定的建筑物动力特性与原先记录或理论分析的计算值相比，有下列变化时，可判定其承重结构可能有异常，但应经进一步检查、鉴定后再评定该建筑物的安全性等级：

1）建筑物基本周期显著变长（或基本频率显著下降）。

2）建筑物振型有明显改变（或振幅分布无规律）。

4.4.8　鉴定单元正常使用性评级

民用建筑鉴定单元的正常使用性鉴定评级，应根据地基基础、上部承重结构和围护系统的使用性等级，以及与整幢建筑有关的其他使用功能问题进行评定。鉴定单元的使用性等级，应根据子单元正常使用性鉴定的评定结果，按三个子单元中最低的等级确定。

但当鉴定单元的使用性等级评为 A_{ss} 级或 B_{ss} 级，若遇到下列情况之一时，宜将所评等级降为 C_{ss} 级：

（1）房屋内外装修已大部分老化或残损。

（2）房屋管道、设备已需全部更新。

4.4.9　民用建筑可靠性评级

民用建筑的可靠性鉴定，应按表 4-1 划分的层次，以其安全性和正常使用性的鉴定结果为依据逐层进行。

当不要求给出可靠性等级时，民用建筑各层次的可靠性，可采取直接列出其安全性等级和使用性等级的形式予以表示。

当需要给出民用建筑各层次的可靠性等级时，可根据其安全性和正常使用性的评定结果，按下列原则确定：

（1）当该层次安全性等级低于 b_u 级、B_u 级或 B_{su} 级时，应按安全性等级确定。

（2）除上述情形外，可按安全性等级和正常使用性等级中较低的一个等级确定。

（3）当考虑鉴定对象的重要性或特殊性时，允许对上述第（2）条的评定结果作不大于一级的调整。

4.5　工业建筑可靠性鉴定

4.5.1　基本规定

1. 一般要求

工业建筑的可靠性鉴定，应符合下列要求：

（1）在下列情况下，应进行可靠性鉴定：

1）达到设计使用年限拟继续使用时。

2）用途或使用环境改变时。

3）进行改造或增容、改建或扩建时。

4）遭受灾害或事故时。

5）存在较严重的质量缺陷或出现较严重的腐蚀、损伤、变形时。

（2）在下列情况下，宜进行可靠性鉴定：

1）使用维护中需要进行常规检测鉴定时。

2）需要进行全面、大规模维修时。

3）其他需要掌握结构可靠性水平时。

2. 鉴定程序及工作内容

工业建筑可靠性鉴定程序如图4-6所示。

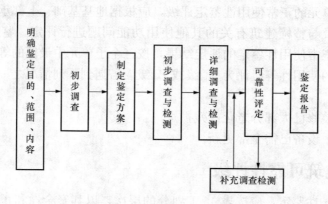

图4-6　工业建筑可靠性鉴定程序

3. 可靠性鉴定评级层次、等级

工业建筑的可靠性鉴定评级，应化为构件、结构系统、鉴定单元三个层次，其中构件和结构系统的鉴定评级，应包括安全性等级和使用性等级评定，需要时可由此综合评定其可靠性等级；安全性分四个等级、使用性分三个等级。各层次的可靠性分为四个等级，一般情况下应按表4-16规定的评定项目分层次进行评定，当不要求评定可靠性等级时，可直接给出安全性和正常使用性评定结果。

表 4 - 16　　　　　工业建筑无可靠性鉴定评级的层次、等级划分及项目内容

层次	I		II		III
层名	鉴定单元		结构系统		构件
可靠性鉴定	可靠性等级	一二三四	等级	A、B、C、D	a、b、c、d
	建筑物整体或某一区段		安全性评定		
			地基基础	地基变形、斜坡稳定性	—
				承载力	—
			上部承重结构	整体性	—
				承载功能	承载能力构造和连接
			围护结构	承载功能构造连接	
			正常使用性评定	等级	A、B、C
					a、b、c
			地基基础	影响上部结构正常使用的地基变形	—
			上部承重结构	使用状况	变形裂缝缺陷、损伤腐蚀
				水平位移	—
			围护结构	功能与状况	—

4. 鉴定评级标准

（1）构件。

1）构件的安全性评级标准。

a 级：符合国家现行标准规范的安全性要求，安全，不必采取措施。

b 级：略低于国家现行标准规范的安全性要求，仍能满足结构安全性的下限水平要求，不影响安全，可不采取措施。

c 级：不符合国家现行标准规范的安全性要求，影响安全，应采取措施。

d 级：极不符合国家现行标准规范的安全性要求，已严重影响安全，必须及时或立即采取措施。

2）构件的使用性评级标准。

a 级：符合国家现行标准规范的正常使用要求，在目标使用年限内能正常使用，不必采取措施。

b级：略低于国家现行标准规范的正常使用要求，在目标使用年限内尚不明显影响正常使用，不影响安全，可不采取措施。

c级：不符合国家现行标准规范的正常使用要求，在目标使用年限内明显影响正常使用，应采取措施。

3）构件的可靠性评级标准。

a级：符合国家现行标准规范的可靠性要求，安全，在目标使用年限内能正常使用或尚不明显影响正常使用，不必采取措施。

b级：略低于国家现行标准规范的可靠性要求，仍能满足结构安全性的下限水平要求，不影响安全，在目标使用年限内能正常使用或尚不明显影响正常使用，可不采取措施。

c级：不符合国家现行标准规范的可靠性要求，或影响安全，或在目标使用年限内明显影响正常使用，应采取措施。

d级：极不符合国家现行标准规范的可靠性要求，已严重影响安全，必须及时或立即采取措施。

（2）结构系统。

1）结构系统的安全性评级标准。

A级：符合国家现行标准规范的安全性要求，不影响整体安全，可能有个别构件宜采取适当措施。

B级：略低于国家现行标准规范的安全性要求，仍能满足结构安全性的下限水平要求，尚不明显影响整体安全，可能有极少数构件应采取措施。

C级：不符合国家现行标准规范的安全性要求，影响整体安全，应采取措施，且可能有极少数构件必须立即采取措施。

D级：极不符合国家现行标准规范的安全性要求，已严重影响整体安全，必须立即采取措施。

2）结构系统的使用性评级标准。

A级：符合国家现行标准规范的正常使用要求，在目标使用年限内不影响整体正常使用，可能有个别构件宜采取适当措施。

B级：略低于国家现行标准规范的正常使用要求，在目标使用年限内尚不明显影响整体正常使用，可能有极少数构件应采取措施。

C级：不符合国家现行标准规范的正常使用要求，在目标使用年限内明显影响整体正常使用，应采取措施。

3）结构系统的可靠性评级标准。

A级：符合国家现行标准规范的可靠性要求，不影响整体安全，在目标使用年限内不明显或尚不明显影响整体正常使用，可能有个别构件宜采取适当措施。

B级：略低于国家现行标准规范的可靠性要求，仍能满足结构安全性的下限水平要求，尚不明显影响整体安全，在目标使用年限内不影响或尚不明显影响正常使用，可能有极少数构件应采取措施。

C级：不符合国家现行标准规范的可靠性要求，或影响整体安全，或在目标使用年限内明显影响整体正常使用，且可能有极少数构件必须立即采取措施。

D级：极不符合国家现行标准规范的可靠性要求，已严重影响整体安全，必须及时或立即采取措施。

（3）鉴定单元。

一级：符合国家现行标准规范的可靠性要求，不影响整体安全，在目标使用年限内不影响整体正常使用，可能有极少数次要构件宜采取适当措施。

二级：略低于国家现行标准规范的可靠性要求，仍能满足结构安全性的下限水平要求，尚不明显影响整体安全，在目标使用年限内不影响或尚不明显影响正常使用，可能有极少数构件应采取措施，极个别次要构件变形立即采取措施。

三级：不符合国家现行标准规范的可靠性要求，影响整体安全，在目标使用年限内明显影响整体正常使用，应采取措施，且可能有极少数构件必须立即采取措施。

四级：极不符合国家现行标准规范的可靠性要求，已严重影响整体安全，必须立即采取措施。

4.5.2　调查与检测

1. 使用条件的调查与检测

使用条件的调查和检测包括结构上的作用、使用环境和使用历史三部分内容。

（1）结构上的作用调查指检查核实结构上的各种作用情况及其程度，应根据建、构筑物的具体情况和鉴定的内容和要求，按表 4-17 的要求进行。

表 4-17　　　　　　　　　　　　　结 构 上 的 作 用 调 查

作 用 类 型	调 查 项 目
1. 永久作用	（1）结构构件、建筑配件、固定设备等自重
	（2）预应力、土压力、水压力、地基变形等作用
2. 可变作用	（1）楼面活荷载
	（2）屋面活荷载
	（3）屋面、楼面、平台积灰荷载
	（4）吊车荷载
	（5）雪、冰荷载
	（6）风荷载
	（7）温度作用
	（8）动力荷载
3. 偶然作用	（1）地震作用
	（2）火灾、爆炸、撞击等

结构上的作用标准值经调查符合《建筑结构荷载规范》（GB 50009—2001）规定取值者，应按规范选用，当标准中未作规定或有特殊情况时，应按《建筑结构可靠度设计统一标准》（GB 50068—2001）有关的原则规定确定。作用效应的分项系数及组合系数应按《建筑结构荷载规范》（GB 50009—2001）确定。当有充分依据时，可结合工程经验，经分析判断确定。

（2）建、构筑物的使用环境包括气象条件、地理环境和结构工作环境三项内容，根据表 4-18 所列的项目进行调查，其中结构工作环境是指结构所处的环境，根据所处的环境类别和环境作用等级按表 4-19 的规定进行调查。

表 4-18　　　　　　　　　　建、构筑物使用环境调查

项次	环境条件	调 查 项 目
1	气象条件	大气气温、大气湿度、干湿交替、降雨量、降雪量、霜冻期、冻融交替、风向、风玫瑰图、土壤冻结深度、建构筑物方位等
2	地理环境	地形、地貌、工程地质、周围建筑、构筑物等
3	结构工作环境	结构、构件所处的局部环境、厂区大气环境、车间大气环境、结构所处侵蚀性气体、液体、固体环境等

表 4-19　　　　　　　　　　结构所处环境类别和作用等级

环境类别		作用等级	环境条件	说明和结构构件示例
I	一般环境	A	室内干燥环境	室内正常环境
		B	露天环境、室内潮湿环境	一般露天环境、室内潮湿环境
		C	干湿交替环境	频繁与水或冷凝水接触的室内、外构件
II	冻融环境	D	轻度	微冻地区混凝土高度饱水；严寒和寒冷地区混凝土中度饱水，无盐环境
		E	中度	微冻地区盐冻；严寒和寒冷地区混凝土饱水，无盐环境；混凝土中度饱水，有盐环境
		F	重度	严重和寒冷地区的盐冻环境；混凝土高度饱水，有盐环境
III	海洋氯化环境	C	水下区和土中区	桥墩；基础
		D	大气区（轻度盐雾）	距海岸线 100～300m 陆上室外构件、桥梁上部构件
		E	大气区（重度盐雾）	距海岸线 100m 以内陆上室外构件、桥梁上部构件、桥墩、码头
		F	炎热地区潮汐区、浪溅区	桥墩、码头
IV	除冰盐等其他氯化物环境	C	轻度	受除冰盐雾轻度作用混凝土构件
		D	中度	受除冰盐水溶液轻度溅射作用混凝土构件
		E	重度	直接接触除冰盐溶液混凝土构件
V	化学腐蚀环境	C	轻度（气体、液体、固体）	一般大气污染环境：汽车或机车废气、腐蚀性液体、固体
		D	中度（气体、液体、固体）	酸雨 pH>4.5：中等腐蚀气体、液体、固体
		E	重度（气体、液体、固体）	酸雨 pH>4.5：强腐蚀气体、液体、固体

（3）建、构筑物的使用历史调查包括建、构筑物的设计与施工、用途和使用时间、维修

与加固、用途变更与改扩建、加载历史、动荷载作用历史遗迹受灾害和事故等情况。

2. 工业建筑物的调查与检测

工业建筑物的调查和检测包括地基基础、上部承重结构和围护结构三部分。

(1) 地基基础的调查，除应查阅岩土工程勘察报告及有关图纸资料外，还应调查工业建筑现状、实际使用荷载、沉降量和沉降稳定情况、沉降差、上部结构倾斜、扭曲和裂缝情况，以及临近建筑、地下工程和管线等情况。当地基基础资料不足且需要时，可根据国家现行相关标准的规定，对场地地基进行补充勘察或进行沉降观测。

地基的岩土性能标准值和地基承载力特征值，应根据调查和补充勘察结果按国家现行有关规范的规定取值。

基础的种类和材料性能，一般通过查阅图纸资料确定，当资料不足且需要时，可开挖基础检查，验证基础的种类、材料、尺寸及埋深，检查基础变位、开裂、腐蚀或损坏程度，并通过检测评定基础材料的强度等级。

(2) 对上部承重结构的调查，应根据建筑物的具体情况以及鉴定的内容和要求，选择表4-20 中的调查项目。

表 4 - 20　　　　　　　　　　　　　上部承重结构的调查

调查项目	调查内容
结构整体性	结构布置，支撑系统，圈梁和构造柱，结构单元的连结构造
结构和材料性能	材料强度，结构或构件几何尺寸，构件承载性能、抗裂性能和刚度，结构动力特性
结构缺陷、损伤和腐蚀	制作和安装偏差，材料和施工缺陷，构件及其节点的裂缝、损伤和腐蚀
结构变形和振动	结构顶点和层间位移，柱倾斜，受弯构件的挠度和侧弯，结构和结构构件的动力特性和动态反应
构件的构造	保证构件承载能力、稳定性、延性、抗裂性能、刚度等的有关构造措施

(3) 围护结构的调查，除应查阅有关图纸资料外，尚应现场核实围护结构系统的布置，调查该系统中各种围护构件和非承重墙体及其构造连接的实际状况，对主体结构的不利影响，以及围护系统的使用功能、老化损伤、破坏失效等情况。

4.5.3　构件的鉴定与评级

单个构件的鉴定评级，应对其安全性等级和使用性等级进行评定。一般情况下，构件的安全性等级应通过承载能力项目（构件的抗力 R 与作用效应 $\gamma_0 S$ 的比值 $R/\gamma_0 S$）的校核和连接构造项目分析评定。构件的使用性等级应通过裂缝、变形、缺陷和损伤、腐蚀等项目对构件正常使用的影响分析评定。

需要评定单个构件可靠性等级时，应根据安全性等级和使用性等级评定结果确定。当构件的使用性等级为 c 级，安全性等级不低于 b 级时，宜定为 c 级，其他情况应按安全性等级确定；位于生产工艺流程关键部位的构件，可按安全性等级和使用性等级中的较低等级确定或调整。

1. 混凝土构件

(1) 混凝土构件的安全性等级应按承载能力、构造和连接两个项目评定，并取其中较低等级作为构件的安全性等级。

混凝土构件的承载能力项目按表 4-21 评定等级。

表 4-21　　混凝土结构构件承载能力等级的评定

构件类别	$R/\gamma_0 S$			
	a 级	b 级	c 级	d 级
重要构件	≥1.0	≥0.90，且<1.0	≥0.85，且<0.90	<0.85
次要构件	≥1.0	≥0.87，且<1.0	≥0.82，且<0.87	<0.82

混凝土构件的构造和连接项目包括构造、预埋件、连接节点的焊缝或螺栓等，应根据对构件安全使用的影响按下列规定评价等级，取下列 3 条中较低等级作为构造和连接项目的评定等级：

①当结构构件的构造合理，满足国家现行规范要求时评为 a 级，基本满足国家现行规范要求时评为 b 级，不满足国家现行规范要求时，根据其不符合的程度评为 c 级或 d 级。

②当预埋件的锚板和锚筋的构造合理、受力可靠、经检验无变形或位移等异常情况时，可视具体情况评为 a 级或 b 级，当预埋件的构造有缺陷、锚板有变形，或锚板、锚筋与混凝土之间有滑移、拔脱现象时，可根据其严重程度评为 c 级或 d 级。

③当连接节点的焊缝或螺栓连接方式正确，构造符合国家现行规范规定和使用要求时，或仅有局部表面缺陷，工作无异常时，视具体情况评为 a 级或 b 级；当节点焊缝或螺栓连接方式不当，有局部拉脱、剪断、破损或滑移时，可根据其严重程度评为 c 级或 d 级。

（2）混凝土构件的使用性等级应按裂缝、变形、缺陷和损伤、腐蚀四个项目评定，并取其中的最低等级作为构件的使用性等级。

混凝土构件的受力裂缝宽度按表 4-22～表 4-24 评级，混凝土构件因钢筋锈蚀产生的沿筋裂缝在腐蚀项目中评定，其他非受力裂缝应查明原因，判定裂缝对结构的影响，根据具体情况进行评定。

表 4-22　　钢筋混凝土构件裂缝宽度评定等级

环境类别与作用等级	构件种类与工作条件		裂缝宽度/mm		
			a 级	b 级	c 级
I-A	室内正常环境	次要构件	≤0.3	>0.3，≤0.4	>0.4
		重要构件	≤0.2	>0.2，≤0.3	>0.3
I-B，I-C	露天或室内高湿度环境，干湿交替环境		≤0.2	>0.2，≤0.3	>0.3
Ⅲ，Ⅳ	使用除冰盐环境，滨海室外环境		≤0.1	>0.1，≤0.2	>0.2

表 4-23　　采用热轧钢筋配筋的预应力混凝土构件裂缝宽度评定等级

环境类别与作用等级	构件种类与工作条件		裂缝宽度/mm		
			a 级	b 级	c 级
I-A	室内正常环境	次要构件	≤0.2	>0.2，≤0.35	>0.35
		重要构件	≤0.05	>0.05，≤0.1	>0.1
I-B，I-C	露天或室内高湿度环境，干湿交替环境		无裂缝	≤0.05	>0.05
Ⅲ，Ⅳ	使用除冰盐环境，滨海室外环境		无裂缝	≤0.02	>0.02

表 4 - 24　　采用钢绞线、热处理钢筋、预应力钢丝配筋的预应力混凝土构件裂缝宽度评定等级

环境类别与作用等级	构件种类与工作条件		裂缝宽度/mm		
			a 级	b 级	c 级
Ⅰ-A	室内正常环境	次要构件	≤0.02	>0.02, ≤0.1	>0.1
		重要构件	无裂缝	≤0.05	>0.05
Ⅰ-B，Ⅰ-C	露天或室内高湿度环境，干湿交替环境		无裂缝	≤0.02	>0.02
Ⅲ，Ⅳ	使用除冰盐环境，滨海室外环境		无裂缝	—	有裂缝

注：当构件出现受压或斜压裂缝时，裂缝项目直接评为 c 级。

混凝土构件的变形项目按表 4 - 25 评定。

表 4 - 25　　　　　　　　　混凝土构件变形评价等级

构 件 类 别		a 级	b 级	c 级
单层厂房屋架、托架		$\leq l_0/500$	$>l_0/500$，$\leq l_0/450$	$>l_0/450$
多层框架主梁		$\leq l_0/400$	$>l_0/400$，$\leq l_0/350$	$>l_0/350$
屋盖、楼盖及楼梯构件	$l_0>9\text{m}$	$\leq l_0/300$	$>l_0/300$，$\leq l_0/250$	$>l_0/250$
	$7\text{m}\leq l_0\leq 9\text{m}$	$\leq l_0/250$	$>l_0/250$，$\leq l_0/200$	$>l_0/200$
	$l_0<7\text{m}$	$\leq l_0/200$	$>l_0/200$，$\leq l_0/175$	$>l_0/175$
吊车梁	电动吊车	$\leq l_0/600$	$>l_0/600$，$\leq l_0/500$	$>l_0/500$
	手动吊车	$\leq l_0/500$	$>l_0/500$，$\leq l_0/450$	$>l_0/450$

注：表中 l_0 为构件的计算跨度。

混凝土构件缺陷和损伤项目按表 4 - 26 确定。

表 4 - 26　　　　　　　　　混凝土构件缺陷和损伤评价等级

a 级	b 级	c 级
完好	局部有缺陷和损伤，缺陷深部小于保护层厚度	有较大范围缺陷和损伤，或者局部有严重缺陷和损伤，缺陷深度大于保护层厚度

混凝土构件腐蚀项目包括钢筋锈蚀和混凝土腐蚀，按表 4 - 27 评定，其等级取钢筋锈蚀和混凝土腐蚀评定结果中的较低等级。

表 4 - 27　　　　　　　　　混凝土构件腐蚀评定等级

评定等级	a 级	b 级	c 级
钢筋锈蚀	无锈蚀现象	有锈蚀可能或轻微锈蚀现象	外观有沿筋现象或明显锈迹
混凝土腐蚀	无腐蚀现象	表面有轻度腐蚀损伤	表面有明显锈蚀损伤

2. 钢结构构件

（1）钢构件的安全性等级应按承载能力（包括构造和连接）项目评定，并取其中最低等级作为构件的安全性等级。

承载构件的钢材应符合建造当年钢结构设计规范和相应产品标准的要求。如果构件的使

用条件发生根本的改变，还应符合现行规范标准的要求。否则，应在确定承载能力和评级时考虑其不利影响。

钢构件的承载能力项目，应根据结构构件的抗力 R 和作用效应 S 及结构重要性系数 γ_0。按表 4-28 评定等级。在确定构件抗力时，应考虑实际的材料性能和结构构造，以及缺陷损伤、腐蚀、过大变形和偏差的影响。

表 4-28　　　　　　　　　　钢结构构件承载能力等级的评定

构件类别	$R/\gamma_0 S$			
	a 级	b 级	c 级	d 级
重要构件	≥1.0	≥0.95，且<1.0	≥0.90，且<0.95	<0.90
次要构件	≥1.0	≥0.92，且<1.0	≥0.87，且<0.92	<0.87

钢桁架中有整体弯曲缺陷但无明显局部缺陷的双角钢受压腹杆，其整体弯曲不超过表4-29的限值时，其承载能力可评为 a 级或 b 级；若整体弯曲严重已超过表中限值时，可根据实际情况和对其承载能力影响的严重程度，评为 c 级或 d 级。

表 4-29　　　　　　　　双角钢受压腹杆的双向弯曲缺陷的容许限值

所受轴压力设计值与无缺陷时的抗压承载力之比	双向弯曲的限值						
	方向	弯曲矢高与杆件长度之比					
1.0	平面外	1/400	1/500	1/700	1/800	—	—	—
	平面内	0	1/1000	1/900	1/800	—	—	—
0.9	平面外	1/250	1/300	1/400	1/500	1/600	1/700	1/800
	平面内	0	1/1000	1/750	1/650	1/600	1/550	1/500
0.8	平面外	1/150	1/200	1/250	1/300	1/400	1/500	1/600
	平面内	0	1/1000	1/600	1/550	1/450	1/400	1/350
0.7	平面外	1/100	1/150	1/200	1/250	1/300	1/400	1/500
	平面内	0	1/750	1/450	1/350	1/300	1/250	1/250
0.6	平面外	1/100	1/150	1/200	1/300	1/500	1/700	1/800
	平面内	0	1/300	1/250	1/200	1/180	1/170	1/170

（2）钢构件的使用性等级应按变形、偏差、一般构造和腐蚀等项目进行评定，并取其中最低等级作为构件的使用性等级。

钢构件的变形是指荷载作用下梁、板等受弯构件的挠度，按下列规定评价构件变形项目的等级：

a 级：满足国家现行相关设计规范和设计要求。

b 级：超过 a 级要求，尚不明显影响正常使用。

c 级：超过 a 级要求，对正常使用有明显影响。

钢构件的腐蚀和防腐项目应按下列规定评定等级：

a级：没有腐蚀且防腐措施完备。

b级：已出现腐蚀但截面还没有明显削弱，或防腐措施不完备。

c级：已出现较大面积腐蚀并使截面有明显削弱，或防腐措施已破坏失效。

与构件正常使用性有关的一般构造要求，满足设计规范要求时应评为a级，否则应评为b或c级。

3. 砌体构件

(1) 砌体构件的安全性等级应按承载能力、构造和连接两个项目评定，并取其中的较低等级作为构件的安全性等级。

砌体构件的承载能力项目应根据承载能力的校核结果按表4-30评定。

表 4-30 砌体构件承载能力等级的评定

构件类别	$R/\gamma_0 S$			
	a级	b级	c级	d级
重要构件	$\geqslant 1.0$	$\geqslant 0.90$，且<1.0	$\geqslant 0.85$，且<0.90	<0.85
次要构件	$\geqslant 1.0$	$\geqslant 0.87$，且<1.0	$\geqslant 0.82$，且<0.87	<0.82

砌体构件构造与连接项目的等级应根据墙、柱、梁的连接构造，砌筑方式等因素进行评定：

a级：墙、柱高厚比不大于国家现行设计规范允许值，连接和构造符合国家现行规范的要求。

b级：墙、柱高厚比大于国家现行设计规范允许值，但不超过10%，或连接和构造局部不符合国家现行规范的要求，但不影响构件的安全使用。

c级：墙、柱高厚比大于国家现行设计规范允许值，但不超过20%，或连接和构造不符合国家现行规范的要求，已影响构件的安全使用。

d级：墙、柱高厚比大于国家现行设计规范允许值，且超过20%，或连接和构造严重不符合国家现行规范的要求，已影响构件的安全使用。

(2) 砌体构件的使用性等级应按裂缝、缺陷和损伤、腐蚀三个项目评定，并取其中的最低等级作为构件的使用性等级。

砌体构件的裂缝项目应根据裂缝的性质，按表4-31的规定评定，裂缝项目的等级应取各类裂缝评定结果中的较低等级。

表 4-31 砌体构件裂缝评定等级

类 型		a级	b级	c级
变形裂缝 温度裂缝	独立柱	无裂缝	—	有裂缝
	墙	无裂缝	小范围开裂，最大裂缝宽度不大于1.5mm，且无发展趋势	较大范围开裂，或最大裂缝宽度大于1.5mm，或裂缝有继续发展的趋势
受力裂缝		无裂缝	—	—

砌体构件的缺陷和损伤项目按表4-32评定，并按各种缺陷、损伤评定结果中的较低等级。

表 4 - 32   **砌体构件的缺陷和损伤评定等级**

类型	a级	b级	c级
缺陷	无缺陷	有较小缺陷，尚不明显影响正常使用	缺陷对正常使用有明显影响
损伤	无损伤	有轻微损伤，尚不明显影响正常使用	损伤对正常使用有明显影响

砌体构件的腐蚀项目应根据砌体构件的材料类型，按表 4 - 33 规定评定，腐蚀项目的等级应取各材料评定结果中的较低等级。

表 4 - 33   **砌体构件的腐蚀项目评定等级**

类型	a级	b级	c级
块材	无腐蚀现象	小范围出现腐蚀现象，最大腐蚀深度不大于 5mm，且无发展趋势，不明显影响使用功能	较大范围出现腐蚀现象，或最大腐蚀深度大于 5mm，或腐蚀有发展趋势，或明显影响使用功能
砂浆	无腐蚀现象	小范围出现腐蚀现象，且最大腐蚀深度不大于 10mm，且无发展趋势，不明显影响使用功能	非小范围出现腐蚀现象，或最大腐蚀深度大于 10mm，或腐蚀有发展趋势，或明显影响使用功能
钢筋	无腐蚀现象	出现锈蚀现象，但锈蚀钢筋的截面损失率不大于 5%，尚不明显影响使用功能	锈蚀钢筋的截面损失率大于 5%，或锈蚀有发展趋势，或明显影响使用功能

4.5.4 结构系统的鉴定评级

工业建筑物的第二层次鉴定是对地基基础、上部承重结构和围护结构三个结构系统的鉴定评级，应对其安全性等级和使用性进行评定。结构系统的可靠性等级，应分别根据每个结构系统的安全性等级和使用性等级评定结果确定：当系统的使用性等级为 C 级，安全性等级不低于 B 级时，宜定为 C 级；其他情况应按安全性等级确定。

1. 地基基础

（1）地基基础的安全性等级评定一般宜根据地基变形观测资料和建、构筑物现状进行评定，必要时，可按地基基础的承载力进行评定；建在斜坡场地上的工业建筑，尚应对边坡场地的稳定性进行检测评定；对有大面积地面荷载或软弱地基上的工业建筑，尚应评价地面荷载、相邻建筑及循环工作荷载引起的附加沉降或桩基侧移对工业建筑安全使用的影响。

地基基础的安全性等级，应根据下述项目的评定结果按最低等级确定。

当地基基础的安全性按地基变形观测资料和建、构筑物现状的检测结果评定时，按下列规定评定等级：

A 级：地基变形小于《建筑地基基础设计规范》（GB 50007—2002）规定的允许值，沉降速率小于 0.01mm/天，建、构筑物使用状况良好，无沉降裂缝、变形或位移，吊车等机械设备运行正常。

B 级：地基变形不大于《建筑地基基础设计规范》（GB 50007—2002）规定的允许值，沉降速率小于 0.05mm/天，半年内的沉降量小于 5mm，建、构筑物有轻微沉降裂缝出现，但无进一步发展趋势，沉降对吊车等机械设备的正常运行基本没有影响。

C 级：地基变形大于《建筑地基基础设计规范》（GB 50007—2002）规定的允许值，沉降速率大于 0.05mm/天，建、构筑物的沉降裂缝有进一步发展趋势，沉降已影响到吊车等机械设备的正常运行，但尚有调整余地。

D 级：地基变形大于《建筑地基基础设计规范》（GB 50007—2002）规定的允许值，沉降速率大于 0.05mm/天，建、构筑物的沉降裂缝发展显著，沉降已使吊车等机械设备不能正常运行。

当地基基础的安全性等级需要按承载力项目评定时，应根据地基和基础的检测、验算结果，按下列规定评定等级：

A 级：地基基础的承载力略低于《建筑地基基础设计规范》（GB 50007—2002）规定的要求，建、构筑物完好无损。

B 级：地基基础的承载力满足《建筑地基基础设计规范》（GB 50007—2002）规定的要求，建、构筑物可能局部有轻微损伤。

C 级：地基基础的承载力不满足《建筑地基基础设计规范》（GB 50007—2002）规定的要求，建、构筑物有开裂损伤。

D 级：地基基础的承载力不满足《建筑地基基础设计规范》（GB 50007—2002）规定的要求，建、构筑物有严重开裂损伤。

（2）地基基础的使用性等级宜根据上部承重结构和围护结构使用状况来评定：

A 级：上部承重结构和围护结构的使用状况良好，或出现的问题与地基基础无关。

B 级：上部承重结构和围护结构的使用状况基本正常，结构或连接因地基基础变形有个别损伤。

C 级：上部承重结构和围护结构的使用状况不完全正常，结构或连接因地基变形有局部或大面积损伤。

2. 上部承重结构

（1）上部承重结构的安全性等级，应按结构整体性和承载功能两个项目评定，并取其中较低的评定等级作为上部结构的安全性等级，必要时尚应考虑过大水平位移或明显振动对该结构系统或其中部分结构安全性的影响。

结构整体性的评定应根据结构布置和构造、支撑系统两个项目，按表 4-34 的要求进行评定，并取两个项目的较低等级作为评定等级。

表 4-34　　　　　　　　　　　　　结构整体性评定等级

评定等级	A 级或 B 级	C 级或 D 级
结构布置和构造	结构布置合理，形成完整的体系；传力路径明确或基本明确；结构形式和构造选型、整体性构造和连接等符合或基本符合国家现行标准规范的规定，满足安全要求或不影响安全	结构布置不合理，基本上未形成或未形成完整的体系；传力路径不明确或不当；结构形式和构造选型、整体性构造和连接等不符合或严重不符合国家现行标准规范的规定，影响安全或严重影响安全

评定等级	A 级或 B 级	C 级或 D 级
支撑系统	支撑系统布置合理，形成完整的支撑系统；支承杆件长细比及节点构造符合或基本符合现行国家标准规范的要求，无明显缺陷或损伤	支撑系统布置不合理，基本上未形成或未形成完整的支撑系统；支承杆件长细比及节点构造不符合或严重不符合现行国家标准规范的要求，有明显缺陷或损伤

上部承重结构承载功能的评定等级，精确的评定应根据结构体系的类型及空间作用等，按照国家现行标准规范规定的结构分析原则和方法以及结构的实际构造和结构上的作用，确定合理的计算模型，通过结构作用效应分析和结构抗力分析，并结合该体系以往的承载状况和工程经验进行，在进行结构抗力分析时还应考虑结构、构件的损伤、材料劣化对结构承载能力的影响。

当单层厂房上部承重结构是由平面排架或平面框架组成的结构体系时，其承载功能的等级可按下列规定近似评价：

1）根据结构布置和荷载分布将上部承重结构分为若干框排架平面计算单元。

2）将平面计算单元中的每种构件按构件的集合及其重要性区分为：重要构件集（同一种重要构件的集合）或次要构件集（同一种次要构件的集合）。平面计算单元中每种构件集的安全性等级，以这种构件集中所含构件的各个安全性等级所占的百分比按下列规定确定：

①重要构件集。

A 级：构件集中不含 C 级、D 级构件，可含 B 级构件且含量不多于 30%。

B 级：构件集中不含 D 级构件，可含 C 级构件且含量不多于 20%。

C 级：构件含有 C 级构件且含量不多于 50%，或含 D 级构件且含量少于 10%（竖向构件）或 15%（水平构件）。

D 级：构件集中含 C 级构件且含量多于 50%，或含 D 级构件且含量不少于 10%（竖向构件）或 15%（水平构件）。

②次要构件集。

A 级：构件集中含 B 级且小于 50%；不含 C 级、D 级。

B 级：构件集中含 C 级、D 级之和小于 50%，且含 D 级小于 5%。

C 级：构件集中含 D 级且小于 35%。

D 级：构件集中含 D 级且大于或等于 35%。

3）各平面计算单元的安全性等级，一般情况下宜按该平面计算单元内各重要构件集中的最低等级确定。当平面计算单元中次要构件集的最低安全性等级比重要构件集的最低安全性等级低二级或三级时，其安全性等级可按重要构件集的最低安全性等级降一级或将二级确定。

4）上部承重结构承载功能的评定等级可按下列规定确定：

A 级：不含 C 级和 D 级平面计算单元，可含 B 级平面计算单元且含量不多于 30%。

B 级：不含 D 级平面计算单元，可含 C 级平面计算单元且含量不多于 10%。

C 级：可含 D 级平面计算单元且含量少于 5%。

D 级：含 D 级平面计算单元且含量不少于 5%。

沿厂房的高度方向将厂房划分为若干单层子结构，原则上以每层楼板及其下部相连的柱子、梁为一个子结构；子结构上的作用除本子结构直接承受的作用外还应考虑其上部各子结构传到本子结构上的荷载作用；确定每个子结构承载功能等级；整个多层厂房的上部承重结构承载功能的评定等级可按子结构中的最低等级确定。

（2）上部承重结构的使用性等级按上部承重结构使用状况和结构水平位移两个项目评定，并取其中较低的评定等级作为上部承重结构的使用性等级，必要时尚应考虑振动对该结构系统或其中部分结构正常使用性的影响。

单层厂房上部承重结构使用状况的评定等级，可按屋盖系统、厂房柱、吊车梁三个子系统中的最低使用性等级确定；当厂房中采用轻微工作制吊车时，可按屋盖系统和厂房柱两个子系统的较低等级确定。每个子系统的使用性等级应根据其所含构件使用性等级的百分数确定：

A 级：子系统中不含 c 级构件，可含 b 级构件且含量不多于 35%。

B 级：可含 c 级构件且含量不多于 25%。

C 级：系统中含 c 级构件且含量多于 25%。

多层厂房上部承重结构使用状况的评定等级，可按前述的原则和方法划分若干单层子结构，评定每个单层子结构使用状况等级，整个多层厂房上部承重结构使用状况的评定等级按下列规定评级：

1）若不含 C 级子结构，含 B 级子结构且含量多于 30% 时定为 B 级，不多于 30% 时可定为 A 级。

2）若含 C 级子结构且含量多于 20% 定为 C 级，不多于 20% 可定为 B 级。

当上部承重结构的使用性等级评定需考虑结构水平位移影响时，可采用检测或计算分析的方法，按表 4-35 进行评定，当结构水平位移过大达到 C 级标准的严重情况时，尚应考虑水平位移引起的附加内力对结构承载能力的影响，并参与相关结构的承载功能等级评定。

表 4-35　　　　结构侧向位移评定等级

结构类别	评定项目		位移或倾斜值/mm		
			A 级	B 级	C 级
混凝土结构或钢结构	单层厂房	有吊车厂房柱位移	$\leq H_c/1250$	$>$A 级限值，但不影响吊车运行	$>$A 级限值，影响吊车运行
		无吊车厂房柱倾斜 混凝土柱	$\leq H/1000$；$H>10$m 时，≤ 20	$>H/1000$，$\leq H/750$；$H>10$m 时，≤ 30	$>H/750$，或 $H>10$m 时，>30
		无吊车厂房柱倾斜 钢柱	$\leq H/1000$；$H>10$m 时，≤ 25	$>H/1000$，$\leq H/700$；$H>10$m 时>25，≤ 35	$>H/700$，或 $H>10$m 时，>35
	多层厂房	层间位移	$\leq h/400$	$>h/400$，$\leq h/350$	$>h/350$
		顶点位移	$\leq h/500$	$>h/500$，$\leq h/450$	$>h/450$
		厂房柱倾斜 混凝土柱	$\leq H/1000$；$H>10$m 时，≤ 30	$>H/1000$，$\leq H/750$；$H>10$m 时，≤ 40	$>H/750$，或 $H>10$m 时，>40
		厂房柱倾斜 钢柱	$\leq H/1000$；$H>10$m 时，≤ 35	$>H/1000$，$\leq H/700$；$H>10$m 时>35，≤ 45	$>H/700$，或 $H>10$m 时，>45

续表

结构类别	评定项目		位移或倾斜值/mm		
			A 级	B 级	C 级
砌体结构	单层厂房	有吊车厂房墙、柱位移	$\leqslant H_c/1250$	>A 级限值，但不影响吊车运行	>A 级限值，影响吊车运行
		无吊车厂房位移或倾斜 独立柱	$\leqslant 10$	>10，$\leqslant 15$ 和 1.5H/1000 中的较大值	>15 和 1.5H/1000 中的较大值
		无吊车厂房位移或倾斜 墙	$\leqslant 10$	>10，$\leqslant 30$ 和 3H/1000 中的较大值	>30 和 3H/1000 中的较大值
	多层厂房	层间位移或倾斜	$\leqslant 5$	>5，$\leqslant 20$	>20
		顶点位移或倾斜	$\leqslant 15$	>15，$\leqslant 30$ 和 3H/1000 中的较大值	>30 和 3H/1000 中的较大值

注：1. H—自基础顶面至柱顶总高度；h—层高；H_c—基础顶面至吊车梁顶面的高度。

2. 表中有吊车厂房柱的水平位移 A 级限值，是在吊车水平荷载作用下按平面结构图形计算的厂房柱的横向位移。

3. 在砌体结构中，墙包括带壁柱墙，多层厂房是以墙为主要承重结构的厂房。

3. 围护结构系统

(1) 围护结构系统的安全性等级，应按承重围护结构的承载功能和非承重围护结构的构造连接两个项目进行评定，并取两个项目中较低的评定等级作为该围护结构系统的安全性等级。

承重围护结构承载功能的评定等级，应根据其结构类别按本章的 4.5.3 小节相应构件和 4.5.4 小节上部承重结构部分相关构件集的评级规定评定。

非承重围护结构构造连接项目的评定等级，按表 4-36 评定，并取其中最低等级作为该项目的安全性等级。

表 4-36　　　　　　　　　非承重围护结构构造连接评定等级

项目	A 级或 B 级	C 级或 D 级
构造	构造合理，符合或基本符合国家现行标准规范要求，无变形或损坏	构造不合理，不符合或严重不符合国家现行标准规范要求，有明显变形或损坏
连接	连接方式正确，连接构造符合或基本符合国家现行标准规范要求，无缺陷或较明显的表面缺陷或损伤，工作无异常	连接方式不当，连接构造有缺陷或有严重的缺陷，已有明显变形、松动、局部脱落、裂缝或损坏
对主体结构安全的影响	构件选型及布置合理，对主体结构的安全没有或有较轻的不利影响	构件选型及布置不合理，对主体结构的安全有较大或严重的不利影响

(2) 围护结构系统的使用性等级，应根据承重围护结构的使用状况，围护系统的使用功能两个项目评定，并取两个项目中较低等级作为该围护结构系统的使用性等级。

承重围护结构使用状况的评定等级，应根据其结构类别按本章的 4.5.3 小节相应构件和

4.5.4 小节上部承重结构部分相关构件集的评级规定评定。

围护系统（包括非承重围护结构和建筑功能配件）使用功能的评定等级，宜根据表 4-37 中各项目对建筑物使用寿命和生产的影响程度确定出主要项目和次要项目逐项评定，并按下列原则确定：

表 4-37　　　　　　　　　　围护系统使用功能的评定等级

项目	A 级	B 级	C 级
屋面系统	构造层、防水层完好，排水畅通	构造基本完好，防水层有个别老化、鼓泡、开裂或轻微损坏，排水有个别堵塞现象，但不漏水	构造层有损坏，防水层多处老化、鼓泡、开裂或局部损坏、穿孔，排水有局部严重堵塞或漏水现象
墙体及门窗	墙体完好，无开裂、变形或渗水现象，门窗完好	墙体有轻微开裂、变形、局部破裂或轻微渗水，但不明显影响使用功能，门窗框、扇完好，连接或玻璃等轻微损坏	墙体已开裂、变形、渗水，明显影响使用功能，门窗或连接局部破坏，已影响使用功能
地下防水	完好	基本完好，虽有较大潮湿现象，但无明显渗漏	局部损坏或有渗漏现象
其他围护设施	完好	有轻微损坏，但不影响围护功能	局部损坏已影响围护功能

4.5.5　工业建筑物的可靠性综合鉴定评级

工业建筑物的可靠性综合鉴定评级，可按所划分的鉴定单元进行可靠性等级评定，综合鉴定评级结果列入表 4-38。

表 4-38　　　　　　　　工业建筑物的可靠性综合鉴定评级

鉴定单元	结构系统名称	结构系统可靠性等级 A、B、C、D	鉴定单元可靠性等级 一、二、三、四	备注
I	地基基础			
	上部承重结构			
	围护结构系统			
II	地基基础			
	上部承重结构			
	围护结构系统			
……	……			

鉴定单元的可靠性等级，应根据其地基基础、上部承重结构和围护结构系统的可靠性等级评定结果，以地基基础、上部承重结构为主，按下列原则确定：

（1）当围护结构系统与地基基础和上部承重结构的等级相差不大于一级时，可按地基基础和上部承重结构中的较低等级作为该鉴定单元的可靠性等级。

（2）当围护结构系统比地基基础和上部承重结构中的较低等级低二级时，可按地基基础和上部承重结构中的较低等级降一级作为该鉴定单元的可靠性等级。

(3) 当围护结构系统比地基基础和上部承重结构中的较低等级低三级时，可根据具体情况，按地基基础和上部承重结构中的较低等级降一级或降二级作为该鉴定单元的可靠性等级。

4.5.6 工业构筑物的鉴定评级

工业构筑物的可靠性鉴定，应将构筑物整体作为一个鉴定单元，并根据构筑物的结构布置及组成划分为若干结构系统进行可靠性鉴定。构筑物鉴定单元的可靠性等级一般以主要结构系统的最低评定等级确定：当非主要结构系统的最低评定等级低于主要结构系统的最低评定等级时，鉴定单元的可靠性等级应以主要结构系统的最低评定等级降低一级确定。

构筑物结构系统的可靠性评定等级，包括安全性等级和使用性等级，结构系统的可靠性等级应根据安全性等级和使用性等级评定结果以及使用功能的特殊要求确定。

常见工业构筑物（烟囱、贮仓、通廊、水池）鉴定评级层次、结构系统划分、检测评定项目、可靠性等级见表 4-39。

表 4-39　　　　　工业构筑物鉴定评级层次、结构系统划分及检测评定项目

层次	Ⅰ	Ⅱ		Ⅲ
层名	鉴定单元	结构系统		结构或构件
可靠性等级	一、二、三、四	A、B、C、D		a、b、c、d
鉴定评级内容	烟囱	地基基础		—
		筒壁及支承结构		承载能力、损伤、裂缝、倾斜
		隔热层和内衬		—
		附属设施		—
	贮仓	地基基础		—
		仓体与支承结构	整体性	—
			承载功能	承载能力
			使用状况	变形、损伤、裂缝
			侧移（倾斜）	—
		附属设施		—
	通廊	地基基础		—
		通廊承重结构		同厂房上部承重结构
		围护结构		同厂房围护结构
	水池	地基基础		—
		池体		承载能力、渗漏
		附属设施		—

1. 烟囱

烟囱的可靠性鉴定，应分为地基基础、筒壁及支承结构、隔热层和内衬、附属设施四个结构系统进行评定。其中地基基础、筒壁及支承结构、隔热层和内衬为主要结构系统应进行可靠性等级评定，附属设施可根据实际状况评定。

（1）地基基础的安全性等级及使用性等级应按本章的 4.5.4 小节结构系统鉴定评级中的地基基础部分有关规定进行评定，其可靠性等级可按安全性等级和使用性等级中的较低等级确定。

（2）烟囱筒壁及支承结构的安全性等级应按承载能力项目的评定等级确定；使用性等级应按损伤、裂缝和倾斜三个项目的最低评定等级确定；可靠性等级可按安全性等级和使用性等级中较低等级确定。

烟囱筒壁及支承结构承载能力项目应根据结构类型按照本章的 4.5.3 小节构件的鉴定评级部分规定的重要构件的分级标准评定等级，其中：

1）作用效应计算时应考虑烟囱筒身实际倾斜所产生的附加弯矩。

2）当砖烟囱筒身出现环向水平裂缝或斜裂缝时，应根据其严重程度评定为 c 级或 d 级。

筒壁损伤项目应根据下列规定评定等级：

a 级：筒壁结构对大气环境及烟气耐受性良好，或筒壁结构防护层性能和状况良好，无明显腐蚀现象，受热温度在结构材料允许范围内。

b 级：除 a 级、c 级之外的情况。

c 级：在目标使用年限内可能因腐蚀和（或）温度作用，影响结构安全使用。

钢筋混凝土烟囱及砖烟囱筒壁的最大裂缝宽度项目按表 4-40 评定等级：

表 4-40　　　　　　　　　钢筋混凝土烟囱及砖烟囱筒壁裂缝宽度评定等级

烟囱分类	高度分区		裂缝宽度/mm		
			a 级	b 级	c 级
砖烟囱	全高		无明显裂缝	≤1.0	>1.0
钢筋混凝土烟囱（单筒）	顶端 20m 以内		≤0.15	≤0.5	>0.5
	顶端 20m 外	Ⅰ-B 环境	≤0.30		
		Ⅰ-C 环境	≤0.20		
		Ⅲ、Ⅳ 类环境	≤0.20		

（3）烟囱隔热层和内衬的安全性等级应根据构造连接和损坏情况按本章的 4.5.4 小节结构系统鉴定评级中围护系统部分有关规定评定，使用性等级应根据使用功能的实际情况按本章的 4.5.4 小节结构系统鉴定评级中围护系统部分有关其他防护设施的规定评定，可靠性等级可按安全性等级和使用性等级中的较低等级确定。

（4）烟囱附属设施包括囱帽、烟道口、爬梯、信号平台、避雷装置、航空标志等，可根据实际情况按下列规定评定：

a. 完好的：无损坏，工作性能良好。

b. 适合工作的：轻微损坏，但不影响使用。

c. 部分适合工作的：损坏较严重，影响使用。

d. 不适合工作的：损坏严重，不能继续使用。

烟囱鉴定单元的可靠性鉴定评级，应根据地基基础、筒壁及支承结构、隔热层和内衬三个结构系统中可靠性等级的最低等级确定。

囱帽、烟道口、爬梯、信号平台、避雷装置、航空标志等附属设施评定不参与烟囱鉴定单元的评级，但在鉴定报告中应包括其检查评定结果及处理建议。

烟囱筒身及支承结构倾斜项目按表 4-41 评定等级。

表 4-41 烟囱筒身及支承结构倾斜评定等级

高度/m	评 定 标 准		
	a 级	b 级	c 级
≤20	≤0.0033	倾斜变形稳定，或目标使用年限内倾斜发展不会大于 0.013	倾斜有继续发展趋势，且目标使用年限内倾斜发展将大于 0.013
20～50	≤0.0017	倾斜变形稳定，或目标使用年限内倾斜发展不会大于 0.013	倾斜有继续发展趋势，且目标使用年限内倾斜发展将大于 0.013
50～100	≤0.0012	倾斜变形稳定，或目标使用年限内倾斜发展不会大于 0.011	倾斜有继续发展趋势，且目标使用年限内倾斜发展将大于 0.011
100～150	≤0.0010	倾斜变形稳定，或目标使用年限内倾斜发展不会大于 0.008	倾斜有继续发展趋势，且目标使用年限内倾斜发展将大于 0.008
150～200	≤0.0009	倾斜变形稳定，或目标使用年限内倾斜发展不会大于 0.006	倾斜有继续发展趋势，且目标使用年限内倾斜发展将大于 0.006

注：倾斜指烟囱顶部侧移变位与高度的比值，当前的侧移变位为实测值，目标使用年限内的为预估值。

2. 贮仓

贮仓的可靠性鉴定，应分为地基基础、仓体与支承结构、附属设施三个结构系统进行评定。其中，地基基础、仓体与支承结构为主要结构系统应进行可靠性等级评定，附属设施可根据实际状况评定。

（1）地基基础的安全性等级及使用性等级应按本章的 4.5.4 小节结构系统鉴定评级中地基基础部分相关规定进行评价，其可靠性等级可按安全性等级和使用性等级中的较低等级确定。

（2）仓体与支承结构的安全性等级应按结构整体性和承载能力两个项目评定等级中的较差等级确定；使用性等级应按使用状况和整体侧移（倾斜）变形两个项目评定等级的较低等级确定；可靠性等级可按安全性等级和使用性等级中的较低等级确定。

其中仓体与支承结构整体性等级可参照本章的 4.5.4 小节结构系统鉴定评级中围护结构部分的有关规定评定；使用状况等级可按变形和损伤、裂缝两个项目中的较低等级确定。

仓体及支承结构承载能力项目应根据结构类型按照本章的 4.5.3 小节构件的鉴定评级规定的重要结构构件的分级标准评定等级，对于高耸贮仓，结构作用效应计算尚应考虑倾斜所产生的附加内力。

仓体结构的变形和损伤按表 4-42 评定等级。

表 4-42　　　　　　　　　　　　仓体结构的变形和损伤评定等级

结构分类	评定标准		
	a 级	b 级	c 级
砌体结构	内衬及其他防护设施完好，仓体结构无明显变形和损伤现象	内衬及其他防护设施破损或仓体结构一定程度磨损，构件变形小于或等于 1/250	内衬及其他防护设施破损或仓体结构严重磨损，构件变形大于 1/250
钢筋混凝土结构	内衬及其他防护设施完好，仓体结构无明显变形和损伤现象	内衬及其他防护设施破损或仓体结构一定程度破损，构件变形小于或等于 1/200	内衬及其他防护设施磨损或仓体结构严重破损漏筋，构件变形大于 1/200
钢结构	仓体外壁腐蚀防护层完好或无腐蚀现象，仓内内衬或其他防护设施完好，仓体结构无明显变形和损伤现象，仓体与支承结构构造可靠	仓体外壁腐蚀防护层损坏且伴有一定程度腐蚀，内衬或其他防护设施腐蚀或仓体结构一定程度腐蚀，构件变形小于或等于 1/150，仓体与支承结构构造可靠	内衬及其他防护设施破损，仓体结构一定程度腐蚀或严重腐蚀，构件变形大于 1/150，仓体与支承结构连接无明显损坏

对于仓体及支承结构为钢筋混凝土结构或砌体结构的裂缝项目，应根据结构类型按本章的 4.5.3 小节相关规定评定等级。

仓体与支承结构整体侧移（倾斜）应根据贮仓满载状态或正常贮料状态的倾斜值按表 4-43 评定等级。

表 4-43　　　　　　　　　仓体与支承结构整体侧移（倾斜）评定等级

结构类别	高度/m	评 定 标 准		
		a 级	b 级	c 级
砌体结构	＞10	倾斜侧移值不大于 50mm	倾斜变形稳定，或者、目标使用年限内倾斜发展不会大于 0.006	倾斜变形有继续发展趋势，且目标使用年限内倾斜发展将大于 0.006
钢筋混凝土支筒结构	＞10	倾斜不大于 0.002		
钢筋混凝土框架结构	＞10	倾斜侧移值不大于 45mm		
钢塔架结构	＞10	倾斜侧移值不大于 35mm		

注：结构倾斜应取贮仓顶端侧移与高度之比，当前的侧移为实测值，目标使用年限内的为预估值。

（3）贮仓附属设施包括进出料口、爬梯、避雷装置等，可根据实际情况按下列规定评定：

1）完好的：无损坏，工作性能良好。

2）适合工作的：轻微损坏，但不影响使用。

3）部分适合工作的：损坏较严重，影响使用。

4）不适合工作的：损坏严重，不能继续使用。

贮仓鉴定单元的可靠性鉴定评级，应按地基基础、仓体与支承结构两个结构系统中可靠性等级的较低等级确定。

进出料口及连接、爬梯、避雷装置等附属设施评定不参与鉴定单元的评级，但鉴定报告中应包括其检查评定结果及处理建议。

3. 通廊

通廊的可靠性鉴定，应分为地基基础、通廊承重结构、围护结构三个结构系统进行评定。其中，地基基础、通廊承重结构为主要结构系统。

(1) 地基基础的安全性等级及使用性等级应按本章的 4.5.4 小节结构系统鉴定评级中地基基础部分有关规定进行，其可靠性等级可按安全性等级和使用性等级中的较低等级确定。

(2) 通廊承重结构按本章的 4.5.4 小节结构系统鉴定评级中上部承重结构部分有关规定进行安全性等级及使用性等级评定，当通廊结构主要连接部位有严重变形开裂或高架斜通廊连接部位出现滑移错动现象时，应根据潜在的危害程度安全性等级评为 C 级或 D 级。可靠性等级一般按安全性等级确定，但使用性等级为 C 级，安全性等级不低于 B 级时，可靠性等级宜定为 C 级。

(3) 通廊围护结构应按本章的 4.5.4 小节结构系统鉴定评级中围护结构部分有关规定进行安全性等级及使用性等级评定，可靠性等级一般按安全性等级确定，但使用性等级为 C 级，安全性等级不低于 B 级时，可靠性等级宜定为 C 级。

通廊结构构件应根据构件种类按本章的 4.5.3 小节有关规定进行安全性等级及使用性等级评定。

通廊鉴定单元的可靠性鉴定评级，应按地基基础、通廊承重结构两个结构系统中可靠性等级的较低等级确定。当围护结构的评定等级低于上述评定等级二级时，通廊鉴定单元的可靠性等级可按上述评定等级降低一级确定。

4. 水池

水池的可靠性鉴定，分为地基基础、池体、附属设施三个结构系统进行评定，其中，地基基础、池体为主要结构系统应进行可靠性等级评定，附属设施可根据实际状况评定。

(1) 地基基础的安全性等级及使用性等级应按本章的 4.5.4 小节结构系统鉴定评级中地基基础部分有关规定进行评定，其可靠性等级可按安全性等级和使用性等级中的较低等级确定。

(2) 池体结构的安全性等级应根据结构类型按本章的 4.5.4 小节结构系统鉴定评级中上部承重结构部分承载能力项目的评定等级确定，使用性等级应根据渗漏项目的评定等级确定，可靠性等级可按安全性等级和使用性等级中的较低等级确定。

池体渗漏应对浸水与不浸水部分分别评定等级，池体渗漏等级按浸水与不浸水部分评定等级中的较低等级确定。对于浸水部分池体结构按表 4 - 44 对渗漏损坏评定等级。对于池盖及其他不浸水部分池体结构应根据本章的 4.5.3 小节对变形、裂缝、缺陷损伤、腐蚀等有关规定评定等级。

表 4 - 44　　　　　　　　　　水池池体结构渗漏损坏评定等级

结构分类	评 定 标 准		
	a 级	b 级	c 级
砌体结构	无破损，无渗漏痕迹	表面明显有风化、老化开裂现象，但无渗漏现象	有渗漏现象或有新近渗漏痕迹
钢筋混凝土结构	无破损，无渗漏痕迹	表面明显有风化、老化开裂现象，但无渗漏现象	有渗漏现象或有新近渗漏痕迹

结构分类	评 定 标 准		
	a 级	b 级	c 级
钢结构	腐蚀防护层完好或无腐蚀现象，无渗漏痕迹	腐蚀防护层损坏且伴有一定程度腐蚀，但无渗漏现象	严重腐蚀或局部有渗漏

（3）水池附属设施包括水位指示装置、管道接口、爬梯、操作平台等，可根据实际情况按下列规定评定：

1）完好的：无损坏，工作性能良好。

2）适合工作的：轻微损坏，但不影响使用。

3）部分适合工作的：损坏较严重，影响使用。

4）不适合工作的：损坏严重，不能继续使用。

水池鉴定单元的可靠性鉴定评级，应按地基基础、池体两个结构系统中可靠性等级的较低等级确定。

水位指示装置、管道接口、爬梯、操作平台等附属设施不参与鉴定单元的评级，但在鉴定报告中应包括其检查评定结果及处理建议。

4.6 鉴定报告编写要求

1. 民用建筑可靠性鉴定

民用建筑可靠性鉴定报告的内容应包括：建筑物概况，鉴定的目的、范围和内容，检查、分析、鉴定的结果，结论与建议，附件。

鉴定报告中，应对 c_u 级、d_u 级构件及 C_u 级和 D_u 级检查项目的数量、所处位置及其处理建议，逐一作出详细说明。当房屋的构造复杂或问题很多时，还应绘制 c_u 级和 d_u 级及 C_u 级和 D_u 级检查项目的分布图。若在使用性鉴定中发现 c_s 级构件或 C_s 级项目已严重影响建筑物的使用功能时，也应按上述要求，在鉴定报告中作出说明。

对承重结构或构件的安全性鉴定所查出的问题，可根据其严重程度和具体情况有选择地采取下列处理措施：减少结构上的荷载，加固或更换构件，临时支顶，停止使用，拆除部分结构或全部结构。

对承重结构或构件的使用性鉴定所查出的问题，可根据实际情况有选择地采取下列措施：考虑经济因素而接受现状，考虑耐久性要求而进行修补、封护或化学药剂处理，改变使用条件或改变用途，全面或局部修缮、更新，进行现代化改造。

鉴定报告中应说明对建筑物（鉴定单元）或其组成部分（子单元）所评的等级，仅作为技术管理或制订维修计划的依据，即使所评等级较高，也应及时对其中所含的 c_u 级和 d_u 级构件（含连接）及 C_u 级和 D_u 级检查项目采取措施。

2. 工业建筑可靠性鉴定

工业建筑可靠性鉴定报告的内容应包括：工程概况，鉴定的目的、内容、范围及依据，调查、检测、分析的结果，评定等级或评定结果，结论与建议，附件。

鉴定报告编写应符合下列要求：

（1）鉴定报告中应明确目标使用年限，指出被鉴定建、构筑物各鉴定单元在目标使用年限内存在的问题及其产生的原因。

（2）鉴定报告中应明确总体鉴定结果，指明被鉴定建、构筑物各鉴定单元的最终评定等级或评定结果，作为技术管理或制定维修计划的依据。

（3）鉴定报告中应明确处理对象，对各鉴定单元的安全性评定为 c 级和 d 级构件及 C 级和 D 级结构系统的数量、所处位置作出详细说明，并提出处理措施；若在结构系统或构件正常使用性评定中有 c 级构件或 C 级结构系统时，也应按上述要求作出详细说明，并根据实际情况提出措施建议。

4.7　危险房屋鉴定

4.7.1　鉴定程序及评定方法

1. 鉴定程序

房屋危险性鉴定包括以下几个程序：

（1）受理委托：根据委托人要求，确定房屋危险性鉴定内容和范围。

（2）初始调查：收集调查和分析房屋原始资料，并进行现场查勘。

（3）检测调查：对房屋现状进行现场检测，必要时，采用仪器测试和结构验算。

（4）鉴定评级：对调查、查勘、检测、验算的数据资料进行全面分析，综合评定，确定其危险等级。

（5）处理建议：对被鉴定的房屋，提出原则性的处理建议。

（6）出具报告。

2. 评定方法

房屋危险性综合评定应按三层次进行。

第一层为构件危险性鉴定，其等级评定应分为危险构件（T_d）和非危险构件（F_d）两类。

第二层次为房屋组成部分（地基基础、上部承重结构、维护结构）危险性鉴定，其等级评定应分为 a、b、c、d 四等级。

第三层次为房屋危险性鉴定，其等级评定应为 A、B、C、D 四等级。

4.7.2　构件危险性鉴定

危险构件是指其承受能力、裂缝和变形不能满足正常使用要求的结构构件。《危险房屋鉴定标准》（JGJ 125—1999）对各类构件分别列出了危险现象的标志。一旦构件出现其中的一种现象，便将该构件评为危险构件。

单个构件的划分应符合下列规定：

（1）基础。

①独立柱基：以一根柱的单个基础为一构件。

②条形基础：以一个自然间一轴线单面长度为一构件。

③板式基础：以一个自然间的面积为一构件。

（2）墙体：以一个计算高度、一个自然间的一面为一构件。

（3）柱：以一个计算高度、一根为一构件。

（4）梁、檩条、格栅等：以一个跨度、一根为一构件。

（5）板：以一个自然间面积为一构件；预制板以一块为一构件。

（6）屋架、桁架等：以一榀为一构件。

1. 地基基础

地基基础危险性鉴定应包括地基和基础两部分。地基基础应重点检查基础与承重砖墙连接处的斜向阶梯形裂缝、水平裂缝、竖向裂缝状况，基础与框架柱根部连接处的水平裂缝状况，房屋的倾斜位移状况，地基滑坡、稳定、特殊土质变形和开裂等状况。

当地基部分有下列现象之一者，应评定为危险状态：

（1）地基沉降速度连续 2 个月大于 2mm/月，并且短期内无终止趋向。

（2）地基生产不均匀沉降，其沉降量大于《建筑地基基础设计规范》（GB 50007—2002）规定的允许值，上部墙体产生沉降裂缝宽度大于 10mm，且房屋局部倾斜率大于 1%。

（3）地基不稳定产生滑移，水平位移量大于 10mm，并对上部结构有显著影响，且仍有继续滑动迹象。

当房屋基础有下列现象之一者，应评定为危险点：

（1）基础承载能力小于基础作用效应的 85%，即 $R/(\gamma_0 S) < 0.85$。

（2）基础老化、腐蚀、酥碎、折断，导致结构有明显倾斜、位移、裂缝、扭曲等。

（3）基础已有滑动，水平位移速度连续 2 个月大于 2mm/月，并在短期内无终止趋向。

2. 砌体结构构件

砌体结构构件的危险性鉴定应包括承载能力、构造与连接、裂缝和变形等内容。

需对砌体结构构件进行承载力验算时，应测定砌块及砂浆强度等级，推定砌体强度，或直接检测砌体强度。实测砌体截面有效值，应扣除因各种因素造成的截面损失。

砌体结构应重点检查砌体的构造连接部位，纵横墙交接处的斜向或竖向裂缝状况，砌体承重墙体变形和裂缝状况以及拱脚裂缝和位移状况。注意其裂缝宽度、长度、深度、走向、数量及其分布，并观测其发展状况。

砌体结构构件有下列现象之一者，应评定为危险点：

（1）受压构件承载力小于其作用效应的 85%，即 $R/(\gamma_0 S) < 0.85$。

（2）受压墙、柱沿受力方向产生缝宽大于 2mm、缝长超过层高 1/2 的竖向裂缝，或产生缝长超过层高 1/3 的多条竖向裂缝。

（3）受压墙、柱表面风化、剥落，砂浆粉化，有效截面削弱达 1/4 以上。

（4）支承梁或屋架端部的墙体或柱截面因局部受压产生多条竖向裂缝，或裂缝宽度已超过 1mm。

（5）墙柱因偏心受压产生水平裂缝，缝宽大于 0.5mm。

（6）墙、柱产生倾斜，其倾斜率大于 0.7%，或相邻墙体连接处断裂成通缝。

（7）墙、柱刚度不足，出现挠曲鼓闪，且在挠曲部位出现水平或交叉裂缝。

（8）砖过梁中部产生明显的竖向裂缝，或端部产生明显的斜裂缝，或支承过梁的墙体产生水平裂缝，或产生明显的弯曲、下沉变形。

（9）砖筒拱、扁壳、波形筒拱、拱顶沿母线裂缝，或拱曲面明显变形，或拱脚明显位移，或拱体拉杆锈蚀严重，且拉杆体系失效。

（10）石砌墙（或土墙）高厚比：单层大于14，二层大于12，且墙体自由长度大于6cm。墙体的偏心距达墙厚的1/6。

3. 木结构构件

木结构构件的危险性鉴定应包括承载能力、构造与连接、裂缝和变形等内容。

需对木结构进行承载力验算时，应对木材的力学性质、缺陷、腐朽、虫蛀和铁件的力学性能以及锈蚀情况进行检测。实测木构件截面有效值，应扣除因各种因素造成的截面损失。

木结构构件应重点检查腐朽、虫蛀、木材缺陷、构造缺陷、结构构件变形、失稳状况，木屋架端节点受载面裂缝状况，屋架出平面变形及屋盖支撑系统稳定状况。

木结构构件有下列现象之一者，应评定为危险点：

（1）木结构构件承载力小于其作用效应的90%，即 $R/(\gamma_0 S)<0.90$。

（2）连接方式不当，改造有严重缺陷，已导致节点松动变形、滑移、沿剪切面开裂、剪坏和铁件严重锈蚀、松动致使连接失效等损坏。

（3）主梁产生大于 $l_0/150$ 的挠度，或受拉区伴有较严重的材质缺陷。

（4）屋架产生大于 $l_0/120$ 的挠度，且顶部或端部节点产生腐朽或劈裂，或出平面倾斜量超过屋架高度的 $h/120$。

（5）檩条、格栅产生大于 $l_0/120$ 的挠度，入墙木质部位腐朽、虫蛀或空鼓。

（6）木柱侧弯变形，其失高大于 $h/150$，或柱顶劈裂，柱身断裂。柱脚腐朽，其腐朽面积大于原截面1/5以上。

（7）对受拉、受弯、偏心受压和轴心受压构件，其倾斜纹理和斜裂缝的斜率 ρ 分别大于7%、10%、15%和20%。

（8）存在任何新缺陷的木质构件。

4. 混凝土结构构件

混凝土结构构件的危险性鉴定应包括承载能力、构造与连接、裂缝和变形等内容。

需对混凝土结构构件进行承载力验算时，应对构件的混凝土强度、碳化和钢筋的力学性能、化学成分、锈蚀情况进行检测；实测混凝土构件截面有效值，应扣除因各种因素造成的截面损失。

混凝土结构构件应重点检查柱、梁、板及屋架的受力裂缝和主筋锈蚀状况，柱的根部和顶部的水平裂缝，屋架倾斜以及支撑系统稳定等。

混凝土构件有下列现象之一者，应评定为危险点：

（1）构件承载力小于作用效应的85%，即 $R/(\gamma_0 S)<0.85$。

（2）梁、板产生超过 $l_0/150$ 的挠度，且受拉区的裂缝宽度大于1mm。

（3）简支梁、连续梁跨中部受拉区产生竖向裂缝，其一侧向上延伸达梁高的2/3以上，且缝宽大于0.5mm，或在支座附近出现剪切斜裂缝，缝宽大于0.4mm。

（4）梁、板受力主筋处产生横向水平裂缝和斜裂缝，缝宽大于 1mm，板产生宽度大于 0.4mm 的受压裂缝。

（5）梁、板因主筋锈蚀，产生沿主筋方向的裂缝，缝宽大于 1mm，或构件混凝土严重缺损，或混凝土保护层严重脱落、露筋。

（6）现浇板面周边产生裂缝，或板底产生交叉裂缝。

（7）预应力梁、板产生竖向通长裂缝；或端部混凝土松散露筋，其长度达主筋直径的 100 倍以上。

（8）受压柱产生竖向裂缝，保护层剥落，主筋外露锈蚀；或一侧产生水平裂缝，缝宽大于 1mm，另一侧混凝土被压碎，主筋外露锈蚀。

（9）墙中间部位产生交叉裂缝，缝宽大于 0.4mm。

（10）柱、墙产生倾斜、位移，其倾斜率超过高度的 1%，其侧向位移量大于 $h/500$。

（11）柱、墙混凝土酥裂、碳化、起鼓，其破坏面大于全截面的 1/3，且主筋外露，锈蚀严重，截面减小。

（12）柱、墙侧向变形，其极限值大于 $h/1250$，或大于 30mm。

（13）屋架产生大于 $l_0/200$ 的挠度，且下弦产生横断裂缝，缝宽大于 1mm。

（14）屋架支撑系统失效导致倾斜，其倾斜率大于屋架高度的 2%。

（15）压弯构件保护层剥落，主筋多处外露锈蚀；端节点连接松动，且伴有明显的变形裂缝。

（16）梁、板有效搁置长度小于规定值的 70%。

5. 钢结构构件

钢结构构件的危险性鉴定应包括承载能力、构造和连接、变形等内容。

当需进行钢结构构件承载力验算时，应对材料的力学性能、化学成分、锈蚀情况进行检测。实测钢构件截面有效值，应扣除因各种因素造成的截面损失。

钢结构构件应重点检查各连接节点的焊缝、螺栓、铆钉等情况；应注意钢柱与梁的连接形式、支撑杆件、柱脚与基础连接损坏情况，钢屋架杆件弯曲、截面扭曲、节点板弯折状况和钢屋架挠度、侧向倾斜等偏差状况。

钢结构构件有下列现象之一者，应评定为危险点：

（1）构件承载力小于其作用效应的 90%，即 $R/(\gamma_0 S) < 0.9$。

（2）构件或连接件有裂缝或锐角切口，焊缝、螺栓或铆接有拉开、变形、滑移、松动、剪坏等严重损坏。

（3）连接方式不当，构造有严重缺陷。

（4）受拉构件因锈蚀，截面减少大于原截面的 10%。

（5）梁、板等构件挠度大于 $l_0/250$，或大于 450mm。

（6）实腹梁侧弯矢高大于 $l_0/600$，且有发展迹象。

（7）受压构件的长细比大于《钢结构设计规范》（GB 50017—2003）中规定值的 1.2 倍。

（8）钢柱顶位移，平面内大于 $h/150$，平面外大于 $h/500$，或大于 40mm。

（9）屋架产生大于 $l_0/250$ 或大于 40mm 的挠度，屋架支撑系统松动失稳，导致屋架倾

斜量超过 $h/150$。

4.7.3   房屋危险性鉴定

1. 一般规定

危险房屋（简称危房）为结构已严重损坏或承重构件已属危险构件，随时可能丧失稳定和承载能力，不能保证居住和使用安全的房屋。

危险性鉴定应根据被鉴定房屋的构造特点和承重体系种类，按其危险程度和影响范围进行鉴定。

危房以幢为鉴定单位，按建筑面积进行计算。

2. 等级划分

房屋划分成地基基础、上部承重机构和护围结构三个组成部分，各组成部分危险性鉴定，按下列等级划分：

a 级：无危险点。b 级：有危险点。c 级：局部危险。d 级：整体危险。

房屋危险性鉴定，按下列等级划分：

A 级：结构承载力能满足正常使用要求，未腐朽危险点，房屋结构安全。

B 级：结构承载力基本满足正常使用要求，个别结构构件处于危险状态，但不影响主体结构，基本满足正常使用要求。

C 级：部分承重结构承载力不能满足正常使用要求，局部出现险情，构成局部危房。

D 级：承重结构承载力已不能满足正常使用要求，房屋整体出现险情，构成整幢危房。

3. 综合评定原则

房屋危险性鉴定应以整幢房屋的地基基础、结构构件危险程度的严重性鉴定为基础，结合历史状态、环境影响以及发展趋势，全面分析，综合判断。

在地基基础或结构构件发生危险的判断上，应考虑它们的危险是孤立的还是相关的。当构件的危险是孤立的时，则不构成结构系统的危险；当构件是相关的时，则应联系结构危险性判定其范围。

全面分析、综合判断时，应考虑下列因素：

(1) 各构件的破损程度。

(2) 破损构件在整幢房屋中的地位。

(3) 破损构件在整幢房屋所占数量和比例。

(4) 结构整体周围环境的影响。

(5) 有损结构的人为因素和危险状况。

(6) 结构破损后的可修复性。

(7) 破损构件带来的经济损失。

4. 综合评定方法

(1) 根据划分的房屋组成部分，确定构件的总量，并分别确定其危险构件的数量。

地基基础中危险构件百分数应按下式计算：

$$p_{\text{fdm}} = n_d/n \times 100\% \tag{4-1}$$

式中 p_{fdm}——地基基础中危险构件（危险点）百分数；

n_d——危险构件数；

n——构件数。

承重结构中危险构件百分数应按下式计算：

$$p_{sdm} = \frac{2.4n_{dc} + 2.4n_{dw} + 1.9(n_{dmb} + n_{drt}) + 1.4n_{dsb} + n_{ds}}{2.4n_c + 2.4n_w + 1.9(n_{mb} + n_{rt}) + 1.4n_{sb} + n_s} \times 100\% \tag{4-2}$$

式中　p_{sdm}——承重结构中危险构件（危险点）百分数；

　　　n_{dc}——危险柱数；

　　　n_{dw}——危险墙段数；

　　　n_{dmb}——危险主梁数；

　　　n_{drt}——危险屋架榀数；

　　　n_{dsb}——危险次梁数；

　　　n_{ds}——危险板数；

　　　n_c——柱数；

　　　n_w——墙段数；

　　　n_{mb}——主梁数；

　　　n_{rt}——屋架榀数；

　　　n_{sb}——次梁数；

　　　n_s——板数。

围护结构中危险构件百分数应按下式计算：

$$p_{esdm} = n_d/n \times 100\% \tag{4-3}$$

式中　p_{esdm}——围护结构中危险构件（危险点）百分数；

　　　n_d——危险构件数；

　　　n——构件数。

（2）房屋组成部分的评定等级 a、b、c、d 是按危险点所占比重来划分的、确定危险构件百分数 p 对各组成部分评定等级 a、b、c、d 的隶属函数时，先选择 $p=0\%$、$p=5\%$、$p=30\%$、$p=100\%$ 四个基准值，即 $p=0\%$ 时完全隶属 a 级，$p=5\%$ 时完全隶属 b 级，$p=30\%$ 时完全隶属 c 级，$p=100\%$ 完全隶属 d 级，然后采用线性形式对中间状态进行过渡。

房屋组成部分各等级的隶属函数如下：

a 级

$$\mu_a = 1(p = 0\%) \tag{4-4}$$

b 级

$$\mu_b = \begin{cases} 1 & (p \leqslant 5\%) \\ (30\% - p)/25\% & (5\% < p < 30\%) \\ 0 & (p \geqslant 30\%) \end{cases} \tag{4-5}$$

c 级

$$\mu_c = \begin{cases} 0 & (p \leqslant 5\%) \\ (p - 5\%)/25\% & (5\% < p < 30\%) \\ (100\% - p)/70\% & (30\% \leqslant p \leqslant 100\%) \end{cases} \tag{4-6}$$

d 级

$$\mu_d = \begin{cases} 0 & (p \leqslant 30\%) \\ (p-30\%)/70\% & (30\% < p < 100\%) \\ 1 & (p = 100\%) \end{cases} \tag{4-7}$$

式中 μ_a，μ_b，μ_c，μ_d——a，b，c，d 级的隶属度；

p——危险构件（危险点）百分数。

（3）房屋各等级的隶属函数。

A 级

$$\mu_A = \max[\min(0.3, \mu_{af}), \min(0.6, \mu_{as}), \min(0.1, \mu_{aes})] \tag{4-8}$$

B 级

$$\mu_B = \max[\min(0.3, \mu_{bf}), \min(0.6, \mu_{bs}), \min(0.1, \mu_{bes})] \tag{4-9}$$

C 级

$$\mu_C = \max[\min(0.3, \mu_{cf}), \min(0.6, \mu_{cs}), \min(0.1, \mu_{ces})] \tag{4-10}$$

D 级

$$\mu_D = \max[\min(0.3, \mu_{df}), \min(0.6, \mu_{ds}), \min(0.1, \mu_{des})] \tag{4-11}$$

式中 μ_A，μ_B，μ_C，μ_D——A，B，C，D 级的隶属度；

μ_{af}，μ_{bf}，μ_{cf}，μ_{df}——地基基础 a，b，c，d 级的隶属度；

μ_{as}，μ_{bs}，μ_{cs}，μ_{ds}——上部承重结构 a，b，c，d 级的隶属度；

μ_{aes}，μ_{bes}，μ_{ces}，μ_{des}——围护结构 a，b，c，d 级的隶属度。

危房判断条件为当隶属度为下列值时：

（1）$\mu_{df} = 1$，则为 D 级（整幢危房）。

（2）$\mu_{ds} = 1$，则为 D 级（整幢危房）。

（3）$\max(\mu_A, \mu_B, \mu_C, \mu_D) = \mu_A$，则综合判断结果为 A 级（非危房）。

（4）$\max(\mu_A, \mu_B, \mu_C, \mu_D) = \mu_B$，则综合判断结果为 B 级（危险点房）。

（5）$\max(\mu_A, \mu_B, \mu_C, \mu_D) = \mu_C$，则综合判断结果为 C 级（局部危房）。

（6）$\max(\mu_A, \mu_B, \mu_C, \mu_D) = \mu_D$，则综合判断结果为 D 级（整幢危房）。

本 章 小 结

建筑结构的可靠性鉴定分为安全性鉴定（或称承载力鉴定）和使用性鉴定（或称正常使用鉴定）两类，不同的鉴定内容分别有不同的适用范围；建筑结构的可靠性鉴定需要采取科学合理的检测方法，传统经验法、使用鉴定法是目前可用的检测方法，概率鉴定法作为一个新的研究方向，具有很好的发展前景，但尚未达到应用阶段。民用建筑的可靠性鉴定按构件、子单元、鉴定单元三个层次将安全性鉴定、使用性鉴定和可靠性鉴定分别划分为四级、三级和四级；而工业建筑的可靠性鉴定则按构件、结构系统、鉴定单元三个层次将安全性鉴定、使用性鉴定和可靠性鉴定分别划分为四级、三级和四级；房屋的危险性综合评定按照构件、房屋组成部分和房屋三个层次进行，各层次等级分别划分为二级、四级和四级。

复 习 思 考 题

4-1　建筑物的可靠性鉴定与新建建筑物的可靠性设计有何异同？

4-2　结构可靠性鉴定可以分为哪几类？相应的适用范围是什么？

4-3　建筑物可靠性鉴定有哪些方法？分别有哪些特点？

4-4　民用建筑可靠性鉴定评级的层次、等级划分及工作内容是什么？

4-5　安全性鉴定和使用性鉴定的各层次等级划分有何区别？为什么？

4-6　怎样划分房屋危险性鉴定的层次和等级？

4-7　危险构件的定义是什么？

第 5 章

建 筑 结 构 加 固

本章讲述了建筑结构加固的概念、工作程序以及不同类型结构的加固方法，并重点讲述了增大截面加固法、置换混凝土加固法、外加预应力加固法、外粘型钢加固法、粘贴纤维复合材加固法、粘贴钢板加固法和增设支点加固法等常见加固方法。

通过本章学习应能了解结构加固的概念、结构加固原则、结构加固的依据标准、结构加固的一般工作程序；掌握各种结构加固方法的设计计算理论和相应的构造措施，并能结合工程实际作出合理的加固方案。

5.1 概述

1. 建筑结构加固的概念与分类

建筑结构加固是指对可靠性不足或业主要求提高可靠度的结构、构件及其相关部分采取增强、局部更换或调整其内力等有效措施，使其具有现行设计规范及业主所要求的安全性、耐久性和适用性。

通常需要进行结构加固的情况有：

（1）地震、火灾、风灾、洪水等各种灾害后受损的结构或构件恢复原有的结构功能。

（2）结构服役期达到了设计使用年限，结构的可靠性降低，仍期望继续使用的建筑。

（3）因技术水平等原因导致结构的可靠性过低，无法满足使用要求的结构。

（4）因业主原因改变建筑用途，导致结构的载荷增大。

根据已有建筑物的不同，建筑结构加固可分为以下几类：

（1）混凝土结构加固。

（2）砌体结构加固。

（3）钢结构加固。

（4）木结构加固。

（5）地基基础加固与纠偏。

除了以上几种建筑结构的加固外，在工程实际中，也经常需要对挡土墙、水塔、筒仓、烟囱等构筑物进行加固。

2. 建筑结构加固依据的标准、规范与规程

建筑结构加固应以国家及有关部门颁布的标准、规范或规程为依据，严格按照规范或规程要求进行加固方案选择、加固设计与施工。

我国在经过深入系统的研究和总结大量工程经验的基础上，借鉴国外相关规范和科研成果，编写和颁布了一系列的结构加固技术规范和规程。主要有：

(1)《混凝土结构加固设计规范》(GB 50367—2006)。

(2)《钢结构加固设计规范》(CECS 77：96)。

(3)《钢结构检测评定及加固技术规程》(YB 9257—1996)。

(4)《砖混结构房屋加层技术规范》(CECS 78：96)。

(5)《既有建筑地基基础加固技术规范》(JGJ 123—2000)。

(6)《建筑抗震加固技术规程》(JGJ 116—1998)。

(7)《碳纤维片材加固混凝土结构技术规程》(CECS 146：2003)。

(8)《喷射混凝土加固技术规程》(CECS 161：2004)。

(9)《古建筑木结构维护与加固技术规范》(GB 50165—1992)。

3. 建筑结构加固的工作程序

建筑结构加固工作一般按以下程序进行：

(1) 可靠性检测与鉴定。依据相关建筑结构鉴定标准，如《工业厂房可靠性鉴定标准》、《民用建筑可靠性鉴定标准》，对建筑结构进行全面检查，获取鉴定所需重要数据（如外观情况、裂缝情况、截面尺寸、受力状况、材料强度等），并做出建筑结构的可靠性鉴定，为结构加固提供科学依据。

(2) 加固方案选择。不同类型的结构构件在不同的情况下，其加固方案有所不同。一般合理的加固方案不但具有良好的加固质量，也能节省资金投入。判别一个加固方案是否合理的标准是：加固效果好、不影响外观及使用功能、技术可靠、施工便捷、经济合理。

(3) 加固设计。建筑结构加固设计需要完成的内容有：被加固构件的承载力验算，加固构造处理，绘制加固施工图，对施工过程给出必要的指导。

(4) 加固施工组织设计。建筑结构加固大多数是在承载或部分承载的情况下进行的，合理的施工组织设计对保证施工安全非常重要。在进行加固施工组织设计时应充分考虑须加固工程的特点，如施工现场场地条件、生产设备、管道情况、原用建筑结构构件的制约等。合理的施工组织设计可以做到不影响或尽量少影响结构正常使用（如工厂不需停产、住宅或办公楼不需搬迁）。为了使施工组织合理，有必要时结构的加固施工可考虑分段、分期进行。

(5) 加固施工及验收。建筑结构加固施工时，相关工程技术人员应在现场指导工作，并需特别注意以下几点：

1) 在拆除或清理原结构构件时，仔细观察有无与原检测情况不相符的地方，若有不相符，则要立即停止施工，并通知相关部门、相关人员，在得到相关部门的同意并采取妥善的处理措施后，方可继续施工。

2) 采用相应的观测仪器设备对加固施工全过程进行监测和控制。

3) 采取合理的措施，保证新旧构件结合部分的粘结或连接质量。

4) 在保证加固质量的前提下，注意加快施工速度，应争取尽早竣工，以减少因施工给用户生产或生活带来的不便。

建筑结构加固完毕后,使用单位或其主管部门应组织专业技术人员进行竣工验收,并做好相关验收记录。

4. 建筑结构加固的基本原则

为了保证工程的加固质量,结构加固工作应遵循以下原则:

(1) 先鉴定后加固原则。对需要结构加固的工程,必须是先经过相关部门的检测鉴定,提供必要的加固数据和鉴定报告,方可进行加固方案选择、加固设计及加固施工等工作,这样可以避免在工程加固中留下安全隐患。

(2) 考虑加固结构整体效应原则。在工程加固中,尽管大多数项目只是对局部承载力不足或刚度不够的构件进行加固,在进行加固方案制定和加固设计时,不能仅仅考虑加固构件的本身,还要考虑整体结构的影响。例如,对结构的柱子、墙体、梁板等承重构件加固后,是否会改变原有结构的整体刚度和动力特性。

(3) 荷载取值及材料选择原则。建筑加固结构所承受的荷载取值,应进行实地调查后确定。在一般情况下,加固设计验算按照《建筑结构荷载规范》(GB 50009—2001) 的规定取值。

结构加固的材料选择,一般情况下按以下要求确定:

1) 加固用的混凝土强度等级要比原结构的混凝土强度等级提高一级。

2) 加固用的混凝土常掺入适量的外加剂,使加固混凝土具有早强、高强、免收缩、微膨胀、自密实等特性。

3) 加固用的粘结材料(如结构胶、环氧树脂)一般采用成品,其粘结强度要高于被粘结构件的混凝土抗拉强度和抗剪强度。

(4) 承载力计算原则。在进行加固设计的承载力计算时,对原有结构的承载力计算,要根据结构的实际受力状况和构件的实际尺寸,并考虑构件的损伤、缺陷等不利影响,采用实际有效的截面面积。对加固部分的承载力计算,要充分考虑新旧材料之间存在受力滞后现象,采取合适的折减系数。

(5) 与抗震设防相结合原则。由于人的意识及经济条件等多方面原因,在过去我国的建筑对抗震设计不够重视,导致大量建筑不考虑抗震设防或设防标准低,1976 年唐山大地震、2008 年汶川特大地震中大量的房屋倒塌,人员伤亡、财产损失惨重,带来了灾难性的后果。为了使需要加固的结构在遇到地震时具有足够的安全保证,应结合抗震设防进行加固设计和施工。

(6) 加固方案优化原则。通常情况下,结构构件的加固方案有多种选择,如当构件的抗弯承载力不足时,可以采用增大截面加固法、粘贴纤维复合材加固法、粘贴钢板加固法等,不同的方案各有特点,因此,在进行结构加固时,应进行方案比选,综合考虑经济指标、加固技术水平、施工工期等因素,确定最优的加固方案。

5.2　结构加固方法及选择

建筑结构常用的加固方法有增大截面加固法、置换混凝土加固法、外加预应力加固法、外粘型钢加固法、粘贴纤维复合材加固法、粘贴钢板加固法和增设支点加固法等。不同的加固具有不同的特点，适用范围也不同，在加固时需要根据各项目的实际情况选择合适的加固方法。此外，植筋技术、锚栓技术和裂缝修补技术也是目前混凝土结构加固中常用的技术。

1. 增大截面加固法

增大截面加固法是指通过增大原结构构件截面面积或增配钢筋，以提高其承载能力和刚度，或者改变其自振频率的一种加固方法。该方法具有工艺简单、受力可靠、加固费用低廉等优点，并且使用经验丰富，容易被人们接受，但存在湿作业工作量大、养护时间长、占用建筑空间较多等缺点，因此其应用范围受到限制。工程实践表明：增大截面加固法较适用于梁、板、柱的加固。

2. 置换混凝土加固法

置换混凝土加固法是指通过局部替换强度等级更高的混凝土以提高结构构件承载能力和刚度的一种加固方法。该方法适用于承载构件受压区混凝土强度偏低或有严重缺陷的局部加固。采用置换混凝土加固法的关键是新旧混凝土的结合界面处理和施工质量能否保证两者协同工作。工程实践表明：置换混凝土加固法不仅可用于新建工程混凝土质量不合格的返工处理，也可用于已有混凝土承载结构受腐蚀、冻害、火灾烧损以及地震、强风和人为破坏后的修复。

3. 外加预应力加固法

外加预应力加固法是指通过施加体外预应力，使原结构、构件的受力得到改善或调整的一种间接加固法。常见的有增设预应力拉杆和预应力撑杆，对结构进行加固。该方法的适用面很广，可适用于需要增加使用荷载、改善使用性能、处于高应力、高应变状态的梁、板、柱和桁架的加固。其优点是可以在几乎不改变使用空间的条件下，提高构件的承载能力和刚度，加固效果好、费用也较低廉，但由于需要施加预应力，该方法存在施工设备要求高、工序复杂等缺点。

4. 外粘型钢加固法

外粘型钢加固法是指通过在结构构件的外表面粘贴型钢（角钢或槽钢）的一种加固方法。型钢与被加固构件之间通过压力灌注结构胶（如改性环氧树脂）形成饱满而高强的胶层，使型钢与被加固构件协同工作。这种方法可以在截面尺寸增大不大的情况下显著地提高构件的承载能力、刚度和延性，并且适用面很广，但这种方法的用钢量较大、加固费用较高，为了取得最佳的技术经济效果，一般多用于需要大幅度提高截面承载能力和抗震性能的钢筋混凝土梁、柱结构的加固。

5. 粘贴纤维复合材加固法

粘贴纤维复合材加固法是指通过胶粘剂将碳纤维或玻璃纤维复合材粘合于被加固构件的表面，使之形成具有整体性的复合截面，以提高其承载力和延性的一种加固法。该方法适用于钢筋混凝土受弯、轴心受压、大偏心受压及受拉构件的加固，但不适合于素混凝土构件以及配筋率低于《混凝土结构设计规范》（GB 50010—2010）规定的最小配筋率的构件加固。

6. 粘贴钢板加固法

粘贴钢板加固法指通过胶粘剂将薄钢板（厚度不超过 10mm）粘合于被加固构件的表面

的一种加固法。该方法适用于钢筋混凝土受弯、大偏心受压和受拉构件的加固。但也不适合于素混凝土构件以及配筋率低于《混凝土结构设计规范》（GB 50010—2010）规定的最小配筋率的构件加固。

7. 增设支点加固法

增设支点加固法是指通过增设支点减小被加固结构的跨度或位移，来改变结构不利的受力状态，以提高其承载能力的一种加固方法。该方法具有简便、可靠和易拆卸等优点，适用于对外观和使用功能要求不高的梁、板、桁架和网架的加固。

8. 其他

（1）植筋技术。植筋技术是指以专用的结构胶粘剂将带肋钢筋或全螺纹螺杆锚固于基材混凝土中的一种加固技术。该技术主要适用于结构加层、新增悬臂构件、新旧混凝土连接等。植筋用的胶粘剂必须采用改性环氧类或改性乙烯基酯类（包括改性氨基甲酸酯）的胶粘剂，如处于特殊环境（如高温、高湿、介质腐蚀等），应采用耐环境因素作用的胶粘剂。

（2）锚栓技术。锚栓技术是指通过采用自扩底锚栓和化学定型锚栓对混凝土进行加固的一项技术，该技术适用于普通混凝土承重结构，但不适宜在轻质混凝土结构和风化严重的混凝土结构中应用。

（3）裂缝修补技术。裂缝修补技术是指通过灌注裂缝修补胶液等办法封闭、填补已有混凝土裂缝的加固技术。利用该技术可以改善结构外观，消除裂缝对人们形成的心理压力，恢复结构的使用功能，提高其防水、防渗能力，延长结构的实际使用年限。

5.3   混凝土结构加固

对于混凝土结构，当新建工程出现设计错误、施工质量不合格、材料质量低劣等情况，以及已有结构在遭受地震、火灾等灾害后，或者经过若干年服役后耐久性不能满足规定要求，或者是加层改造、改变原有结构用途等原因导致增大原有结构的荷载等情况，经过鉴定评定为 c 级或 d 级时，一般要对混凝土结构进行加固。

混凝土加固后构件的受力性能与一般未经过加固的普通构件的受力性能不同。由于新旧混凝土之间结合面的粘结强度一般远远低于混凝土本身强度，加固结构的整体承载力一般比一次整浇混凝土结构低；另外由于加固前原结构已经承受荷载，存在一定的初应力和应变，而新增混凝土是在新增荷载后才开始受力，属于二次受力问题，新旧混凝土存在明显的应力、应变滞后，导致构件在达到极限承载力破坏时，新增部分混凝土可能达不到自身的极限状态，其潜力没有充分发挥。由于以上两点与普通混凝土结构存在明显差异，因此在混凝土结构加固设计时，不能完全沿用普通钢筋混凝土结构概念进行设计，通常需要引进考虑二次受力和新旧混凝土结合整体性差的折减系数。

5.3.1   增大截面加固法

增大截面加固法通过在原混凝土构件外增加新的钢筋混凝土，增大构件的截面和配筋，从而提高其承载力及刚度。由于需要现场浇灌混凝土，也称为外包混凝土加固法。该方法加固费用低廉，在工程实际中得到大量使用。

增大截面加固法适用于钢筋混凝土受弯和受压构件的加固，并且原构件混凝土现场实测强度不应低于 C10。

1. 增大截面加固法加固受弯构件正截面承载力计算

采用增大截面加固受弯构件时，可根据原结构构造的实际受力情况，选用在受压区或受拉区增设现浇钢筋混凝土外加层的加固方式。

当在受拉区加固矩形截面受弯构件时（图 5 - 1），其正截面受弯承载力按下式计算：

$$M \leqslant \alpha_s f_y A_s \left(h_0 - \frac{x}{2} \right) + f_{y0} A_{s0} \left(h_{01} - \frac{x}{2} \right) + f'_{y0} A'_{s0} \left(\frac{x}{2} - a' \right) \tag{5-1}$$

$$\alpha_1 f_{c0} bx = f_{y0} A_{s0} + \alpha_s f_y A_s - f'_{y0} A'_{s0} \tag{5-2}$$

$$2a' \leqslant x \leqslant \xi_b h_0 \tag{5-3}$$

式中　　M——构件加固后弯矩设计值；

α_s——新增钢筋强度利用系数，取 $\alpha_s = 0.9$；

f_y——新增钢筋的抗拉强度设计值；

A_s——新增受拉钢筋的截面面积；

h_0、h_{01}——构件加固后和加固前的截面有效高度；

x——等效矩形应力图形的混凝土受压区高度；

f_{y0}、f'_{y0}——原钢筋的抗拉、抗压强度设计值；

A_{s0}、A'_{s0}——原抗拉钢筋和原受压钢筋的截面面积；

a'——纵向受压钢筋合力点至混凝土受压区边缘的距离；

α_1——受压区混凝土矩形应力图的应力值与混凝土轴心抗压强度设计值的比值，当混凝土强度等级不超过 C50 时，取 $\alpha_1 = 1.0$；当混凝土强度等级不超过 C80 时，取 $\alpha_1 = 0.94$；其间按线性内插法确定；

f_{c0}——原构件混凝土轴心抗压强度设计值；

b——矩形截面宽度；

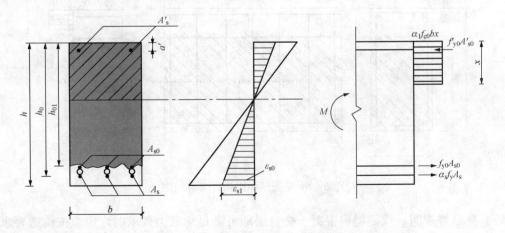

图 5 - 1　受拉区加固构件计算简图

ξ_b——构件增大截面加固后的相对界限受压区高度，按式（5-4）～式（5-6）计算确定。

$$\xi_b = \frac{\beta_1}{1 + \frac{\alpha_s f_y}{\varepsilon_{cu} E_s} + \frac{\varepsilon_{s1}}{\varepsilon_{cu}}} \tag{5-4}$$

$$\varepsilon_{s1} = \left(1.6 \frac{h_0}{h_{01}} - 0.6\right)\varepsilon_{s0} \tag{5-5}$$

$$\varepsilon_{s0} = \frac{M_{0k}}{0.87 h_{01} A_{s0} E_{s0}} \tag{5-6}$$

式中 β_1——计算系数，当混凝土强度等级不超过 C50 时，β_1 值取为 0.8；当混凝土强度等级不超过 C80 时，β_1 值取为 0.74，其间按线性内插法确定；

ε_{cu}——混凝土极限压应变，取 $\varepsilon_{cu}=0.0033$；

ε_{s1}——新增钢筋位置处，按平截面假定确定的初始应变值；当新增钢筋与原主筋的连接采用短筋焊接时，可近似取 $h_{01}=h_0$，$\varepsilon_{s1}=\varepsilon_{s0}$；

M_{0k}——加固前受弯构件验算截面上原作用的弯矩标准值；

ε_{s0}——加固前，在初始弯矩 M_{0k} 作用下原受拉钢筋的应变值。

当在受压区加固矩形截面受弯构件时（图 5-2），其正截面受弯承载力按下式计算：

$$M \leqslant \alpha_1 f_c bx\left(h_0 - \frac{x}{2}\right) + f'_y A'_s(h_0 - a'_s) \tag{5-7}$$

$$\alpha_1 f_c bx = f_{y0} A_{s0} - f'_y A'_s \tag{5-8}$$

式中 M——构件加固后弯矩设计值；

f'_y——新增钢筋的抗压强度设计值；

A'_s——新增受压钢筋的截面面积；

f_c——混凝土抗压强度设计值，当 $x < h_0 - h_{01}$ 时，按新加混凝土取用；$x > h_0 - h_{01}$ 时，可近似按新旧混凝土的小值取用。

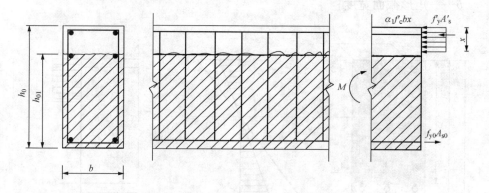

图 5-2 受压区加固构件计算简图

若验算结果表明，仅需增设混凝土叠合层即可满足承载力要求时，也应按构造要求配置受压钢筋和分布钢筋。

2. 增大截面加固法加固受弯构件斜截面承载力计算

为了避免加固后受弯构件发生斜压破坏，截面应符合下列条件：

当 $h_w/b \leqslant 4$ 时：

$$V \leqslant 0.25\beta_c f_c b h_0 \qquad (5-9)$$

当 $h_w/b \geqslant 6$ 时：

$$V \leqslant 0.20\beta_c f_c b h_0 \qquad (5-10)$$

当 $4 < h_w/b < 6$ 时，按线性内插法确定。

式中　V——构件加固后的剪力设计值；

β_c——混凝土强度影响系数，按《混凝土结构设计规范》（GB 50010—2010）的规定采用；

b——矩形截面的宽度或 T 形、I 形截面的腹板宽度；

h_w——截面的腹板高度；对矩形截面，取有效高度；对 T 形截面，取有效高度减去翼缘高度，对 I 形截面取腹板净高。

采用增大截面法加固受弯构件，其斜截面受剪承载力按下式计算：

1）当在受拉区增设钢筋混凝土层，并采用 U 形箍筋与原箍筋逐个焊接时：

$$V \leqslant 0.7 f_{t0} b h_{01} + 0.7\alpha_c f_t b(h_0 - h_{01}) + 1.25 f_{yv0}\frac{A_{sv0}}{s_0}h_0 \qquad (5-11)$$

2）当增设钢筋混凝土三面围套，并采用加锚式或胶锚式箍筋时：

$$V \leqslant 0.7 f_{t0} b h_{01} + 0.7\alpha_c f_t A_c + 1.25\alpha_s f_{yv}\frac{A_{sv}}{s}h_0 + 1.25 f_{yv0}\frac{A_{sv0}}{s_0}h_{01} \qquad (5-12)$$

式中　α_c——新增混凝土强度利用系数，取 $\alpha_c = 0.7$；

f_t、f_{t0}——新、旧混凝土轴心抗压强度设计值；

A_c——三面围套新增混凝土截面面积；

α_s——新增箍筋强度利用系数，取 $\alpha_s = 0.9$；

f_{yv}、f_{yv0}——新箍筋和原箍筋的抗拉强度设计值；

A_{sv}、A_{sv0}——同一截面内新箍筋各肢截面面积之和及原箍筋各肢截面面积之和；

s 或 s_0——新增箍筋或原箍筋各肢之间的间距。

3. 增大截面加固法加固钢筋混凝土轴心受压构件正截面承载力计算

采用增大截面加固钢筋混凝土轴心受压构件（图 5-3）时，其正截面受压承载力应按下式确定：

$$N = 0.9\varphi[f_{c0}A_{c0} + f'_{y0}A'_{s0} \\ + \alpha_{cs}(f_c A_c + f'_y A'_s)] \qquad (5-13)$$

式中　N——式中构件加固后的轴向压力设计值；

φ——构件稳定系数，根据加固后的截面尺寸，按《混凝土结构设计规范》（GB 50010—2010）的规定值采用；

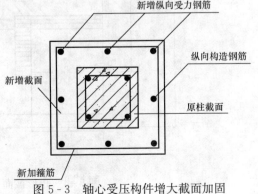

图 5-3　轴心受压构件增大截面加固

A_{c0} 和 A_c——构件加固前混凝土截面面积和加固后新增部分混凝土截面面积；

f_y、f'_y——新增纵向钢筋和原纵向钢筋的抗压强度设计值；

A'_s——新增纵向受压钢筋的截面面积；

α_{cs}——综合考虑新增混凝土和钢筋强度利用程度的修正系数，取 α_{cs} 值为 0.8。

4. 增大截面加固法加固钢筋混凝土偏心受压构件正截面承载力计算

采用增大截面加固钢筋混凝土偏心受压构件时，其矩形截面正截面承载力应按下式确定（图 5-4）：

$$N \leqslant \alpha_1 f_{cc} bx + 0.9 f'_y A'_s + f'_{y0} A'_{s0} - 0.9 \sigma_s A_s - \sigma_{s0} A_{s0} \tag{5-14}$$

$$Ne \leqslant \alpha_1 f_{cc} bx \left(h_0 - \frac{x}{2}\right) + 0.9 f'_y A'_s (h_0 - a'_s) + f'_{y0} A'_{s0} (h_0 - a'_{s0}) + \sigma_{s0} A_{s0} (a_{s0} - a_s) \tag{5-15}$$

$$\sigma_{s0} = \left(\frac{0.8 h_{01}}{x} - 1\right) E_{s0} \varepsilon_{cu} \leqslant f_{y0} \tag{5-16}$$

$$\sigma_s = \left(\frac{0.8 h_0}{x} - 1\right) E_s \varepsilon_{cu} \leqslant f_y \tag{5-17}$$

式中 f_{cc}——新旧混凝土组合截面的混凝土轴心抗压强度设计值，可按 $f_{cc} = (f_{c0} + 0.9 f_c)/2$ 确定；

f_c、f_{c0}——新旧混凝土轴心强度设计值；

σ_{s0}——原构件受拉边或受压较小边纵向钢筋应力，当算得 $\sigma_{s0} > f_{y0}$ 时，取 $\sigma_{s0} = f_{y0}$；

σ_s——受拉边或受压较小边的新增纵向钢筋应力，当算得 $\sigma_s > f_y$ 时，取 $\sigma_s = f_y$；

A_{s0}——原构件受拉边或受压较小边纵向钢筋截面面积；

A'_{s0}——原构件受压较大边纵向钢筋截面面积；

e——偏心距，为轴向压力设计值 N 的作用点至新增受拉钢筋合力点的距离；

a_{s0}——原构件受拉边或受压较小边纵向钢筋合力点到加固后截面近边的距离；

a'_{s0}——原构件受压较大边纵向钢筋合力点到加固后截面近边的距离；

a_s——受拉边或受压较小边新增纵向钢筋合力点至加固后界面近边的距离；

a'_s——受压较大边新增纵向钢筋合力点至加固后截面近边的距离；

h_0——受拉边或受压较小边新增纵向钢筋合力点至加固后截面受压较大边缘的距离；

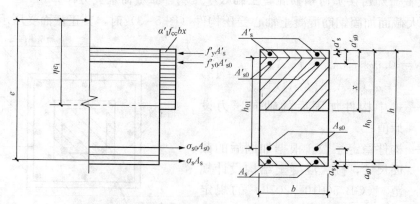

图 5-4 矩形截面偏心受压构件加固的计算

h_{01}——原构件截面有效高度。

偏心距 e 应按《混凝土构件设计规范》(GB 50010—2010) 的规定进行计算，但其增大系数尚应乘以下列修正系数。

(1) 对围套或其他对称形式的加固。

当 $e_0/h \geqslant 0.3$ 时：　　　　　　$\psi_\eta = 1.1$

当 $e_0/h < 0.3$ 时：　　　　　　$\psi_\eta = 1.2$

(2) 对非对称形式的加固。

当 $e_0/h \geqslant 0.3$ 时：　　　　　　$\psi_\eta = 1.2$

当 $e_0/h < 0.3$ 时：　　　　　　$\psi_\eta = 1.3$

5. 增大截面加固法加固钢筋混凝土构件构造要求

新增混凝土层的最小厚度，板不应小于 40mm；梁、柱采用人工浇筑时，不应小于 60mm，采用喷射混凝土施工时，不应小于 50mm。

加固用的钢筋，应采用热轧钢筋。板的受力钢筋直径不应小于 8mm，梁的受力钢筋直径不应小于 12mm，柱的受力钢筋直径不应小于 14mm，加锚式箍筋直径不应小于 8mm，U形箍筋直径应与原箍筋直径相同，分布筋直径不应小于 6mm。

新增受力钢筋与原受力钢筋的净间距不应小于 20mm，并应采用短筋或箍筋与原钢筋焊接，其构造应符合下列要求：

(1) 当新增受力钢筋与原受力钢筋的连接采用短筋焊接时 [图 5-5 (a)]，短筋的直径不应小于 20mm，长度不应小于直径的 5 倍，各短筋的中距不应大于 500mm。

(2) 当截面受拉区一侧加固时，应设置 U 形箍筋 [图 5-5 (b)]，U 形箍筋应焊在原有箍筋上，单面焊缝长度应为箍筋直径的 10 倍，双面焊缝长度应为箍筋直径的 5 倍。

(3) 当截面受拉区一侧加固时，还可以采用植箍筋加固的方法 [图 5-5 (c)]，箍筋的锚固长度应大于 $10d$，锚筋的侧向保护层厚度应大于 $3d$。

(4) 当用混凝土围套加固时，应设置环形箍筋或胶锚式箍筋 [图 5-5 (d)、(e)]。

梁的新增纵向受力钢筋，其两端应有可靠锚固。柱的新增纵向受力钢筋的下端应深入基础并应满足锚固要求，上端应穿过楼板与上层柱脚连接或在屋面板处封顶锚固。

【例 5-1】 已知柱截面尺寸 $bh = 350\text{mm} \times 350\text{mm}$，柱计算高度 $L_0 = 3\text{m}$，混凝土强度等级 C30，截面配筋情况如图 5-6 所示，根据使用要求，加固后柱需要承担的轴向力设计值 $N = 1228\text{kN}$，单向弯矩设计值 $M = 300\text{kN} \cdot \text{m}$，试采用增大截面法加固。

解： 根据加固构造要求，初步确定增大截面后柱的截面尺寸为 $bh = 500\text{mm} \times 500\text{mm}$，新增钢筋 6 ⌀ 20，新增混凝土 C40，截面示意如图 5-6 所示。

加固后柱的偏心距

$$e_0 = \frac{M}{N} = \frac{300}{1228}\text{m} = 0.244\text{m} = 244\text{mm}$$

$$e_i = e_0 + e_a = 244\text{mm} + 20\text{mm} = 264\text{mm}$$

附加偏心距增大系数

$$\eta = 1 + \frac{1}{1400 e_i/h_0} \left(\frac{l_0}{h}\right)^2 \zeta_1 \zeta_2$$

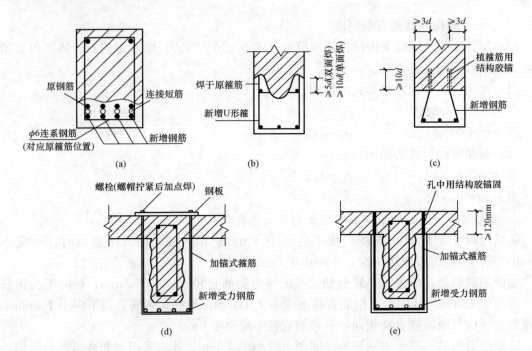

图 5-5 增大截面配置新增箍筋的连接构造

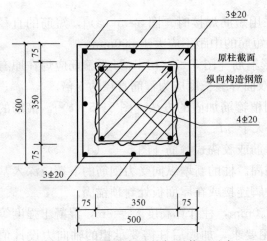

图 5-6 钢筋混凝土柱加固截面示意

其中 $\zeta_1 = 0.5 f_{cc} A / N = 0.5 \times \dfrac{1}{2}$

$\times (14.3 + 0.9 \times 19.1) \times$

$\dfrac{500 \times 500}{1228 \times 10^3} = 1.6$

$\zeta_2 = 1.15 - 0.01 l_0 / h = 1.09$

计算得：$\eta = 1.078$

增大截面法加固的附加偏心距增大系数 η 的修正系数 ψ_η。

由于本项目采用围套加固并且对称，且 $e_0 / h = 264/500 > 0.3$，故可取 $\psi_\eta = 1.1$。

$$\psi_\eta \eta = 1.18$$

$$e = \psi_\eta \eta e_i + \frac{h}{2} - a = 1.18 \times 264\text{mm} + \frac{500}{2}\text{mm} - 35\text{mm} = 526.5\text{mm}$$

代入式（5-13）、式（5-15）及式（5-16）解得：$x = 152.5\text{mm}$

并代入式（5-14）得：

左端：$Ne = 1228\text{kN} \times 526.5 \times 10^{-3}\text{m} = 646.5\text{kN} \cdot \text{m}$

右端：$\alpha_1 f_{cc} bx \left(h_0 - \dfrac{x}{2} \right) + 0.9 f'_y A'_s (h_0 - a'_s) + f'_{y0} A'_{s0} (h_0 - a'_{s0}) + \sigma_{s0} A_{s0} (a_{s0} - a_s) =$

$655.1\text{kN} \cdot \text{m}$

$646.5\text{kN} \cdot \text{m}$（左端）$< 655.1\text{kN} \cdot \text{m}$（右端）

故加固满足要求。

5.3.2　置换混凝土加固法

置换混凝土加固法适用于承重构件受压区混凝土强度偏低或有严重缺陷的局部加固。当加固梁式构件时，要对原构件加以有效的支顶。加固柱、墙等构件时，要对原结构、构件在施工全过程中的承载状态进行验算、观测和控制，并且要求置换界面处的混凝土不应出现拉应力，若控制有困难时，应采取支顶等措施进行卸荷。

1. 置换混凝土法加固钢筋混凝土轴心受压构件正截面承载力计算

当采用置换法加固钢筋混凝土轴心受压构件时，其正截面承载力要满足下式：

$$N \leqslant 0.9\varphi(f_{c0}A_{c0} + \alpha_c f_c A_c + f'_{y0}A'_{s0}) \tag{5-18}$$

式中　N——构件加固后的轴向压力设计值；

φ——受压构件稳定系数，按《混凝土结构设计规范》（GB 50010—2010）的规定值用；

α_c——置换部分新增混凝土的强度利用系数，当置换过程无支顶时，取 $\alpha_c = 0.8$；当置换过程采取有效的支顶措施时，$\alpha_c = 1.0$；

f_{c0}、f_c——原构件混凝土和置换部分新混凝土的抗压强度设计值；

A_{c0}、A_c——原构件截面扣去置换部分后上的剩余截面面积和置换部分的截面面积。

2. 置换混凝土法加固钢筋混凝土偏心受压构件正截面承载力计算

当采用置换法加固钢筋混凝土偏心构件时，其正截面承载力应按下列两种情况分别计算。

（1）受压区混凝土置换深度 $h_n \geqslant x_n$，按新混凝土强度等级和《混凝土结构设计规范》（GB 50010—2010）的规定进行正截面承载力计算。

（2）受压区混凝土置换深度 $h_n < x_n$，其正截面承载力应符合下列规定：

$$N \leqslant \alpha_1 f_c b h_n + \alpha_1 f_{c0} b(x_n - h_n) + f'_y A'_s - \sigma_s A_s \tag{5-19}$$

$$Ne \leqslant \alpha_1 f_c b h_n h_{0n} + \alpha_1 f_{c0} b(x_n - h_n)h_{00} + f'_y A'_s(h_0 - a'_s) \tag{5-20}$$

式中　N——构件加固后压力设计值；

e——轴向压力作用点至手拉钢筋合力点的距离；

f_c——构件置换用混凝土抗压强度设计值；

f_{c0}——原构件混凝土的抗压强度设计值；

x_n——加固后混凝土受压区高度；

h_n——受压区混凝土的置换深度；

h_0——纵向受拉钢筋合力点至受压区边缘的距离；

h_{0n}——纵向受拉钢筋合力点至置换混凝土形心的距离；

h_{00}——受拉区纵向钢筋合力点至原混凝土部分形心的距离；

A_s、A'_s——受拉区、受压区纵向钢筋的截面面积；

b——矩形截面的宽度；

a'_s——纵向受压钢筋合力点至截面近边的距离；

f'_y——纵向受压钢筋抗压强度设计值；

σ_s——纵向受拉钢筋的应力。

3. 置换混凝土法加固钢筋混凝土受弯构件正截面承载力计算

当采用置换法加固钢筋混凝土受弯构件时，其正截面承载力应按下列两种情况分别计算。

（1）受压区混凝土置换深度 $h_n \geqslant x_n$，按新混凝土强度等级和《混凝土结构设计规范》（GB 50010—2010）的规定进行正截面承载力计算。

（2）受压区混凝土置换深度 $h_n < x_n$，其正截面承载力应按下式计算：

$$M \leqslant \alpha_1 f_c h_n h_{0n} + \alpha_1 f_{c0} b(x_n - h_n)h_{00} + f_y' A_s'(h_0 - a_s') \tag{5-21}$$

$$\alpha_1 f_c h_n + \alpha_1 f_{c0} b(x_n - h_n) = f_y A_s - f_y' A_s' \tag{5-22}$$

式中　M——构件加固后的弯矩设计值；

f_{y0}、f_{y0}'——原构件纵向钢筋的抗拉、抗压强度设计值。

4. 置换混凝土法加固钢筋混凝土构件的构造要求

置换用混凝土的强度等级应比原构件混凝土提高一级，且不应低于 C25。混凝土的置换深度，板不应小于 40mm；梁、柱采用人工浇筑时，不应小于 60mm；采用喷射法施工时，不应小于 50mm。置换长度应按混凝土强度和缺陷的检测及验算结果确定，但对非全长置换的情况，其两端应分别延伸不小于 100mm 的长度。置换部分应位于构件截面受压区内，且应根据受力方向，将有缺陷混凝土剔除，剔除位置应在沿构件整个宽度的一侧或对称的两侧，不得仅剔除截面的一隅。

5.3.3　外加预应力加固法

外加预应力加固法适用于构件截面偏小、需要改善其使用性能而增加使用荷载，构件处于高应力、高应变状态，且难以直接卸除其结构上的荷载的梁、板、柱和桁架的加固。加固构件的混凝土强度等级不应低于 C30，且其长期使用的环境温度不应高于 60℃。新增预应力拉杆、撑杆、缀板以及各种紧固件和锚固件等均应进行可靠的防锈蚀处理。

加固时要根据构件的受力性质、构造特点和现场条件，选择适用的预应力方法。

（1）对正截面受弯承载力不足的梁、板构件，一般采用预应力水平拉杆进行加固；若正截面和斜截面均需加固的梁式构件，可采用下撑式预应力拉杆进行加固，假如工程构造条件允许，也可同时采用水平拉杆和下撑式拉杆进行加固。

（2）对受压承载力不足的轴心受压柱、小偏心受压柱以及弯矩变号的大偏心受压柱，一般采用双侧预应力撑杆进行加固。对弯矩不变号的大偏心受压柱一般采用单侧预应力撑杆进行加固。

（3）对桁架中承载力不足的轴心受拉和偏心受拉构件，可采用预应力拉杆进行加固。

（4）对受拉钢筋配置不足的大偏心受压柱，可采用预应力拉杆进行加固。

1. 预应力水平拉杆加固钢筋混凝土梁计算

当采用预应力水平拉杆加固钢筋混凝土梁时，按下列步骤进行计算。

第一步　估算预应力水平拉杆的总截面面积 $A_{p,est}$。

$$A_{p,est} \geqslant \frac{\Delta M}{f_{py} \eta_1 h_{01}} \tag{5-23}$$

式中　ΔM——加固梁验算点处受弯承载力需要的增量；

f_{py}——预应力钢拉杆抗拉强度设计值；

h_{01}——由被加固梁上缘到水平拉杆截面形心的距离；

η_1——内力臂系数，取 $\eta_1 = 0.5$。

第二步　计算在新增外荷载作用下该拉杆产生的作用效应增量 ΔN。

第三步　确定水平拉杆应施加的预应力值 σ_p。确定时，除应按《混凝土结构设计规范》（GB 50010—2010）的规定控制张拉应力并计入预应力损失值外，应按下式进行验算。

$$\sigma_p + (\Delta N / A_p) \leqslant \beta_1 f_{py} \qquad (5 - 24)$$

式中　A_p——实际选用的预应力水平拉杆总截面面积；

β_1——两根水平拉杆的协同工作系数，取 $\beta_1 = 0.85$。

第四步　验算被加固梁跨中和支座截面的偏心受压承载力，以及支座附近斜截面的受剪承载力。验算时，应将水平拉杆的作用效应作为外力。若验算结果不能满足《混凝土结构设计方法》（GB 50010—2010）的要求，应加大拉杆截面或改用其他加固方法。

第五步　施工控制应按采用的施加预应力方法计算。若采用千斤顶张拉，可按张拉力 $\sigma_p A_p$ 控制。若按伸长率控制，伸长率中应计入裂缝闭合的影响。

采用两根预应力水平拉杆横向拉紧时如图 5-7 所示，横向张拉量 ΔH，可近似按下式计算：

$$\Delta H \leqslant L_1 \sqrt{2\sigma_p / E_s} \qquad (5 - 25)$$

式中　ΔH——横向张拉量；

L_1——张拉后斜段在张拉前的长度；

E_s——拉杆钢筋的弹性模量。

2. 预应力下撑式拉杆加固钢筋混凝土梁计算

采用预应力下撑式拉杆加固钢筋混凝土梁时，应按下列步骤进行计算。

第一步　估算预应力下撑式拉杆的截面面积 A_p：

$$A_p = \frac{\Delta M}{f_{py} \eta_2 h_{02}} \qquad (5 - 26)$$

式中　A_p——预应力下撑式拉杆的总截面面积；

f_{py}——下撑式钢拉杆抗拉强度设计值；

h_{02}——由下撑式拉杆中部水平段的截面形心到被加固梁上缘的垂直距离；

η_2——内力臂系数，取 $\eta_2 = 0.80$。

第二步　计算在新增外荷载作用下该拉杆中部水平段产生的作用效应增量 ΔN。

第三步　确定下撑式拉杆应施加的预应力值 σ_p。确定时，除应按《混凝土结构设计规范》（GB 50010—2010）的确定控制张拉应力并计入预应力损失值外，尚应按下式进行验算：

$$\sigma_p + (\Delta N / A_p) \leqslant \beta_2 f_{py} \qquad (5 - 27)$$

式中　β_2——下撑式拉杆的协同工作系数，取 $\beta_2 = 0.80$。

第四步　验算被加固梁在跨中和支座截面的偏心受压承载力，以及由支座至拉杆弯折处的斜截面受剪承载力。验算时，应按下撑式拉杆中的作用效应作为外力。若验算结果不能满足现行的《混凝土结构设计规范》（GB 50010—2010）的要求时，应加大拉杆截面或改用其

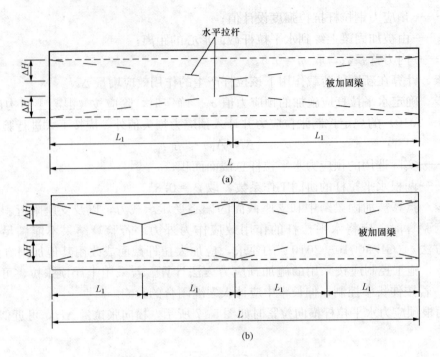

图 5-7　水平拉杆横向张量计算

(a) 一点张拉；(b) 两点张拉

他加固方法。

当采用两根预应力下撑式拉杆进行横向张拉时，其拉杆中部横向张拉量 ΔH 可按下式计算：

$$\Delta H \leqslant (L_2/2)\sqrt{2\sigma_p/E_s} \qquad (5-28)$$

式中　L_2——拉杆中部水平段的长度。

采用预应力拉杆加固钢筋混凝土梁的挠度 ω，可采用下式进行近似计算：

$$\omega = \omega_1 - \omega_p + \omega_2 \qquad (5-29)$$

式中　ω_1——加固前梁在原荷载标注值作用下产生的挠度，计算时，梁刚度 B_1 可根据原梁开裂情况，近似取 $B_1 = 0.35E_cI_0 \sim 0.50E_cI_0$；

ω_p——张拉预应力引起的梁的反拱；计算时梁的刚度 B_p 可近似取 $B_p = 0.75E_cI_0$；

ω_2——加固结束后，在后加荷载作用下梁产生的挠度。计算时梁的刚度 B_2 可取等于 B_p；

E_c、I_0——原梁的混凝土弹性模量和换算截面惯性矩。

3. 预应力拉杆加固钢筋混凝土桁架计算

采用预应力拉杆加固桁架受拉杆件时，应按下列步骤进行计算。

第一步　计算在设计荷载作用下原桁架各杆件的作用效应。

第二步　根据被加固杆件的拉力设计值 N_i 与原截面受拉承载力设计值 N_{ui} 差值，按下式估算预应力拉杆的总截面面积 $A_{p,est}$：

$$A_{p,est} \geqslant (N_i - N_{ui})\beta_1 f_{yp} \qquad (5-30)$$

第三步　选定预应力拉杆的总截面面积 A_p 和应施加的预应力值 σ_p，并将 $N_p = \sigma_p A_p$ 视为外力（图 5-8），计算其在桁架各杆件中引起的作用效应。

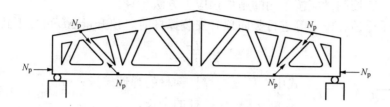

图 5-8　预应力拉杆加固桁架杆件

第四步　将第一、第三两步的作用效应叠加，验算各杆件承载力，必要时，还应验算其抗裂度及桁架挠度等，若验算结果不符合《混凝土结构设计规范》（GB 50010—2010）的要求，应调整 A_p 值或 σ_p 值，直至 $N_i \leqslant N_{ui}$。

4. 预应力双侧撑杆加固钢筋混凝土轴心受压柱计算

采用预应力双侧撑杆加固轴心受压的钢筋混凝土柱时，应按下列步骤进行计算。

第一步　确定加固后轴向力的设计值 N。

第二步　按下式计算原柱的轴心受压承载力设计值 N_0。

$$N_0 = 0.9\varphi(f_{c0}A_{c0} + f'_{y0}A'_{s0}) \tag{5-31}$$

式中　φ——原柱的稳定系数；

A_{c0}——原柱的截面面积；

f_{c0}——原柱的混凝土抗压强度的设计值；

A'_{s0}——原柱的受压纵向钢筋总截面面积；

f'_{y0}——原柱的纵向钢筋抗压强度设计值。

第三步　按下式计算需由撑杆承受的轴向压力设计值 N_1。

$$N_1 = N - N_0 \tag{5-32}$$

式中　N——柱加固后轴向压力设计值。

第四步　按下式计算预应力撑杆的总截面面积：

$$N_1 \leqslant \varphi \beta_3 f'_{py} A'_p \tag{5-33}$$

式中　β_3——撑杆与原柱的协同工作系数，取 $\beta_3 = 0.9$；

f'_{py}——撑杆钢材的抗压强度设计值；

A'_p——预应力撑杆的总截面面积。预应力撑杆每侧杆肢由两根角钢或一根槽钢构成。

第五步　柱加固后轴心受压承载力设计值可按下式验算：

$$N \leqslant 0.9\varphi(f_{c0}A_{c0} + f'_{y0}A'_{s0} + \beta_3 f'_{py} A'_p) \tag{5-34}$$

第六步　缀板应按《钢结构设计规范》（GB 50017—2003）进行设计计算，其尺寸和间距应保证撑杆受压肢及单根角钢在施工时不致失稳。

第七步　撑杆施工时应预加的压应力值 σ'_p，可按下式近似计算：

$$\sigma'_p \leqslant \varphi_1 \beta_4 f'_{py} \tag{5-35}$$

式中　φ_1——撑杆的稳定系数。确定该系数所需的撑杆计算长度。当采取横向张拉方法时，取其全长的 1/2；当采用顶升方法时，取其全长。按格构式压杆计算其稳定系数；

β_4——经验系数，取 $\beta_4 = 0.75$。

第八步 施工控制量应按采用的施加预应力方法计算。

（1）当用千斤顶、楔子等进行竖向顶升安装撑杆时，顶升量 ΔL 可按下式计算：

$$\Delta L = \frac{L\sigma_p'}{\beta_5 E_a} + a_1 \tag{5-36}$$

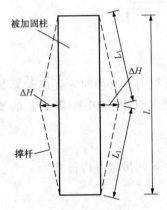

式中　E_a——撑杆钢材的弹性模量；

L——撑杆的全长；

a_1——撑杆端顶板与混凝土间的压缩量，取 $2 \sim 4$mm；

β_5——经验系数，取 $\beta_5 = 0.90$。

（2）当用横向张拉法（图 5-9）安装撑杆时，横向张拉量 ΔH 按下式近似计算：

$$\Delta H = \frac{L}{2}\sqrt{\frac{2.2\sigma_p'}{E_a}} + a_2 \tag{5-37}$$

被加固柱

ΔH

撑杆

图 5-9　预应力撑杆横向
张拉量计算图

式中　a_2——综合考虑各种误差因素对张拉量影响的修正项，可取 $a_2 = 5 \sim 7$mm。

实际弯折撑杆肢时，将长度中点处的横向弯折量取为 $\Delta H +$ （$3 \sim 5$mm），但施工中只收紧 ΔH，使撑杆处于预压状态。

5. 单侧预应力撑杆加固弯矩不变号钢筋混凝土轴心受压柱计算

采用单侧预压力撑杆加固弯矩不变号的偏心受压柱时，应按下列步骤进行计算。

第一步 确定该柱加固后轴向压力 N 和弯矩 M 的设计值。

第二步 确定撑杆肢承载力，可试用两根较小的角钢或一根槽钢做撑杆肢，其有效受压承载力取为 $0.9 f_{py}' A_p'$。

第三步 原柱加固后需要的偏心受压荷载按下式计算：

$$N_{01} = N - 0.9 f_{py}' A_p' \tag{5-38}$$

$$M_{01} = M - 0.9 f_{py}' A_p' a/2 \tag{5-39}$$

第四步 原柱截面偏心受压承载力按下式验算：

$$N_{01} \leqslant a_1 f_{c0} bx + f_{y0}' A_{s0}' - \sigma_{s0} A_{s0} \tag{5-40}$$

$$N_{01} e \leqslant a_1 f_{c0} bx(h_0 - 0.5x) + f_{y0}' A_{s0}'(h_0 - a_{s0}') \tag{5-41}$$

$$e = e_0 + 0.5h - a_{s0}' \tag{5-42}$$

$$e_0 = M_{01}/N_{01} \tag{5-43}$$

式中　b——原柱的宽度；

x——原柱的混凝土受压区高度；

σ_{s0}——原柱纵向受拉钢筋的应力；

e——轴向力作用点至原柱纵向受拉钢筋合力点之间的距离；

a_{s0}'——纵向受拉钢筋合力点至受压边缘的距离。

当原柱偏心受压承载力不满足上述要求时，可加大撑杆截面面积，再重新验算。

第五步 缀板的设计应符合《钢结构设计规范》（GB 50017—2003）的有关规定，并应保证撑杆肢或角钢在施工时不失稳。

第六步　撑杆施工时应预加的压应力值 σ_p' 宜取为 50～80MPa。

第七步　横向张拉量 ΔH 按式（5-36）确定。

采用双侧预应力撑杆加固弯矩变号的偏心受压钢筋混凝土柱时，可按受压荷载较大一侧用单侧撑杆加固的步骤进行计算。选用的角钢截面面积应能满足柱加固后需要的最不利偏心受压荷载；柱的另一侧应采用同规格的角钢组成压杆肢，使撑杆的双侧截面对称。

6. 外加预应力加固钢筋混凝土构件的构造要求

（1）采用预应力拉杆进行加固时，其构造设计应考虑施工采用的张拉方法。当采用机张法时，应按《混凝土结构设计规范》（GB 50010—2010）及《混凝土结构工程施工质量验收规范》（GB 50204—2002）的规定进行设计；当采用横向张拉法时，应按下列规定进行设计：

1）采用预应力水平拉杆或下撑式拉杆加固梁，且加固的张拉力在 150kN 以下时，可用两根直径为 12～30mm 的 HPB235 级钢筋。若加固的预应力较大，应采用 HRB335 级钢筋。当加固梁的截面高度大于 600mm 时，应采用型钢拉杆。采用预应力拉杆加固桁架时，可用 HRB335 钢筋、HRB400 钢筋、精轧螺纹钢筋、碳素钢丝或钢绞线等高强度钢材。

2）预应力水平拉杆或预应力下撑式拉杆中部的水平段距被加固梁或桁架下缘的净空宜为 30～80mm。

3）预应力下撑式拉杆（图 5-10）的斜段宜紧贴在被加固梁的梁肋两旁。在被加固梁下应设厚度不小于 10mm 的钢垫板，其宽度宜与被加固梁宽相等，其梁跨度方向的长度不应小于板厚的 5 倍。钢垫板下应设直径不小于 20mm 的钢筋棒，其长度不应小于被加固梁宽加 2 倍拉杆直径再加 40mm。钢垫板宜用结构胶固定位置，钢筋棒可用点焊固定位置。

4）预应力拉杆端部的锚固构造要求，被加固构件端部有传力预埋件利用时，将预应力拉杆与预埋件焊接，通过焊缝传力。当无传力预埋件时，宜焊制专门的钢套箍，套在混凝土构件上与拉杆焊接。钢套箍可用型钢焊成，也可用钢板加焊加劲肋（图 5-10②）。钢套箍与混凝土构件间的空隙，应用细石混凝土填塞。钢套箍对构件混凝土的局部受压承载力应经验算合格。

5）横向张拉应采用工具式拉紧螺杆（图 5-10④）。拉紧螺杆的直径应按张拉力的大小计算确定，但不应小于 16mm，其螺帽的高度不得小于螺杆直径的 1.5 倍。

（2）采用预应力撑杆进行加固时，其构造设计应遵守下列规定：

1）预应力撑杆用的角钢，其截面不应小于 50mm×50mm×5mm。压杆肢的两根角钢用缀板连接，形成槽形的截面；也可用单根槽钢作压杆肢。缀板的厚度不得小于 6mm，其宽度不得小于 80mm，其长度应按角钢与被加固柱之间的空隙大小确定。相邻缀板间的距离应保证单个角钢的长细比不大于 40。

2）压杆肢末端的传力构造（图 5-11），应采用焊在压杆肢上的顶板与承压角钢顶紧，通过抵承传力。承压角钢嵌入被加固柱的柱身混凝土或柱头混凝土内不应少于 25mm。传力

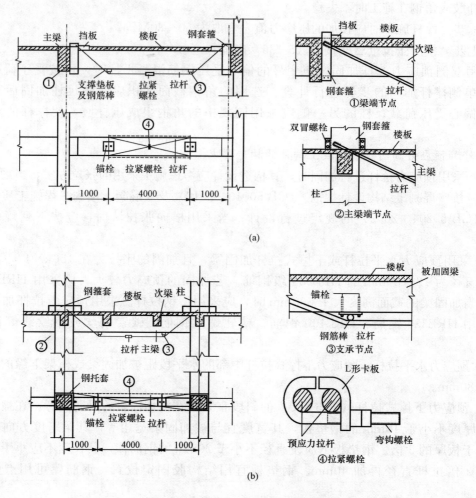

图 5 - 10　预应力下撑式拉杆构造

顶板宜用厚度不小于 16mm 的钢板，其与角钢肢焊接的板面及与承压角钢抵承的面均应刨平。承压角钢截面不得小于 100mm×75mm×12mm。

（3）当预应力撑杆采用螺栓横向拉紧的施工方法时，双侧加固的撑杆，其两个压杆肢的中部应向外弯折，并应在弯折处采用工具式拉紧螺杆建立预应力并复位（图 5 - 12）。单侧加固的撑杆只有一个压杆肢，仍应在中点处弯折，并应采用工具式拉紧螺杆进行横向张拉与复位（图 5 - 13）。

（4）压杆肢的弯折与复位应符合下列规定：

1）弯折压杆肢前，应在角钢的侧立肢上切出三角形缺口。缺口背面，应补焊钢板予以加强（图 5 - 14）。

2）弯折压杆肢的复位应采用工具式拉紧螺杆，其直径应按张拉力的大小计算确定，但不应小于 16mm，其螺帽高度不应小于螺杆直径的 1.5 倍。

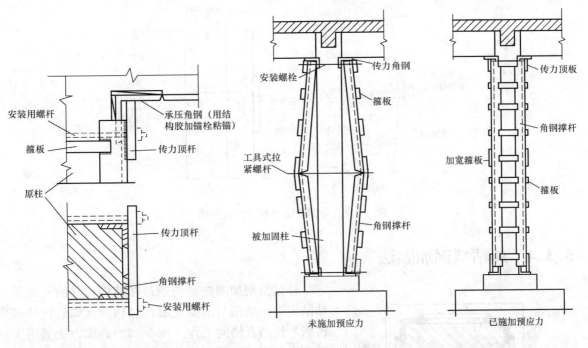

图 5-11　撑杆端传力构造　　　　图 5-12　钢筋混凝土柱双侧预应力加固撑杆构造

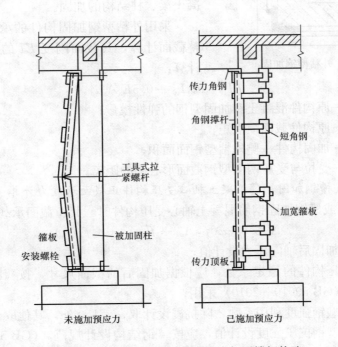

图 5-13　钢筋混凝土柱单侧预应力加固撑杆构造

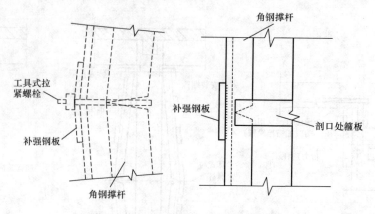

图 5-14   角钢缺口处加焊钢板补强

5.3.4   外粘型钢加固法

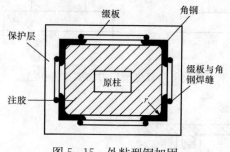

图 5-15   外粘型钢加固

外粘型钢加固法是指通过在结构构件的外表面粘贴型钢，型钢与混凝土灌注结构胶（如改性环氧树脂）使两者协同工作（图 5-15）。该方法适用于需要大幅度提高截面承载能力和抗震能力的钢筋混凝土梁、柱结构的加固。

采用外粘型钢加固构件的承载力和截面刚度按整截面计算，其截面刚度 EI 的近似值，可按下式计算：

$$EI = E_{c0} I_{c0} + 0.5 E_a A_a a_a^2 \tag{5-44}$$

式中 E_{c0}、E_a——原构件混凝土和加固型钢的弹性模量；

I_{c0}——原构件截面惯性矩；

A_a——加固构件一侧外粘型钢面面积；

a_a——受拉与受压两侧型钢截面形心间的距离。

1. 外粘角钢或槽钢加固钢筋混凝土轴心受压构件正截面承载力计算

采用外粘角钢或槽钢加固钢筋混凝土轴心受压构件时，其正截面承载力应按下式计算：

$$N \leqslant 0.9 \varphi (f_{c0} A_{c0} + f'_{y0} A'_{s0} + \alpha_a f_a A'_a) \tag{5-45}$$

式中 N——构件加固后轴向压力设计值；

φ——轴心压构件的稳定系数，应根据加固后的截面尺寸，按《混凝土结构设计规范》（GB 50010—2010）采用；

α_a——新增型钢强度利用系数，除抗震设计取 $\alpha_a = 1.0$ 外，其他取 $\alpha_a = 0.9$；

f'_a——新增型钢抗压强度设计值，应按《钢结构设计规范》（GB 50017—2003）的规定采用；

A'_a——全部受压肢型钢的截面面积。

2. 外粘角钢或槽钢加固钢筋混凝土偏心受压构件正截面承载力计算

采用外粘型钢加固钢筋混凝土偏心受压构件时，其矩形截面正截面承载力应按下式确定：

$$N \leqslant \alpha_1 f_{c0} bx + f'_{y0} A'_{s0} - \sigma_{s0} A_{s0} + \alpha_a f'_a A'_a - \alpha_a \sigma_a A_a \tag{5-46}$$

$$Ne \leqslant \alpha_1 f_{c0} bx \left(h_0 - \frac{x}{2} \right) + f'_{y0} A'_{s0} (h_0 - a'_{s0}) + \sigma_{s0} A_{s0} (a_{s0} - a_a) + \alpha_a f'_a A'_a (h_0 - a'_a)$$

$$\tag{5-47}$$

$$\sigma_{s0} = \left(\frac{0.8 h_{01}}{x} - 1 \right) E_{s0} \varepsilon_{cu} \tag{5-48}$$

$$\sigma_a = \left(\frac{0.8 h_0}{x} - 1 \right) E_a \varepsilon_{cu} \tag{5-49}$$

式中　N——构件加固后轴向压力设计值；

b——原构件截面宽度；

x——混凝土受压区宽度；

f_{c0}——原构件混凝土轴心抗压强度设计值；

f'_{y0}——原构件受压区纵向钢筋抗压强度设计值；

A'_{s0}——原构件受压较大边纵向钢筋截面面积；

σ_{s0}——原构件受拉边或受压较小边纵向钢筋应力，当 $\sigma_{s0} > f_{y0}$ 时，应取 $\sigma_{s0} = f_{y0}$；

A_{s0}——原构件受拉边或受压较小边纵向钢筋截面面积；

α_a——新增型钢强度利用系数，除抗震设计取 $\alpha_a = 1.0$ 外，其他取 $\alpha_a = 0.9$；

f'_a——型钢抗压强度设计值；

A'_a——全部受压肢型钢截面面积；

σ_a——受拉肢或受压较小肢型钢的应力，可按式（5-47）计算，也可近似取 $\sigma_a = \sigma_{s0}$；

A_a——全部受拉肢型钢截面面积；

e——偏心距，为轴心压力设计值作用点至受拉区形心的距离；

h_{01}——加固前原截面有效高度；

h_0——加固后受拉肢或受压较小肢型钢的截面形心至原构件截面受压较大边的距离；

a'_{s0}——原截面受压较大边纵向钢筋合力点至原构件截面近边的距离；

a'_a——受压较大肢型钢截面形心至原构件截面近边的距离；

a_{s0}——原构件受拉边或受压较小边纵向钢筋合力点至原截面近边的距离；

a_a——受拉肢或受压较小肢型钢截面形心至原构件截面近边的距离；

E_a——型钢的弹性模量。

采用外粘型钢加固钢筋混凝土梁时，应在梁截面的四隅粘贴角钢，若梁的受压区有翼缘或有楼板时，应将梁顶面两隅的角钢改为钢板。

3. 外粘角钢或槽钢加固钢筋混凝土构件的构造要求

采用外粘型钢加固法时，应优先选用角钢。角钢的厚度不应小于 5mm，角钢的边长，对梁和桁架，不应小于 50mm，对柱不应小于 75mm。沿梁、柱轴线方向应每隔一定距离用扁钢制作的缀板（图 5-15）或箍板 [图 5-16 (a)、(b)] 或嵌入楼板后予以胶锚 [图 5-16 (c)]。箍板与缀板均应在胶粘前与加固角钢焊接。箍板或缀板截面不应小于 40mm×4mm，其间距不应大于 20r（r 为单根角钢截面的最小回转半径），且不应大于 500mm；在节点区，其间距应适合加密。（当钢箍板需穿过楼板或胶锚时，可采用半重叠钻孔法，将圆孔扩成矩形扁孔；待箍板穿插安装、焊接完毕后，再用结构胶注入孔中予以封闭或锚固）

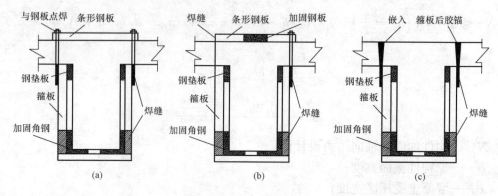

图 5 - 16　加锚式箍板

外粘型钢的两端应有可靠的连接和锚固（图 5 - 17）。对柱的加固，角钢下端应锚固于基础中；中间应穿过各层楼板，上端应伸至加固层的上一层楼板或屋面板底；若相邻两层柱的尺寸不同，可将上下柱外粘型钢交汇于楼面，并利用其内外间隔嵌入厚度不小于 10mm 的钢板焊成水平钢框，与上下柱角钢及上柱钢箍相互焊接固定。对梁的加固，梁角钢（或钢板）应与柱角钢相互焊接。必要时，可加焊扁钢带或钢筋条，使柱两侧的梁相互连接，如图5-17（c）所示；对桁架的加固，角钢应伸过该杆件两端的节点，或设置节点板将角钢焊在节点板上。

采用外粘型钢加固排架柱时，应将加固的型钢与原柱头顶部的承压钢板相互焊接。对于二阶柱的加固，上下柱交接处及牛腿处的连接构造应予加强。加固混凝土梁、柱时，要对截面的棱角打磨成半径 $r \geqslant 7mm$ 的圆角。

外粘型钢的注胶应在型钢架焊接完成后进行。外粘型钢的胶缝厚度控制在 $3 \sim 5mm$；局部允许有长度不大于 300mm，厚度不大于 8mm 的胶缝，但不得出现在角钢端部 600mm 范围内。

采用外粘型钢加固钢筋混凝土构件时，型钢表面（包括混凝土表面）应抹厚度不小于 25mm 的高度等级水泥砂浆（应加钢丝网防裂）作防护层，也可采用其他具有防腐蚀和防火性能的饰面材料加以保护。

【例 5 - 2】 某钢筋混凝土框架结构底层柱，截面尺寸 $b = 400mm$，$h = 500mm$，柱计算高度 $l_0 = 5400mm$，混凝土强度等级为 C20，原柱采用 HRB335 级钢筋，数量为 6 Φ 18 （$A'_{s0} = 1526mm^2$），因使用功能改变荷载增大，需要加固，恒荷载标准值 $G_k = 1230kN$，活荷载标准值 $Q_k = 920kN$，经方案比选采用图 5 - 18 所示的加固措施，角钢 4 ∟ 80×8，$A'_a = 4921.2mm^2$，Q235 钢材。试验算加固后的混凝土柱能否满足承载力要求。

解： 加固结构柱需要承受的轴力为：

$$N_1 = 1.2G_k + 1.4Q_k = 1.2 \times 1230kN + 1.4 \times 920kN = 2764kN$$

$l_0/b = 5400/400 = 13.5$，查《混凝土结构设计规范》（GB 50010—2010），得 $\varphi = 0.93$。

加固后混凝土柱的极限承载力为：

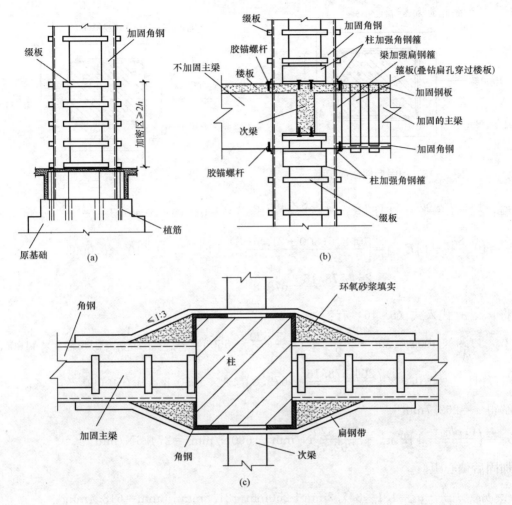

图 5-17 外粘型钢梁、柱、基础节点构造
(a) 柱基节点；(b) 楼层节点；(c) 加焊扁钢带

$$N_u = 0.9\varphi(f_{c0}A_{c0} + f'_{y0}A'_{s0} + \alpha_a f'_a A'_{s0})$$
$$= 0.9 \times 0.93 \times (9.6 \times 400 \times 500 + 300 \times 1526 + 0.9 \times 215 \times 4921.2)\text{kN}$$
$$= 2787.2\text{kN}$$

$$N_u > N_1$$

故该加固柱满足承载力要求。

【例 5-3】 某钢筋混凝土框架结构边柱，截面尺寸 $b = 400\text{mm}$，$h = 500\text{mm}$，柱计算高度 $l_0 = 5400\text{mm}$，混凝土强度等级为 C25，原柱采用 HRB335 级钢筋，数量为 8⌀20（$A'_{s0} = 2512\text{mm}^2$）；承受轴向压力 $N = 1050\text{kN}$，沿柱截面高度方向的轴向力对截面重心的偏心距 $e_0 = 290\text{mm}$，经过承载力校核，需要对该柱进行加固，经方案比选采用图 5-19 所示的加固措施，角钢∟75×8，$A'_a = 1150.3\text{mm}^2$，Q235 钢材。试验算加固后的混凝土柱能否满足承载力要求。

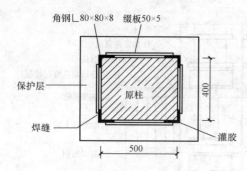

图 5 - 18　加固后柱截面示意

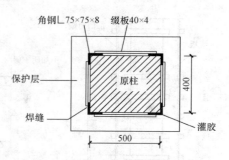

图 5 - 19　加固后柱截面示意

解： $\sigma_{s0} = \left(\dfrac{0.8h_{01}}{x} - 1\right)E_{s0}\varepsilon_{cu} = \left(\dfrac{0.8 \times 465}{x} - 1\right) \times 2.0 \times 10^5 \times 0.0033 = \dfrac{245\ 520}{x} - 660$

$\sigma_a = \left(\dfrac{0.8h_0}{x} - 1\right)E_a\varepsilon_{cu} = \left[\dfrac{0.8 \times (500 - 21.5 + 8)}{x} - 1\right] \times 2.06 \times 10^5 \times 0.0033$

$= \dfrac{264\ 578.16}{x} - 679.8$

将 σ_{s0}、σ_a 代入式（5 - 46）有：

$1.0 \times 11.9 \times 400x + 300 \times \dfrac{2512}{2} - \left(\dfrac{245\ 520}{x} - 660\right) \times \dfrac{2512}{2} + 0.9 \times 215 \times 2 \times 1150.3$

$- 0.9 \times \left(\dfrac{264\ 578.16}{x} - 679.8\right) \times 2 \times 1150.3 = 1\ 050\ 000$

解得 $x = 262.7\text{mm}$

$\sigma_{s0} = \left(\dfrac{0.8h_{01}}{x} - 1\right)E_{s0}\varepsilon_{cu} = \dfrac{245\ 520}{262.7}\text{N/mm}^2 - 660\text{N/mm}^2 = 274.6\text{N/mm}^2$

加固后偏心距

$e = \psi_\eta\eta e_i + \dfrac{h}{2} - a_a = 1.1 \times 347.2\text{mm} + 250\text{mm} - 21.5\text{mm} + 8\text{mm} = 618.4\text{mm}$

$Ne = 1050 \times 0.6184\text{kN} \cdot \text{m} = 649.3\text{kN} \cdot \text{m}$

$\leqslant \alpha_1 f_{c0}bx\left(h_0 - \dfrac{x}{2}\right) + f'_{y0}A'_{s0}(h_0 - a'_{s0}) + \sigma_{s0}A_{s0}(\alpha_{s0} - \alpha_a) + \alpha_a f'_a A'_a(h_0 - \alpha'_a)$

$= 1.0 \times 11.9 \times 400 \times 262.7 \times \left(500 - 21.5 + 8 - \dfrac{262.7}{2}\right)\text{kN} \cdot \text{m} + 0 + 274.6 \times 1256$

$\times (35 - 21.5 + 8)\text{kN} \cdot \text{m} + 0.9 \times 215 \times 2300.6 \times (500 - 21.5 + 8 - 21.5$

$+ 8)\text{kN} \cdot \text{m} = 662.1\text{kN} \cdot \text{m}$

故该加固柱满足承载力要求。

5.3.5　粘贴纤维复合材加固法

粘贴纤维复合材加固法是指通过胶粘剂将碳纤维或玻璃纤维复合材粘合于被加固构件的表面，使之形成具有整体性的复合截面，以提高其承载力和延性的一种加固法。该方法适用于钢筋混凝土受弯、轴心受压、大偏心受压及受拉构件的加固，但不适用于素混凝土构件〔包括纵向受力钢筋配筋率低于《混凝土结构设计规范》（GB 50010—2010）规定的最小配筋率的构件〕的加固。

采用粘贴纤维复合材加固的混凝土结构构件，其现场实测混凝土强度等级不得低于C15，且混凝土表面的正拉粘结强度不得低于 1.5MPa。

外贴纤维复合材加固钢筋混凝土构件时，应将纤维受力方式设计成仅承受拉应力作用。粘贴在混凝土构件表面上的纤维复合材，不得直接暴露于阳光或有害介质中，其表面应进行防护处理。并且要求表面防护材料对纤维及胶粘剂无害，能与胶粘剂有可靠的粘结强度及相互协调的变形性能。

采用粘贴纤维复合材加固的混凝土结构，其长期使用的环境温度不应高于 60℃，处于特殊环境（如高温、高湿、介质侵蚀、放射等）时，应采用耐环境因素作用的胶粘剂和按国家现行有关标准采取相应的防护措施。

当采用纤维复合材对混凝土结构进行加固时，应采取措施卸除或大部分卸除作用在结构上的活荷载。

混凝土加固用的纤维复合材常见的有碳纤维复合材和玻璃纤维复合材，它们的设计、计算指标需要满足一定的要求，见表 5-1、表 5-2。

表 5-1　　　　　　　　　　　　碳纤维复合材设计计算指标

性能项目		单向织物（布）		条形板	
		高强度Ⅰ级	高强度Ⅱ级	高强度Ⅰ级	高强度Ⅱ级
抗拉强度设计值 f_f/MPa	重要构件	1600	1400	1150	1000
	一般构件	2300	2000	1600	1400
弹性模量设计值 E_f/MPa	重要构件	$2.3×10^5$	$2.0×10^5$	$1.6×10^5$	$1.4×10^5$
	一般构件				
拉应变设计值 ε_f/MPa	重要构件	0.007	0.007	0.007	0.007
	一般构件	0.01	0.01	0.01	0.01

注：L形板按高强度Ⅱ级条形板的设计计算指标采用。

表 5-2　　　　　　　　　玻璃纤维复合材（单向织物）设计计算指标

项目	抗拉强度设计值 f_f/MPa		弹性模量设计值 E_f/MPa		拉应变设计值 ε_f/MPa	
	重要结构	一般结构	重要结构	一般结构	重要结构	一般结构
S 玻璃纤维	500	700	$7.0×10^4$		0.007	0.01
E 玻璃纤维	350	500	$5.0×10^4$		0.007	0.01

1. 外粘贴纤维复合材加固钢筋混凝土受弯构件正截面承载力计算

（1）基本假定。采用纤维复合材对梁、板等受弯构件进行加固设计时，对纤维复合材采用了以下假定：

1）纤维复合材的应力与应变关系取直线式，其拉应力取等于拉应变与弹性模量的乘积。

2）当考虑二次受力影响时，应按构件加固前的初始受力情况，确定纤维复合材的滞后应变。

3）在达到受弯承载能力极限状态前，加固材料与混凝土之间不致出现粘结剥离破坏。

对于被加固的钢筋混凝土构件，则采用《混凝土结构设计规范》（GB 50010—2010）中受弯构件正截面承载力计算的基本假定。

（2）受弯构件加固后的相对界限受压区高度 ξ_{fb} 的确定。

对重要构件，采用构件加固前控制值的 0.75 倍：

$$\xi_{fb} = 0.75\xi_b \tag{5-50}$$

对一般构件，采用构件加固前控制值的 0.85 倍：

$$\xi_{fb} = 0.85\xi_b \tag{5-51}$$

式中 ξ_b——构件加固前的相对界限受压区高度，按《混凝土结构设计规范》（GB 50010—2010）的规定计算。

（3）在矩形截面受弯构件的受拉边混凝土表面上粘贴纤维复合材进行加固时（图 5-20），其正截面承载力计算。

$$M \leqslant \alpha_1 f_{c0}bx\left(h-\frac{x}{2}\right) + f'_{y0}A'_{s0}(h-a') - f_{y0}A_{s0}(h-h_0) \tag{5-52}$$

$$\alpha_1 f_{c0}bx = f_{y0}A_{s0} + \psi_f f_f A_{fe} - f'_{y0}A'_{s0} \tag{5-53}$$

$$\psi_f = \frac{(0.8\varepsilon_{cu}h/x) - \varepsilon_{cu} - \varepsilon_{f0}}{\varepsilon_f} \tag{5-54}$$

$$x \geqslant 2a' \tag{5-55}$$

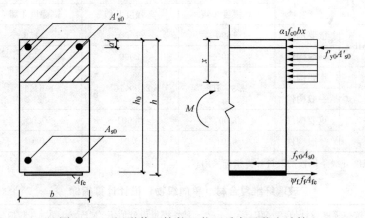

图 5-20   矩形截面构件正截面受弯承载力计算

式中 M——构件加固后弯矩设计值；

x——等效矩形应力图形的混凝土受压区高度，简称混凝土受压区高度；

b、h——矩形截面宽度和高度；

f_{y0}、f'_{y0}——原截面受拉钢筋和受压钢筋的抗拉、抗压强度设计值；

A_{s0}、A'_{s0}——原截面受拉钢筋和受压钢筋的截面面积；

a'——纵向受压钢筋合力点至截面近边的距离；

h_0——构件加固前的截面有效高度；

f_f——纤维复合材的抗拉强度设计值，应根据纤维复合材的品种，分别表 5-1 及 5-2 采用；

A_{fe}——纤维复合材的有效截面面积；

ψ_{f}——考虑纤维复合材实际抗拉应变达不到设计值而引入的强度利用系数，当 $\psi_{\mathrm{f}}>$ 1.0 时，取 $\psi_{\mathrm{f}}=1.0$；

$\varepsilon_{\mathrm{cu}}$——混凝土极限压应变，取 $\varepsilon_{\mathrm{cu}}=0.0033$；

ε_{f}——纤维复合材拉应变设计值，应根据纤维复合材的品种，分别按表 5-1 及表 5-2 采用；

$\varepsilon_{\mathrm{f0}}$——考虑二次受力影响时，纤维复合材的滞后应变，应按式（5-55）计算，若不考虑二次受力影响，取 $\varepsilon_{\mathrm{f0}}=0$。

$$\varepsilon_{\mathrm{f0}} = \frac{\alpha_{\mathrm{f}} M_{\mathrm{0k}}}{E_{\mathrm{s}} A_{\mathrm{s}} h_0} \tag{5-56}$$

式中 M_{0k}——加固前受弯构件验算截面上原作用的弯矩标准值；

α_{f}——综合考虑受弯构件裂缝截面内力臂变化、钢筋拉应变不均匀以及钢筋排列影响等的计算系数，应按表 5-3 采用。

表 5-3 计 算 系 数 α_{f}

ρ_{te}	$\leqslant 0.007$	0.010	0.020	0.030	0.040	$\geqslant 0.060$
单排钢筋	0.70	0.90	1.15	1.20	1.25	1.30
双排钢筋	0.75	1.00	1.25	1.30	1.35	1.40

注：1. 表中 ρ_{te} 为混凝土有效受拉截面的纵向受拉钢筋配筋率，即 $\rho_{\mathrm{te}} = A_{\mathrm{s}}/A_{\mathrm{te}}$，$A_{\mathrm{te}}$ 为有效受拉混凝土截面面积，按《混凝土结构设计规范》（GB 50010—2010）规定计算。

2. 当原构件钢筋应力 $\sigma_{\mathrm{s0}} \leqslant 150\mathrm{MPa}$，且 $\rho_{\mathrm{te}} \leqslant 0.05$ 时，表中 α_{f} 值可乘以调整系数 0.9。

加固设计时，根据式（5-51）求出混凝土受压区高度，并按式（5-53）求出强度利用系数，并代入式（5-52）求出受拉面应粘贴的纤维复合材的有效截面面积。然后按下式换算为实际应粘贴的纤维复合材截面面积。

$$A_{\mathrm{f}} = A_{\mathrm{fe}}/k_{\mathrm{m}} \tag{5-57}$$

式中 k_{m}——纤维复合材厚度折减系数，当采用预成型板时，$k_{\mathrm{m}}=1.0$。

当采用多层粘贴的纤维织物时：

$$k_{\mathrm{m}} = 1.16 - \frac{n_{\mathrm{f}} E_{\mathrm{f}} t_{\mathrm{f}}}{308\ 000} \leqslant 0.90 \tag{5-58}$$

式中 E_{f}——纤维复合材弹性模量设计值，MPa，应根据纤维复合材的品种，分别按表 5-1 及表 5-2 采用；

n_{f}、t_{f}——纤维复合材（单向织物）层数和单层厚度。

对受弯构件正弯矩区的正截面加固，其粘贴纤维复合材的截断位置应从其充分利用的截面算起，取不小于按式（5-58）确定的粘贴延伸长度（图 5-21）。

$$l_{\mathrm{c}} = \frac{\psi_1 f_{\mathrm{f}} A_{\mathrm{f}}}{f_{\mathrm{f,v}} b_{\mathrm{f}}} + 200 \tag{5-59}$$

式中 l_{c}——纤维复合材粘贴延伸长度，mm；

b_{f}——对梁为受拉面粘贴的纤维复合材的

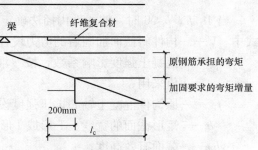

图 5-21 纤维复合材的延伸长度

总宽度，mm，对板 1000mm 板宽范围内粘贴的纤维复合材总宽度；

f_f——纤维复合材抗拉强度设计值，按表 5-1 或表 5-2 采用；

$f_{f,v}$——纤维与混凝土之间的粘结强度设计值，MPa，取 $f_{f,v} = 0.40 f_t$；f_t 为混凝土抗拉强度设计值，按《混凝土结构设计规范》（GB 50010—2010）规定值采用；当 $f_{f,v}$ 计算值低于 0.40 时，取 $f_{f,v} = 0.40$MPa；当 $f_{f,v}$ 计算值大于 0.70 时，取 $f_{f,v} = 0.7$MPa。

当纤维复合材全部粘贴在梁底面（受拉面）有困难时，允许将部分纤维复合材对称地粘贴在梁的两侧面。此时，侧面粘贴区域应控制在距受拉区边缘 1/4 梁高范围内，且应按下式计算确定梁的两侧面实际需要粘贴的纤维复合材截面面积 $A_{f,1}$ 为：

$$A_{f,1} = \eta_f A_{f,b} \tag{5-60}$$

式中　$A_{f,1}$——按梁底面计算确定的，但需改贴到梁的两侧面的纤维复合材截面积；

η_f——考虑改贴梁侧面而引起的纤维复合材受拉合力及其力臂改变的修正系数，应按表 5-4 采用。

表 5-4　　　　　　　　　　　修 正 系 数 η_f 值

h_f/h	0.05	0.10	0.15	0.20	0.25
η_f	1.09	1.19	1.30	1.43	1.59

注：h_f—从梁受拉边缘算起的侧面粘贴高度；h—梁截面高度。

筋混凝土结构构件加固后，其正截面受弯承载力的提高幅度，不应超过 40%，并且应验算其受剪承载力，避免因受弯承载力提高后而导致构件受剪破坏先于受弯破坏。纤维复合材的加固量，对预成型板，不宜超过 2 层，对湿法铺层的织物，不宜超过 4 层，超过 4 层时，宜改用预成型板，并采取可靠的加强锚固措施。

2. 外粘贴纤维复合材加固钢筋混凝土受弯构件斜截面承载力计算

采用纤维复合材条带（以下简称条带）对受弯构件的斜截面受剪承载力进行加固时，应粘贴成垂直于构件轴线方向的环形箍或其他有效的 U 形箍（图 5-22）。

受弯构件加固后的斜截面尺寸应符合下列要求：

当 $h_w/b \leqslant 4$ 时：

$$V \leqslant 0.25 \beta_c f_{c0} b h_0 \tag{5-61}$$

当 $h_w/b \geqslant 6$ 时：

$$V \leqslant 0.20 \beta_c f_{c0} b h_0 \tag{5-62}$$

当 $4 < h_w/b < 6$ 时，按线性内插法确定。

式中　V——构件斜截面加固后的剪力设计值；

β_c——混凝土强度影响系数，按《混凝土结构设计规范》（GB 50010—2010）的规定值采用；

f_{c0}——原构件混凝土轴心抗压强度设计值；

b——矩形截面的宽度、T 形或 I 形截面的腹板宽度；

h_0——截面有效高度；

h_w——截面的腹板高度。对矩形截面，取有效高度。对 T 形截面，取有效高度减去翼缘高度。对 I 形截面，取腹板净高。

当采用条带构成的环形（封闭）箍或 U 形箍对钢筋混凝土梁进行抗剪加固时，其斜截面受剪承载力按下式确定：

$$V \leqslant V_{b0} + V_{bf} \tag{5 - 63}$$

$$V_{bf} = \psi_{vb} f_f A_f h_f / s_f \tag{5 - 64}$$

式中　V_{b0}——加固前梁的斜截面承载力，应按《混凝土结构设计规范》（GB 50010—2010）的规定计算；

　　　V_{bf}——粘贴条带加固后，对梁斜截面承载力的提高值；

　　　ψ_{vb}——与条带加锚方式及受力条件有关的抗剪强度折减系数，见表 5 - 5；

　　　f_f——受剪加固采用的纤维复合材抗拉强度设计值，按表 5 - 1 的规定的抗拉强度设计值乘以调整系数 0.56 确定；当为框架梁或悬挑构件时，调整系数改为 0.28；

　　　A_f——配置在同一截面处构成环形或 U 形箍的纤维复合材条带的全部截面面积，$A_f = 2n_f b_f t_f$，此处，n_f 为条带粘贴的层数；b_f 和 t_f 分别为条带宽度和条带单层厚度；

　　　h_f——梁侧面粘贴的条带竖向高度；对环形箍，$h_f = h$；

　　　s_f——纤维复合材条带的距离，如图 5 - 22（b）所示。

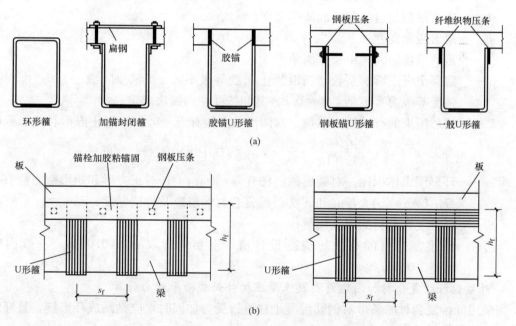

图 5 - 22　纤维复合材抗剪箍及其粘贴方式
(a) 粘贴方式；(b) U 形箍加纵向压条

表 5 - 5　　　　　　　　　　　抗剪强度折减系数 ψ_{vb}

条带加锚方式		环形箍及加锚封闭箍	胶锚或钢板锚 U 形箍	加织物压条的一般 U 形箍
受力条件	均布荷载或 $\lambda \geqslant 3$	1.0	0.92	0.85
	$\lambda \leqslant 1.5$	0.68	0.63	0.58

注：λ—剪跨比，当 λ 为中间值时，按线性内插法确定 ψ_{vb} 值。

3. 外粘贴纤维复合材加固钢筋混凝土受压构件正截面承载力计算

轴心受压构件可采用沿其全长无间隔地环向连续粘贴纤维织物的方法（简称环向围束法）进行加固。

采用环向围束加固轴心受压构件仅适用于下列两种情况。长细比 $l/d \leqslant 12$ 的圆形截面柱；长细比 $l/b \leqslant 14$、截面高宽比 $h/b \leqslant 1.5$、截面高度 $h \leqslant 600$mm，且截面棱角经过圆化打磨的正方形或矩形截面柱。

环向围束加固的轴心受压构件，其正截面承载力按下式计算：

$$N \leqslant 0.9[(f_{c0} + 4\sigma_1)A_{cor} + f'_{y0}A'_{s0}] \tag{5-65}$$

$$\sigma_1 = 0.5\beta_c k_c \rho_f E_f \varepsilon_{fe} \tag{5-66}$$

式中　N——轴向压力设计值；

　　　f_{c0}——原构件混凝土轴心抗压强度设计值；

　　　σ_1——有效约束应力；

　　　A_{cor}——环形围束内混凝土面积。对圆形截面有 $A_{cor} = (\pi D^2)/4$，对正方形和矩形截面有 $A_{cor} = bh - (4-\pi)r^2$；

　　　D——圆形截面柱的直径；

　　　b——正方形截面边长和矩形截面宽度；

　　　h——矩形截面高度；

　　　r——截面棱角的圆化半径（倒角半径）；

　　　β_c——混凝土强度影响系数。当混凝土强度等级不大于 C50 时，$\beta_c = 1.0$；当混凝土强度等级为 C60 时，$\beta_c = 0.8$；其间按线性内插法确定；

　　　k_c——环形围束的有效约束系数。对圆形截面柱有 $k_c = 0.95$；对正方形和矩形截面柱有 $k_c = 1 - \dfrac{(b-2r)^2 + (h-2r)^2}{3A_{cor}(1-\rho_s)}$，$\rho_s$ 为柱中纵向钢筋的配筋率；

　　　ρ_f——环形围束体积比。对圆形截面柱有 $\rho_f = 4n_f t_f/D$；对正方形和矩形截面柱有 $\rho_f = 4n_f t_f(b+h)/A_{cor}$，$n_f$ 和 t_f 为纤维复合材的层数及每层厚度；

　　　E_f——纤维复合材料的弹性模量；

　　　ε_{fe}——纤维复合材的有效拉应变设计值；重要构件取 $\varepsilon_{fe} = 0.0035$，一般构件取 $\varepsilon_{fe} = 0.0045$。

4. 外粘贴纤维复合材加固钢筋混凝土受压构件斜截面承载力计算

当采用纤维复合材的条带对钢筋混凝土柱进行受剪加固时，应粘贴成环形箍，且纤维方向应与柱的纵轴线垂直。

采用环形箍加固的柱，其斜截面受剪承载力应符合下列要求：

$$V \leqslant V_{c0} + V_{cf} \tag{5-67}$$

$$V_{cf} = \psi_{vc} f_f A_f h/s_f \tag{5-68}$$

$$A_f = 2n_f b_f t_f \tag{5-69}$$

式中　V——构件加固后剪力设计值；

　　　V_{c0}——加固前原构件斜截面受剪承载力，按《混凝土结构设计规范》（GB 50010—2010）的规定计算；

V_{cf}——粘贴纤维复合材加固后，对柱斜截面承载力的提高值；

ψ_{vc}——与纤维复合材受力条件有关的抗剪强度折减系数，按表 5-6 的规定值采用；

f_f——受剪加固采用的纤维复合材抗拉强度设计值，按表 5-1、表 5-2 的规定采用，并乘以调整系数 0.5；

A_f——配置在同一截面处纤维复合材环形箍的全截面面积；

n_f、b_f、t_f——纤维复合材环形箍的层数、宽度和每层厚度；

h——柱的截面高度；

s_f——环形箍的中心间距。

表 5-6		ψ_{vc}	值			
轴　压　比		$\leqslant 0.1$	0.3	0.5	0.7	0.9
受力条件	均布荷载或 $\lambda_c \geqslant 3$	0.95	0.84	0.72	0.62	0.51
	$\lambda_c \leqslant 1.0$	0.90	0.72	0.54	0.34	0.16

注：1. λ_c——柱的剪跨比，对框架柱 $\lambda_c = H_n/2h_0$；H_n——柱的净高；h_0——柱截面的有效高度。

2. 中间值按线性内插法确定。

5. 外粘贴纤维复合材加固钢筋混凝土大偏心受压构件正截面承载力计算

当采用纤维增强复合材加固大偏心受压的钢筋混凝土柱时，应将纤维增强复合材粘贴于构件受拉区边缘混凝土表面，且纤维方向应与柱的纵轴线一致。

矩形截面大偏心受压柱的加固，其正截面承载力按下式计算：

$$N \leqslant \alpha_1 f_{c0} bx + f'_{y0} A'_{s0} - f_{y0} A_{s0} - f_f A_f \qquad (5-70)$$

$$Ne \leqslant \alpha_1 f_{c0} bx \left(h_0 - \frac{x}{2} \right) + f'_{y0} A'_{s0} (h_0 - a') + f_f A_f (h - h_0) \qquad (5-71)$$

$$e = \eta e_i + \frac{h}{2} - a \qquad (5-72)$$

$$e_i = e_0 + e_a \qquad (5-73)$$

式中　e——轴向压力作用点至纵向受拉钢筋 A_s 合力点的距离；

η——偏心受压构件考虑二阶弯矩影响的轴向压力偏心距增大系数，除应按《混凝土结构设计规范》（GB 50010—2010）的规定计算外，尚应乘以修正系数 ψ_η。对围套或其他对称形式构件的加固：$e_0/h \geqslant 0.3$ 时：$\psi_\eta = 1.1$；$e_0/h < 0.3$ 时：$\psi_\eta = 1.2$。对非对称形式构件的加固：$e_0/h \geqslant 0.3$ 时：$\psi_\eta = 1.2$；$e_0/h < 0.3$ 时：$\psi_\eta = 1.3$；

e_i——初始偏心距；

e_0——轴向压力对截面形心的偏心距，$e_0 = M/N$；

e_a——附加偏心距，按偏心方向截面最大尺寸 h 确定，当 $h \leqslant 600$mm 时，$e_a = 20$mm，当 $h > 600$mm 时，$e_a = h/30$；

a、a'——纵向受拉钢筋合力点、纵向受压钢筋合力点至截面近边的距离；

f_f——纤维复合材抗拉强度设计值。

6. 外粘贴纤维复合材加固钢筋混凝土受拉构件正截面承载力计算

当采用外贴纤维复合材加固钢筋混凝土受拉构件（如水塔、水池等环形或其他封闭形结构）时，应按原构件纵向受拉钢筋的配置方式，将纤维织物粘贴于相应位置的表面上，且纤维方向应于构件受拉方向一致，并处理好围拢部位的搭接和锚固。

轴心受拉构件的加固，其正截面承载力按下式计算：

$$N \leqslant f_{y0} A_{s0} + f_f A_f \tag{5-74}$$

式中　N——轴向拉力设计值；

　　　f_f——纤维复合材抗拉强度设计值。

矩形截面大偏心受拉构件的加固，其正截面承载力按下式计算：

$$N \leqslant f_{y0} A_{s0} + f_f A_f - \alpha_1 f_{c0} bx - f'_{y0} A'_{s0} \tag{5-75}$$

$$Ne \leqslant \alpha_1 f_{c0} bx \left(h_0 - \frac{x}{2} \right) + f'_{y0} A'_{s0} (h_0 - a'_s) + f_f A_f (h - h_0) \tag{5-76}$$

式中　N——轴向拉力设计值；

　　　e——轴向拉力作用点至纵向受拉钢筋合力点的距离；

　　　f_f——纤维复合材抗拉强度设计值。

7. 外粘贴纤维复合材抗震加固提高钢筋混凝土柱延性的计算

钢筋混凝土柱因延性不足而进行抗震加固时，可采用环向粘贴纤维复合材构成的环向围束作为附加箍筋。当采用环向围束作为附加箍筋时，应按下式计算柱箍筋加密区加固后的箍筋体积配筋率 ρ_v，且应满足《混凝土结构设计规范》（GB 50010—2010）规定的要求。

$$\rho_v = \rho_{v,e} + \rho_{v,f} \tag{5-77}$$

$$\rho_{v,f} = k_c \rho_f \frac{b_f f_f}{s_f f_{yv0}} \tag{5-78}$$

式中　$\rho_{v,e}$——被加固柱原有箍筋的体积配筋率；当需重新复核时，应按箍筋范围内的核心截面进行计算；

　　　$\rho_{v,f}$——采用环向围束作为附加箍筋算得的箍筋体积配筋率的增量；

　　　ρ_f——环向围束体积比；

　　　k_c——环向围束的有效约束系数，圆形截面，$k_c = 0.90$；正方形截面，$k_c = 0.66$；矩形截面，$k_c = 0.42$；

　　　b_f——环向围束纤维条带的宽度；

　　　s_f——环向围束纤维复合材的抗拉强度设计值；

　　　f_{yv0}——原箍筋的抗拉强度设计值。

8. 外粘贴纤维复合材加固钢筋混凝土受弯构件正弯矩区构造要求

对钢筋混凝土受弯构件正弯矩区进行正截面加固时，其受拉面沿轴向粘贴的纤维复合材应延伸至支座边缘，且应在纤维复合材的端部（包括截断处）及集中荷载作用点的两侧，设置纤维复合材的 U 形箍（对梁）或横向压条（对板）。当纤维复合材延伸至支座边缘仍不满足延伸长度的要求时，应采取下列锚固措施：

（1）对梁，应在延伸长度范围内均匀设置 U 形箍锚固 [图 5-23 (a)]，并应在延伸长度端部设置一道。U 形箍的粘贴高度应为梁的截面高度，若梁有翼缘或有现浇楼板，应伸至其底面。U 形箍的宽度，对端箍不应小于加固纤维复合材宽度的 2/3，且不应小于 200mm；对中间箍不应小于加固纤维复合材宽度的 1/2，且不应小于 100mm。U 形箍的厚度不应小于受弯加固纤维复合材厚度的 1/2。

（2）对板，应在延伸长度范围内通长设置垂直于受力纤维方向的压条［图 5 - 23（b）］。压条应在延伸长度范围内均匀布置。压条的宽度不应小于受弯加固纤维复合材条带宽度的 3/5，压条的厚度；不应小于受弯加固纤维复合材厚度的 1/2。

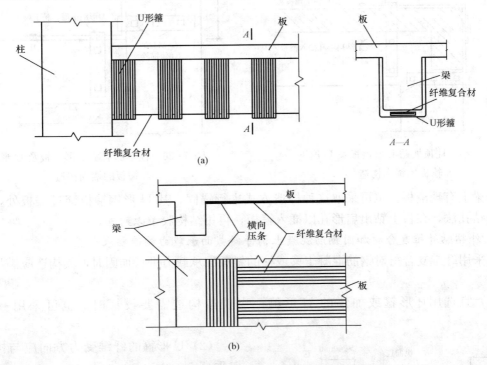

图 5 - 23　梁、柱粘贴纤维复合材端部锚固措施
（a）U 形箍（未画压条）；（b）横向压条

（3）在框架顶层梁柱的端节点处，纤维复合材（图 5 - 24）只能贴至柱边缘而无法延伸时，应加贴 L 形钢板和 U 形钢箍板进行锚固（图 5 - 25），L 形钢板的总截面面积应按下式进行计算。L 形钢板总宽度不宜小于 0.9 倍梁宽，且宜由多条钢板组成；钢板厚度不应小于 3mm。

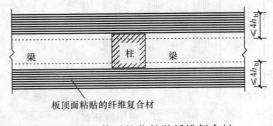

图 5 - 24　绕过柱位粘贴纤维复合材

$$A_{a,1} = 1.2\psi_f f_f A_f / f_y \tag{5 - 79}$$

式中　$A_{a,1}$——支座处需要粘贴的 L 形钢板截面面积；

ψ_f——纤维复合材的强度利用系数；

f_f——纤维复合材的抗拉强度设计值；

A_f——支座处实际粘贴的纤维复合材截面面积；

f_y——L 形钢板抗拉强度设计值。

（4）当梁上无现浇板，或负弯矩区的支座处需采取加强的锚固措施时，可采取图 5 - 26 的构造方式。柱中箍板的锚栓等级、直径及数量应经计算确定。

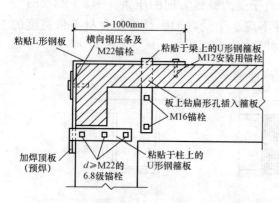

图 5-25　柱顶加贴 L 形钢板及 U 形钢
箍板的锚固构造

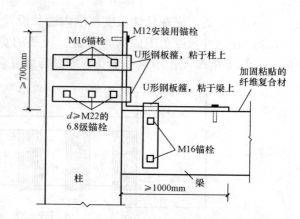

图 5-26　柱中部加贴 L 形钢板及 U 形钢
箍板的锚固构造

若梁上有现浇板,也可采取这种构造方式进行锚固,其 U 形钢箍板穿过楼板处,应采用半叠钻孔法,在板上钻出扁形孔以插入箍板,再用结构胶予以封固。

9. 外粘贴纤维复合材加固钢筋混凝土构件斜截面承载力构造要求

当采用纤维复合材对钢筋混凝土梁或柱的斜截面承载力进行加固时,其构造应满足下列要求:

(1) 宜选用环形箍或加锚的 U 形箍;当仅按构造需要设箍时,也可采用一般 U 形箍。

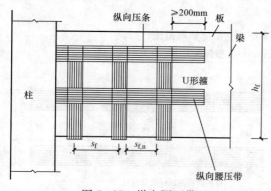

图 5-27　纵向腰压带

(2) U 形箍的纤维受力方向应与构件轴向垂直。

(3) 当环形箍或 U 形箍采用纤维复合材条带时,其净间距 $S_{f,n}$(图 5-27)不应大于《混凝土结构设计规范》(GB 50010—2010)规定的最大箍筋间距的 0.7 倍,且不应大于梁高的 0.25 倍。

(4) U 形箍的粘贴高度应符合要求;U 形箍的上端应粘贴纵向压条予以锚固。

(5) 当梁的高度 $h \geqslant 600\text{mm}$ 时,应在梁的腰部增设一道纵向腰压带 (图 5-27)。

10. 外粘贴纤维复合材抗震加固钢筋混凝土构件构造要求

当采用纤维复合材的环向围束对钢筋混凝土柱进行正截面加固或提高延性的抗震加固时,其构造应满足下列要求:

(1) 环向围束的纤维织物层数,对圆形截面不应少于 2 层,对正方形和矩形截面柱不应不少于 3 层。

(2) 环向围束上下层之间的搭接宽度不应小于 50mm,纤维织物环向截断点的延伸长度不应小于 200mm,且各条带搭接位置应相互错开。

11. 外粘贴纤维复合材加固钢筋混凝土构件其他构造要求

当沿柱轴向粘贴纤维复合材对大偏心受压柱进行正截面承载力加固时，除应按受弯构件正截面和斜截面加固构造的原则粘贴纤维复合材外，尚应在柱的两端增设机械锚固措施。当采用环形箍、U 形箍或环向围束加固正方形和矩形截面构件时，其截面棱角应在粘贴前通过打磨加以圆化（图 5 - 28）：梁的圆化半径 r，对碳纤维不应小于 20mm，对玻璃纤维不应小于 15mm；柱的圆化半径 r，对碳纤维不应小于 25mm，对玻璃纤维不应小于 20mm。

图 5 - 28　构件截面棱角的圆化打磨

当加固的受弯构件为板、壳、墙和筒体时，纤维复合材应选择多条密布的方式进行粘贴，不得使用未经裁剪成条的整幅织物满贴。当受弯构件粘贴的多层纤维织物允许截断时，相邻两层纤维织物宜按内短外长的原则分层截断；外层纤维织物的截断点宜越过内层截断点 200mm 以上，并应在截断点加设 U 形箍。

5.3.6　粘贴钢板加固法

粘贴钢板加固法是指通过胶粘剂将薄钢板（厚度不超过 10mm）粘合于被加固构件的表面的一种加固法。该方法适用于对钢筋混凝土受弯、大偏心受压和受拉构件的加固，但对素混凝土构件和低于最小配筋率构件的加固不适用。要求现场实测混凝土强度等级不得低于 C15，混凝土表面的正拉粘结强度不得低于 1.5MPa。

粘贴钢板加固钢筋混凝土结构构件时，对钢板外表面应进行防锈蚀处理，并设计成仅承受轴向应力作用。

采用粘贴钢板加固法加固时，构件长期使用的环境温度不应高于 60℃；对处于特殊环境（如高温、高湿、介质侵蚀、放射等）的混凝土结构，应采取相应的防护措施和耐环境因素作用的胶粘剂，按专门的工艺要求进行粘贴。

采用粘贴钢板对钢筋混凝土结构进行加固时，为了获取理想的加固效果，应采取措施卸除或大部分卸除作用在结构上的活荷载。

1. 粘贴钢板加固钢筋混凝土受弯构件正截面承载力计算

（1）基本假定。采用粘贴钢板对梁、板等受弯构件进行加固时，对外贴钢板采用了以下假定：

1）构件达到受弯承载能力的极限状态时，外贴钢板的拉应变应按截面应变保持平面的假设确定。

2）钢板应力取等于拉应变与弹性模量的乘积。

3）当考虑二次受力影响时，应按构件加固前的初始受力情况，确定粘贴钢板的滞后应变。

4）在达到受弯承载能力极限状态前，外贴钢板与混凝土之间不致出现粘结剥离破坏。对于被加固的钢筋混凝土采用了《混凝土结构设计规范》（GB 50010—2010）正截面承载力计算的基本假定。

（2）受弯构件加固后的相对界限受压区高度 $\xi_{b,sp}$ 的确定。

对重要构件，采用构件加固前控制值的 0.9 倍。

$$\xi_{\mathrm{b,sp}} = 0.9\xi_{\mathrm{b}} \tag{5-80}$$

对一般构件，采用构件加固前控制值：

$$\xi_{\mathrm{b,sp}} = \xi_{\mathrm{b}} \tag{5-81}$$

式中 ξ_{b}——构件加固前的相对界限受压高度，按《混凝土结构设计规范》(GB 50010—2010) 的规定计算。

（3）在矩形截面受弯构件的受拉面和受压面粘贴钢板进行加固时（图 5-29），其正截面

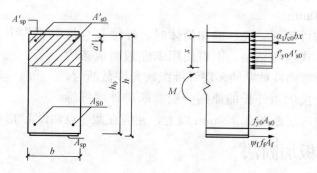

图 5-29 矩形截面正截面受弯承载力计算

承载力由下式计算确定：

$$M \leqslant \alpha_1 f_{\mathrm{c0}} bx\left(h - \frac{x}{2}\right) + f'_{\mathrm{y0}}A'_{\mathrm{s0}}(h - a') + f'_{\mathrm{sp}}A'_{\mathrm{sp}}h - f_{\mathrm{y0}}A_{\mathrm{s0}}(h - h_0) \tag{5-82}$$

$$\alpha_1 f_{\mathrm{c0}} bx = \psi_{\mathrm{sp}}f_{\mathrm{sp}}A_{\mathrm{sp}} + f_{\mathrm{y0}}A_{\mathrm{s0}} - f'_{\mathrm{y0}}A'_{\mathrm{s0}} - f'_{\mathrm{sp}}A'_{\mathrm{sp}} \tag{5-83}$$

$$\psi_{\mathrm{sp}} = \frac{(0.8\varepsilon_{\mathrm{cu}}h/x) - \varepsilon_{\mathrm{cu}} - \varepsilon_{\mathrm{sp,0}}}{f_{\mathrm{sp}}/E_{\mathrm{sp}}} \tag{5-84}$$

$$x \geqslant 2a' \tag{5-85}$$

式中 M——构件加固后弯矩设计值；

x——等效矩形应力图形的混凝土受压区高度，简称混凝土受压区高度；

b、h——矩形截面宽度和高度；

f_{sp}、f'_{sp}——加固钢板的抗拉、抗压强度设计值；

A_{sp}、A'_{sp}——受拉钢板和受压钢板的截面面积；

a'——纵向受压钢筋合力点至截面近边的距离；

h_0——构件加固前的截面有效高度；

ψ_{sp}——考虑二次受力影响时，受拉钢板抗拉强度有可能达不到设计值而引用的折减系数；当 $\psi_{\mathrm{sp}} > 1.0$ 时，取 $\psi_{\mathrm{sp}} = 1.0$；

$\varepsilon_{\mathrm{cu}}$——混凝土极限压应变，取 $\varepsilon_{\mathrm{cu}} = 0.0033$；

$\varepsilon_{\mathrm{sp,0}}$——考虑二次受力影响时，受拉钢板的滞后应变；若不考虑二次受力影响，取 $\varepsilon_{\mathrm{sp,0}} = 0$。

若受压面没有粘贴钢板（即 $A'_{\mathrm{sp}} = 0$），可根据式（5-82）计算出混凝土受压区的高度 x，按式（5-84）计算出强度折减系数 ψ_{sp}，然后代入式（5-83），求出受拉面应粘贴的钢板加固量 A_{sp}。

对受弯构件正弯矩区的正截面加固，受拉钢板的截断位置距其充分利用截面的距离不应小于按下式确定的粘贴延伸长度：

$$l_{sp} = f_{sp}t_{sp}/f_{bd} \geqslant 170t_{sp} \qquad (5-86)$$

式中 l_{sp}——受拉钢板粘贴延伸长度，mm；

t_{sp}——粘贴的钢板总厚度，mm；

f_{sp}——加固钢板的抗拉强度设计值；

f_{bd}——钢板与混凝土之间的粘结强度设计值，MPa，按表 5-7 采用。

表 5-7   钢板与混凝土之间的粘结强度设计值   （单位：MPa）

混凝土强度等级	C15	C20	C25	C30	C35	C40	C45	C50	$\geqslant$C60
粘结强度设计值 f_{bd}	0.61	0.80	0.94	1.05	1.14	1.21	1.26	1.31	1.35

对受弯构件负弯矩区的正截面加固，钢板的截断位置距支座边缘的距离，除应根据负弯矩包络图按上式确定外，尚应满足构造规定进行设计。

考虑二次受力影响时，加固钢板的滞后应变 $\varepsilon_{sp,0}$ 应按下式计算：

$$\varepsilon_{sp,0} = \frac{\alpha_{sp}M_{0k}}{E_s A_s h_0} \qquad (5-87)$$

式中 M_{0k}——加固前受弯构件验算截面上作用的弯矩标准值；

α_{sp}——综合考虑受弯构件裂缝截面内力臂变化、钢筋拉应变不均匀以及钢筋排列影响的计算系数，按表 5-8 的规定采用。

表 5-8   计 算 系 数 α_{sp} 值

ρ_{te}	$\leqslant$0.007	0.010	0.020	0.030	0.040	$\geqslant$0.060
单排钢筋	0.70	0.90	1.15	1.20	1.25	1.30
双排钢筋	0.75	1.00	1.25	1.30	1.35	1.40

注：1. 表上 ρ_{te} 为原有混凝土有放受拉截面的纵向受拉钢筋配筋率，即 $\rho_{te}=A_s/A_{te}$；A_{te} 为有效受拉混凝土截面面积，按规范 GB 50010—2010 的规定计算。

2. 当原构件钢筋应力 $\sigma_{s0} \leqslant$150MPa，且 $\rho_{te} \leqslant$0.05 时，表中 α_{sp} 值可乘以调整系数 0.9。

当钢板全部粘贴在梁底面（受拉面）有困难时，允许将部分钢板对称地粘贴在梁的两侧面。此时，侧面粘贴区域应控制在距受拉边缘 1/4 梁高范围内，且应按下式计算确定梁的两侧实际需粘贴的钢板截面面积 $A_{sp,1}$。

$$A_{sp,1} = \eta_{sp}A_{sp,b} \qquad (5-88)$$

式中 $A_{sp,1}$——梁底面计算确定的、但需改贴到两侧面钢板截面面积；

η_{sp}——考虑改贴梁侧面引起的钢板受拉合力及其力臂改变的修正系数，应按表 5-9 采用。

表 5-9   修 正 系 数 η_{sp} 值

h_{sp}/h	0.05	0.10	0.15	0.20	0.25
η_{sp}	1.11	1.23	1.37	1.54	1.75

注：h_{sp}——从梁受拉边缘算起的侧面粘贴高度；h—梁截面高度。

钢筋混凝土结构构件加固后，其正截面受弯承载力的提高幅度，不应超过 40％，并且应验算其受剪承载力，避免受弯承载力提高后而导致构件受剪破坏先于受弯破坏。粘贴钢板的加固量，对受拉区和受压区，分别不应超过 3 层和 2 层，且钢板总厚度不应大于 10mm。

2. 粘贴钢板加固钢筋混凝土受弯构件斜截面承载力计算

采用扁钢条带对受弯构件的斜截面受剪承载力进行加固时，应粘贴成垂直于构件轴线方向的加锚封闭箍或其他有效的 U 形箍（图 5-30）。扁钢也可用钢板替代，但切割的边缘应加工平整。

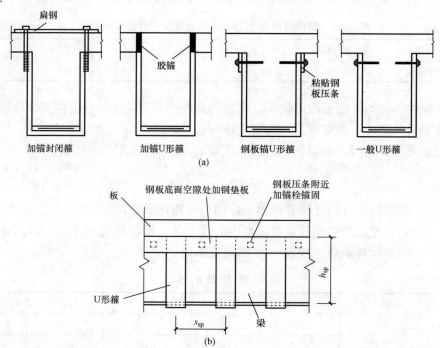

图 5-30　扁钢抗剪箍及其粘贴方式
(a) 构造方式；(b) U 形箍加纵向钢板压条

受弯构件加固后的斜截面要符合下列条件要求：

当 $h_w/b \leqslant 4$ 时：

$$V \leqslant 0.25\beta_c f_{c0} b h_0 \qquad (5-89)$$

当 $h_w/b \geqslant 6$ 时：

$$V \leqslant 0.20\beta_c f_{c0} b h_0 \qquad (5-90)$$

当 $4 < h_w/b < 6$ 时，按线性内插法确定。

式中　V——构件斜截面加固后的剪力设计值；

b——矩形截面的宽度，T 形或 I 形截面的腹板宽度；

h_w——截面的腹板高度，对矩形截面，取有效高度；对 T 形截面，取有效高度减去翼缘高度；对 I 形截面，取腹板净高。

采用加锚封闭箍或其他 U 形箍对钢筋混凝土梁进行抗剪加固时，其斜截面承载力按下式计算：

$$V \leqslant V_{b0} + V_{b,sp} \tag{5-91}$$

$$V_{b,sp} = \psi_{vb} f_{sp} A_{sp} h_{sp} / s_{sp} \tag{5-92}$$

式中 V_{b0}——加固前梁的斜截面承载力，按现行设计规范 GB 50010—2010 计算；

$V_{b,sp}$——粘贴钢板加固后，对梁斜截面承载力的提高值；

ψ_{vb}——与钢板的粘贴方式及受力条件有关的抗剪强度折减系数，按表 5-10 采用；

A_{sp}——配置在同一截面处箍板的全部截面面积。

$$A_{sp} = 2 b_{sp} t_{sp}$$

式中 b_{sp} 和 t_{sp}——箍板宽度和箍板厚度；

h_{sp}——梁侧面粘贴箍板的竖向高度；

s_{sp}——箍板的间距，如图 5-30（b）所示。

表 5-10   抗剪强度折减系数 ψ_{vb} 值

箍 板 构 造		加锚封闭箍	加锚或钢板 U 形箍	一般 U 形箍
受力条件	均布荷载或剪跨比 $\lambda \geqslant 3$	1.0	0.92	0.85
	剪跨比 $\lambda \leqslant 1.5$	0.68	0.63	0.58

注：当 λ 为中间值时，按线性内插法确定 ψ_{vb} 值。

3. 粘贴钢板加固钢筋混凝土大偏心受压构件正截面承载力计算

采用粘贴钢板加固大偏心受压钢筋混凝土柱时，应将钢板粘贴于构件受拉区，且钢板长向应与柱的纵轴线方向一致。

在矩形截面大偏心受压构件受拉边混凝土表面上粘贴钢板加固时，其正截面承载力按下式计算：

$$N \leqslant \alpha_1 f_{c0} b x + f'_{y0} A'_{s0} + f'_{sp} A'_{sp} - f_{y0} A_{s0} - f_{sp} A_{sp} \tag{5-93}$$

$$Ne \leqslant \alpha_1 f_{c0} b x \left(h_0 - \frac{x}{2} \right) + f'_{y0} A'_{s0} (h_0 - a') + f'_{sp} A'_{sp} h_0 + f_{sp} A_{sp} (h - h_0) \tag{5-94}$$

$$e = \eta e_i + \frac{h}{2} - a \tag{5-95}$$

$$e_i = e_0 + e_a \tag{5-96}$$

式中 N——轴向拉力设计值；

e——轴向拉力作用点至纵向受拉钢筋合力点的距离；

η——偏心受压构件考虑二阶弯矩影响的轴向压力偏心距增大系数，按《混凝土结构设计规范》（GB 50010—2010）计算确定并乘以修正系数 ψ_η；

e_i——初始偏心距；

e_0——轴向压力对截面形心的偏心距：$e_0 = M/N$；

e_a——附加偏心距，按偏心方向截面最大尺寸 h 确定；当 $h \leqslant 600 \text{mm}$ 时，$e_a = 20 \text{mm}$；当 $h > 600 \text{mm}$ 时，$e_a = h/30$；

a、a'——纵向受拉钢筋合力点、纵向受压钢筋合力点至截面近边的距离；

f_{sp}、f'_{sp}——加固钢板的抗拉、抗压强度设计值。

4. 粘贴钢板加固钢筋混凝土受拉构件正截面承载力计算

采用外贴钢板加固钢筋混凝土受拉构件（如贮仓、水池等）时，应按原构件纵向受拉钢筋的配置位置，将钢板粘贴于相应位置的混凝土表面上，且应处理好拐角部位的连接构造及其锚固。

（1）轴心受拉。轴心受拉构件的加固，其正截面承载力可由下式确定：

$$N \leqslant f_{y0}A_{s0} + f_{sp}A_{sp} \tag{5-97}$$

（2）大偏心受拉。矩形截面大偏心受拉构件的加固，其正截面承载力按下式计算：

$$N \leqslant f_{y0}A_{s0} + f_{sp}A_{sp} - \alpha_1 f_{c0}bx - f'_{y0}A'_{s0} \tag{5-98}$$

$$Ne \leqslant \alpha_1 f_{c0}bx\left(h_0 - \frac{x}{2}\right) + f'_{y0}A'_{s0}(h_0 - a') + f_{sp}A_{sp}(h - h_0) \tag{5-99}$$

5. 粘贴钢板加固钢筋混凝土构件的构造要求

采用手工涂胶粘贴的钢板厚度不应大于 5mm，采用压力注胶粘结的钢板厚度不应大于 10mm，且应按外粘型钢加固法的焊接节点构造进行设计。对钢筋混凝土受弯构件进行正截面加固时，其受拉面沿构件轴向连续粘贴的加固钢板宜延长至支座边缘，且在钢板的端部（包括截断处）及集中荷载作用点的两侧，设置 U 形钢箍板（对梁）或横向钢压条（对板）进行锚固。

当加固的受弯构件需粘贴不止一层钢板时，相邻两层钢板的截断位置应错开不小于 300mm，并应在截断处加设 U 形箍（对梁）或横向压条（对板）进行锚固。

当粘贴的钢板延伸至支座边缘仍不满足式（5-86）的延伸长度要求时，应采取下列锚固措施：

（1）对于梁，应在延伸长度范围内均匀设置 U 形箍（图 5-31），且应在延伸长度的端部设置一道加强箍。U 形箍的粘贴高度应为梁的截面高度；若梁有翼缘（或有现浇楼板），应伸至其底面 U 形箍的宽度，对端箍不应小于加固钢板宽度的 2/3，且不应小于 80mm；对中间箍不应小于加固钢板宽度的 1/2，且不应小于 40mm。U 形箍的厚度不应小于受弯加固钢板厚度的 1/2，且不应小于 4mm。U 形箍的上端应设置纵向钢压条；压条下面的空隙应加胶粘钢垫块填平。

（2）对于板，应在延伸长度范围内通长设置垂直于受力钢板方向的钢压条。钢压条应在延伸长度范围内均匀布置，且应在延伸长度的端部设置一道。压条的宽度不应小于受弯加固钢板宽度的 3/5，钢压条的厚度不应小于受弯加固钢板厚度的 1/2。

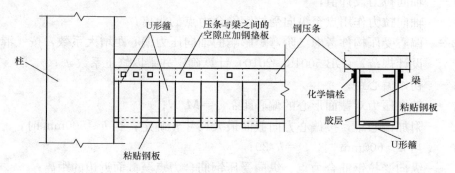

图 5-31　梁粘贴钢板端部锚固措施

当采用钢板对受弯构件负弯矩区进行正截面承载力加固时，应采取下列构造措施。

（1）支座处无障碍时，钢板应在负弯矩包络图范围内连续粘贴；其延伸长度的截断点按式（5-86）确定。在端支座无法延伸的一侧，按图 5-25 或图 5-26 类似的构造方式进行锚固处理。

（2）支座处虽有障碍，但梁上有现浇板时，允许绕过柱位，在梁侧 4 倍板厚（$4h_b$）范围内，将钢板粘贴于板面上（图 5-32）。

（3）当梁上无现浇板，或负弯矩区的支座处需采取加强的锚固措施时，可按图 5-26 的构造方式进行锚固处理。

当采用粘贴钢板箍对钢筋混凝土梁或大偏心受压构件的斜截面承载力进行加固时，其构造应符合下列规定：

（1）宜选用封闭箍或加锚的 U 形箍；若仅按构造需要设箍，也可采用一般 U 形箍。

（2）受力方向应与构件轴向垂直。

（3）封闭箍及 U 形箍的净间距 S_{fn} 不应大于《混凝土结构设计规范》（GB 50010—2010）规定的最大箍筋间距的 0.7 倍；且不应大于梁高的 0.25 倍。

（4）箍板的粘贴高度要符合要求；一般 U 形箍的上端应粘贴纵向钢压条予以锚固。钢压条下面的空隙应加胶粘钢垫板填平。

（5）当梁的截面高度（或腹板高度）$h \geqslant 600mm$ 时，应在梁的腰部增设一道纵向腰间钢压条（图 5-33）。

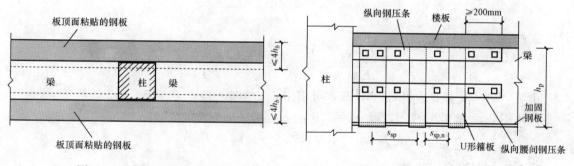

图 5-32　绕过柱粘贴钢板　　　　　　　　图 5-33　纵向腰间钢压条

【例 5-4】 已知一钢筋混凝土矩形截面简支梁，计算跨度 6.6m，截面尺寸及配筋等如图 5-34 所示，采用 C30 混凝土、HRB335 钢筋，原设计承担的均布恒载标准值 30kN/m，均布活载标准值 30kN/m，现根据使用需要，要求把活荷载标准值增大至 50kN/m，经方案比选，采用在受拉区粘贴钢板加固法加固，试求所需粘贴钢板的厚度及长度。（已知：$a=60mm$，$a'=35mm$）

解： 1. 钢板厚度计算

C30 混凝土：$f_c = 14.3N/mm^2$，HRB335 钢筋：$f_y = f'_y = 300N/mm^2$

（1）原构件的承载力为：

$$\alpha_1 f_c bx + f'_y A'_s = f_y A_s$$

$$1.0 \times 14.3 \times 250 \times x + 300 \times 628 = 300 \times 2281$$

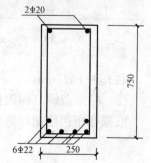

图 5-34　梁截面示意

得 $x = 138.7\text{mm}$

$$h_0 = h - a = 750\text{mm} - 60\text{mm} = 690\text{mm}$$

$$M_{u0} = f_y A_s \left(h_0 - \frac{x}{2}\right) = 300 \times 2281 \times \left(690 - \frac{138.7}{2}\right)\text{kN} \cdot \text{m} = 424.7\text{kN} \cdot \text{m}$$

（2）加固前梁所需承担的弯矩设计值为：

$$M = 1.2 \times \frac{30 \times 6.6^2}{8}\text{kN} \cdot \text{m} + 1.4 \times \frac{30 \times 6.6^2}{8}\text{kN} \cdot \text{m} = 424.6\text{kN} \cdot \text{m}$$

加固后梁所需承担的弯矩设计值为：

$$M = 1.2 \times \frac{30 \times 6.6^2}{8}\text{kN} \cdot \text{m} + 1.4 \times \frac{50 \times 6.6^2}{8}\text{kN} \cdot \text{m} = 577.2\text{kN} \cdot \text{m}$$

（3）由于方案仅在受拉区粘贴钢板，故可由下式计算混凝土受压区高度 x：

$$M = \alpha_1 f_{c0} bx \left(h - \frac{x}{2}\right) + f'_{y0} A'_{s0}(h - a') - f_{y0} A_{s0}(h - h_0)$$

$$577.2 \times 10^6 = 14.3 \times 250x \times \left(750 - \frac{x}{2}\right) + 300 \times 628 \times (750 - 35) -$$
$$300 \times 2281 \times (750 - 690)$$

解得 $x = 209.6\text{mm}$

由下式求得钢板抗拉强度折减系数 ψ_{sp}。

$$\psi_{sp} = \frac{(0.8\varepsilon_{cu}h/x) - \varepsilon_{cu} - \varepsilon_{sp,0}}{f_{sp}/E_{sp}}$$

求解 ψ_{sp} 前需要首先确定 $\varepsilon_{sp,0}$。

$$\varepsilon_{sp,0} = \frac{\alpha_{sp} M_{0k}}{E_s A_s h_0} = \frac{\alpha_{sp} \times 50 \times 6.6^2/8}{2.0 \times 10^5 \times 2281 \times 690}$$

由 $\rho_{te} = A_s/A_{te}$ 并查表得 $\alpha_{sp} = 1.27$，可求出 $\varepsilon_{sp,0} = 0.0013$

代入得 $\psi_{sp} = 4.626 > 1.0$，取 $\psi_{sp} = 1.0$

$$\alpha_1 f_{c0} bx = \psi_{sp} f_{sp} A_{sp} + f_{y0} A_{s0} - f'_{y0} A'_{s0}$$

得 $A_{sp} = 1178.69\text{mm}^2$

取 5mm 厚钢板，$A_s = 5 \times 250\text{mm}^2 = 1250\text{mm}^2 > 1178.69\text{mm}^2$，满足要求。

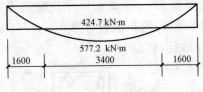

图 5-35 抵抗弯矩图

2. 粘贴范围的确定

（1）绘制弯矩图和原构件的抵抗弯矩图（图 5-35）。

（2）锚固长度的确定。

$$l_{sp} = \frac{f_{sp} t_{sp}}{f_{bd}} = \frac{215 \times 5}{1.05}\text{mm}$$
$$= 1023.8\text{mm} > 170 t_{sp} = 850\text{mm}$$

取 $l_{sp} = 1025\text{mm}$

（3）粘结范围（即钢板长度）。

根据弯矩包络图计算得：

$$\frac{1}{8}ql^2 = 577.2\text{kN} \cdot \text{m} - 424.7\text{kN} \cdot \text{m}$$

得 $l = 3400\text{mm}$

故钢板实际需要粘贴长度为：
$$L = l + 2l_{sp} = 3400mm + 2 \times 1025mm = 5450mm$$

5.3.7 增设支点加固法

增设支点加固法是指通过增设支点减小被加固结构的跨度或位移，来改变结构不利的受力状态，以提高其承载能力的一种加固方法。该方法具有简便、可靠和易拆卸等优点，适用于对外观和使用功能要求不高的梁、板、桁架和网架的加固。按支承结构受力性能的不同可分为刚性支点加固法和弹性支点加固法两种。设计时，应根据被加固结构的构造特点和工作条件选用其中一种。

1. 增设支点加固计算

（1）刚性支点加固法计算。

采用刚性支点加固梁、板时，其结构计算按下列步骤进行：

第一步　计算并绘制原梁的内力图。

第二步　初步确定预加力（卸荷值），并绘制在支承点预加力作用下梁的内力图。

第三步　绘制加固后梁在新增荷载作用下的内力图。

第四步　将上述内力图叠加，绘出梁各截面内力包络图。

第五步　计算梁各截面实际承载力。

第六步　调整预加力值，使梁各截面最大内力值小于截面实际承载力。

第七步　根据最大的支点反力，设计支承结构及其基础。

（2）弹性支点加固法计算。采用弹性支点加固梁时，应先计算出所需支点弹性反力的大小，然后根据此力确定支承结构所需的刚度，具体步骤如下：

第一步　计算并绘制原梁的内力图。

第二步　绘制原梁在新增荷载下的内力图。

第三步　确定原梁所需的预加力（卸荷值），并由此求出相应的弹性支点反力值 R。

第四步　根据所需的弹性支点反力值 R 及支承结构类型，计算支承结构所需的刚度。

第五步　根据所需的刚度确定支承结构截面尺寸，并验算其地基基础。

2. 增设支点加固钢筋混凝土结构的构造要求

（1）增设支点加固法上端连接构造。采用增设支点加固法新增的支柱、支撑，其上端应与被加固的梁可靠连接。常用的连接方式有湿式连接和干式连接两种。

当采用钢筋混凝土支柱、支撑为支承结构时，可采用钢筋混凝土套箍湿式连接［图5-36（a）］；被连接部位梁的混凝土保护层厚度应全部凿掉，露出箍筋；起连接作用的钢筋箍可做成 Ⅱ 形；也可做成 Γ 形，但应卡住整个梁截面，并与支柱或支撑中的受力筋焊接。钢筋箍的直径应由计算确定，且不应小于 2 根直径为 12mm 的钢筋。节点处后浇混凝土的强度等级，不应低于 C25。

当采用型钢支柱、支撑为支承结构时，可采用型钢套箍干式连接［图5-36（b）］。

（2）增设支点加固法下端连接构造。增设支点加固法新增的支柱、支撑，其下端连接，若直接支承于基础，可按一般地基基础构造进行处理；若斜撑底部以梁、柱为支承时，可采用以下构造：对钢筋混凝土支承，可采用湿式钢筋混凝土套箍湿式连接［图5-37（a）］；对

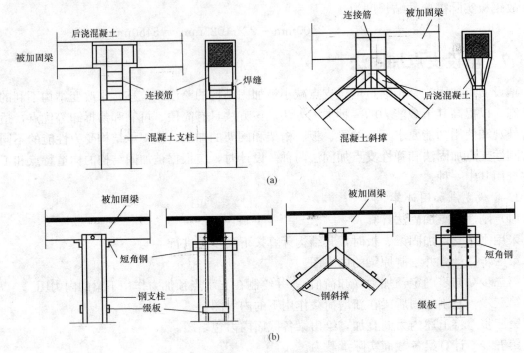

图 5-36 支柱、支撑上端与被结构的连接构造
(a) 钢筋混凝土套箍湿式连接；(b) 型钢套箍干式连接

受拉支撑，其受拉主筋应绕过上、下梁（柱），并采用焊接；对钢支撑，可采用型钢套箍干式连接［图 5-37（b）］。

5.3.8 混凝土结构加固常用技术

为了能有效地对混凝土结构进行加固修复，使构件新增部分和原有部分之间能够协同工作，解决混凝土结构因开裂影响构件的使用功能和外观等问题，国内外工程界和学术界经过多年的研究探索，提出了植筋、锚栓和裂缝修补等几种方便可靠的混凝土加固技术。

1. 植筋技术

植筋技术仅适用于钢筋混凝土构件的锚固；对素混凝土构件和低于最小配筋率的少筋构件的锚固不适用。

采用植筋技术时，要求原有结构构件的混凝土强度等级不得低于 C20，对新增构件为悬挑结构构件，则其原有结构构件混凝土强度等级不得低于 C25。种植用的钢筋，要采用合格的带肋钢筋，植筋时必须采用改性环氧类或改性乙烯基酯类的胶粘剂。采用植筋技术的构件其长期使用的环境温度不应高于 60℃。

单根钢筋锚固的承载力设计值可按下式确定：

$$N_t^b = f_y A_s \tag{5-100}$$

式中 N_t^b——植筋钢材轴向受拉承载力设计值；

f_y——植筋用钢筋的抗拉强度设计值；

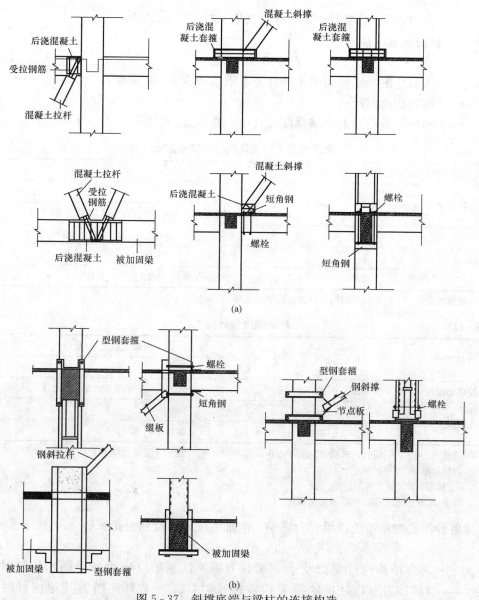

图 5-37　斜撑底端与梁柱的连接构造

(a) 钢筋混凝土套箍湿式连接；(b) 型钢套箍干式连接

　　　　A_s——钢筋截面面积。

　　为了保证植筋钢材能达到极限强度，须满足一定的锚固深度，植筋的锚固深度按下式计算：

$$l_d \geqslant \psi_N \psi_{ae} l_s \tag{5-101}$$

式中　l_d——植筋锚固深度设计值；

　　　ψ_N——考虑各种因素对植筋受拉承载力影响而需加大锚固深度的修正系数；

　　　ψ_{ae}——考虑植筋位移延性要求的修正系数；当混凝土强度等级不高于 C30 时，对 6 度区及 7 度区一、二类场地，取 $\psi_{ae}=1.1$；对 7 度区三、四类场地及 8 度区，取

$\psi_{ae}=1.25$；当混凝土强度等级高于 C30 时，取 $\psi_{ae}=1.0$；

l_s——植筋的基本锚固深度，可按下式确定：

$$l_s = 0.2\alpha_{spt}df_y/f_{bd} \tag{5-102}$$

式中　α_{spt}——为防止混凝土劈裂引用的计算系数，按表 5-11 采用；

　　　d——植筋公称直径；

　　　f_{bd}——植筋用胶粘剂的粘结强度设计值，按表 5-12 采用。

表 5-11　　　　　　　考虑混凝土劈裂影响的计算系数 α_{spt}

混凝土保护层厚度 c/mm		25		30		35	≥40
箍筋设置情况	直径 ϕ/mm	6	8 或 10	6	8 或 10	≥6	≥6
	间距 s/mm	在植筋搭接长度范围内，s 不应大于 100mm					
植筋直径 d/mm	≤20	1.0		1.0		1.0	1.0
	25	1.1	1.05	1.05	1.0	1.0	1.0
	32	1.25	1.15	1.15	1.1	1.1	1.05

注：当植筋直径介于表列数值之间时，可按线性内插法确定 α_{spt} 值。

表 5-12　　　　　　　　　粘结强度设计值 f_{bd}

胶粘剂等级	构造条件	混凝土强度等级				
		C20	C25	C30	C40	≥C60
A 级胶或 B 级胶	$s_1{\geq}5d$、$s_2{\geq}2.5d$	2.3	2.7	3.4	3.6	4.0
A 级胶	$s_1{\geq}6d$、$s_2{\geq}3.0d$	2.3	2.7	3.6	4.0	4.5
	$s_1{\geq}7d$、$s_2{\geq}3.5d$	2.3	2.7	4.0	4.5	5.0

注：1. 当使用表中的 f_{bd} 值时，其构件的混凝土保护层厚度，应不低于《混凝土结构设计规范》(GB 50010—2010) 的规定值。

　　2. s_1—植筋间距，s_2—植筋边距。

　　3. 表中 f_{bd} 仅使用于带肋钢筋的粘结锚固。

考虑各种因素对植筋受拉承载力影响而需加大锚固深度的修正系数 ψ_N，按下式确定：

$$\psi_N = \psi_{br}\psi_w\psi_T \tag{5-103}$$

式中　ψ_{br}——考虑结构构件受力状态对承载力影响的系数（当为悬挑结构构件时，$\psi_{br}=$ 1.5；当为非悬挑的重要构件接长时，$\psi_{br}=1.15$；当为其他构件时，$\psi_{br}=$ 1.0）；

　　　ψ_w——混凝土孔壁潮湿影响系数（对耐潮湿型胶粘剂，按产品说明书的规定采用，但不得低于 1.1）；

　　　ψ_T——使用环境的温度 T 影响系数（当 $T{\leq}60℃$ 时，取 $\psi_T=1.0$；当 $60℃<T{\leq}80℃$ 时，应采用耐中温胶粘剂，并按产品说明书规定取 ψ_T 值采用；当 $T>80℃$ 时，应采用耐高温胶粘剂，并采取有效的隔热措施）。

当按构造要求植筋时，其最小锚固长度 l_{min} 应符合下列构造要求：

(1) 受拉钢筋锚固：$max\{0.3l_s, 10d, 100mm\}$

(2) 受压钢筋锚固：$max\{0.6l_s, 10d, 100mm\}$

对于悬挑结构、构件上述数值还应乘以 1.5 的修正系数才得 l_{min}。

当所植钢筋与原钢筋搭接时，其受拉搭接长度 l_1，应根据位于同一区段内的钢筋搭接接头面积百分率，按下式确定：

$$l_1 = \zeta l_d \qquad (5-104)$$

式中　ζ——受拉区钢筋搭接长度修正系数，按表 5-13 确定。

表 5-13　　　　　　　　纵向受拉区钢筋搭接长度修正系数 ζ

纵向受拉区钢筋搭接接头面积百分率（%）	≤25	50	100
ζ 值	1.2	1.4	1.6

注：1. 钢筋搭接接头面积百分率定义按《混凝土结构设计规范》（GB 50010—2010）的规定值。

2. 当实际搭接接头面积百分率界于表列数值之间时，按线性内插法确定 ζ 值。

3. 对梁类构件，受拉钢筋搭接面积百分率不应超过 50%。

2. 锚栓技术

锚栓技术适用于普通混凝土承重结构；不适用于轻质混凝土结构及严重风化的结构，并且要求其混凝土强度等级不应低于 C20，对重要构件不应低于 C30。

对承重结构用的锚栓，可采用有机械锁键效应的后扩底锚栓和适应开裂混凝土性能的定型化学锚栓。对于定型化学锚栓要满足有效锚固深度要求：对承受拉力的锚栓，不得小于 $8.0d_0$（d_0 为锚栓公称直径）；对承受剪力的锚栓，不得小于 $6.5d_0$。当定型化学锚栓的有效锚固深度大于 $10d_0$ 时，应按植筋的设计规定核算其承载载力。

在考虑地震作用的结构中严禁采用膨胀型锚栓作为承重构件的连接件。当在地震区承重结构中采用锚栓时，应采用加长型后扩底锚栓，且仅允许用于设防烈度不高于 8 度、建于Ⅰ、Ⅱ类场地的建筑物；定型化学锚栓仅允许用于设防烈度不高于 7 度的建筑物。

（1）锚栓钢材承载力验算。锚栓钢材承载力验算应按锚栓受拉、受剪及同时受拉剪作用三种情况分别进行。

1）锚栓钢材受拉承载力设计值计算。

$$N_t^a = f_{ud,t} A_s \qquad (5-105)$$

式中　N_t^a——锚栓钢材受拉承载力设计值；

$f_{ud,t}$——锚栓钢材用于抗拉计算的强度设计值；按表 5-14、表 5-15 采用；

A_s——锚栓有效截面面积。

2）锚栓钢材受剪承载力设计值计算。

无杠杆臂受剪时：

$$V^a = f_{ud,v} A_s \qquad (5-106)$$

有杠杆臂受剪时：

$$V^a = 1.2 W_{el} f_{ud,t} \left(1 - \frac{\sigma}{f_{ud,t}}\right) \frac{\alpha_m}{l_0} \qquad (5-107)$$

式中　V^a——锚栓钢材受剪承载力设计值；

A_s——锚栓的有效截面面积；

W_{el}——锚栓的截面抵抗矩；

σ——被验算锚栓的轴向拉应力；

α_m——约束系数；基材表面无压紧螺帽时，取 $\alpha_m = 1.0$；有压紧螺帽时，取 $\alpha_m = 2.0$；

l_0——杠杆臂计算长度；基材表面有压紧螺帽时，取 $l_0 = l$；无压紧螺帽时，取 $l_0 = l + 0.5d$。

表 5 - 14　　　　碳钢及合金钢锚栓钢材强度设计指标

性能等级		4.8	5.8	6.8	8.8
锚栓强度设计值/MPa	用于抗拉计算 $f_{ud,t}$	250	310	370	490
	用于抗剪计算 $f_{ud,v}$	150	180	220	290

表 5 - 15　　　　不锈钢锚栓钢材强度设计指标

性能等级		50	70	80
螺纹直径/mm		$\leqslant 32$	$\leqslant 24$	$\leqslant 24$
锚栓强度设计值/MPa	用于抗拉计算 $f_{ud,t}$	175	370	500
	用于抗剪计算 $f_{ud,v}$	105	225	300

（2）基材混凝土承载力验算。试验研究表明：基材混凝土的破坏模式主要有混凝土呈锥形受拉破坏、混凝土边缘呈楔形受剪坏破坏以及同时受拉、剪作用破坏三种。

1）基材混凝土的受拉承载力设计值计算，按下式确定：

对于后扩底锚栓：

$$N_t^c = 2.8\psi_a\psi_N \sqrt{f_{cu,k}} h_{ef}^{1.5} \tag{5-108}$$

对于定型化学锚栓：

$$N_t^c = 2.4\psi_b\psi_N \sqrt{f_{cu,k}} h_{ef}^{1.5} \tag{5-109}$$

式中　N_t^c——锚栓连接的基材混凝土受拉承载力设计值；

$f_{cu,k}$——混凝土立方体抗压强度设计值，按《混凝土结构设计规范》（GB 50010—2010）的规定采用；

h_{ef}——锚栓的有效锚固深度，mm，应按锚栓产品说明书标明的有效锚固深度采用；

ψ_a——基材混凝土强度等级对锚固承载力的影响系数；当混凝土强度等级低于 C30 时，对自扩底锚栓取 $\psi_a = 0.95$；对预扩底锚栓取 $\psi_a = 0.86$；当混凝土强度等级在 C30 及以上时，取 $\psi_a = 1.0$；

ψ_b——定型化学锚栓直径对粘结强度的影响系数，当 $d_0 \leqslant 16mm$ 时，取 $\psi_b = 0.95$；当 $d_0 = 24mm$ 时，取 $\psi_b = 0.85$，中间按线性插值；

ψ_N——考虑各种因素对基材混凝土受拉承载力影响的修正系数。

2）基材混凝土的受剪承载力设计值计算，按下式确定：

$$V^c = 0.18\psi_v \sqrt{f_{cu,k}} c_1^{1.5} d_0^{0.3} h_{ef}^{0.2} \tag{5-110}$$

式中　V^c——锚栓连接的基材混凝土受剪承载力设计值；

ψ_v——考虑各种因素对基材混凝土受剪承载力影响的修正系数；

c_1——平行于剪力方向的边距，mm；

d_0——锚栓外径，mm；

h_{ef}——锚栓的有效锚固深度，mm，当 $h_{ef} > 10d_0$ 时，按 $h_{ef} = 10d_0$ 计算。

（3）锚栓技术的构造要求。混凝土构件的最小厚度 h_{min} 不应小于 $1.5h_{ef}$，且不应小于 100mm。承重结构用的锚栓，其公称直径不得小于 12mm，按构造要求确定的锚固深度 h_{ef} 不应小于 60mm，且不应小于混凝土保护层厚度。锚栓的最小边距 C_{min}，临界边距 $C_{cr,N}$，和群锚最小间距 S_{min}，临界间距 $S_{cr,N}$ 应符合表 5 - 16 要求。

表 5 - 16　　　　　　　　　　　　锚 栓 的 边 距 和 间 距

C_{min}	$C_{cr,N}$	S_{min}	$S_{cr,N}$
$\geq 0.8h_{ef}$	$\geq 1.5h_{ef}$	$\geq 1.0h_{ef}$	$\geq 3.0h_{ef}$

3. 混凝土结构裂缝修补技术

裂缝修补技术适用于承重构件混凝土裂缝的修补；对承载力不足引起的裂缝，除进行修补外，尚应采用适当的加固方法进行加固。经可靠性鉴定确认为必需修补的裂缝，应根据裂缝的种类进行修补设计，确定其修补材料、修补方法和时间。

（1）混凝土结构的裂缝类别。混凝土结构的裂缝依其形成的不同可分为静止裂缝、活动裂缝、尚在发展的裂缝三类。

静止裂缝是指形态、尺寸和数量均已稳定不再发展的裂缝。修补时，仅需依裂缝粗细选择修补材料和方法。

活动裂缝是指宽度在现行环境和工作条件下始终不能保持稳定、易随着结构构件的受力、变形或环境温、湿度的变化而时张、时闭的裂缝。修补时，应先消除其成因，并观察一段时间，确认已稳定后，再按静止裂缝的处理方法修补；若不能完全消除其成因，但确认对结构、构件的安全性不构成危害时，可使用具有弹性和柔韧性的材料进行修补。

尚在发展的裂缝是指长度、宽度或数量尚在发展，但经历一段时间后将会终止的裂缝。对此类裂缝应待其停止发展后，再进行修补或加固。

（2）常用的混凝土裂缝修补方法。表面封闭法：利用混凝土表层微细独立裂缝（裂缝宽度 $\omega \leq 0.2mm$）或网状裂纹的毛细作用吸收低黏度且具有良好渗透性的修补胶液，封闭裂缝通道。对楼板和其他需要防渗的部位，尚应在混凝土表面粘贴纤维复合材料以增强封护作用。

注射法：以一定的压力将低黏度、高强度的裂缝修补胶液注入裂缝腔内；此方法适用于 $0.1mm \leq \omega \leq 1.5mm$ 静止的独立裂缝、贯穿性裂缝以及蜂窝状局部缺陷的补强和封闭。注射前，应按产品说明书的规定，对裂缝周边进行密封。

压力注浆法：在一定时间内，以较高压力（按产品使用说明书确定）将修补裂缝用的注浆料压入裂缝腔内；此法适用于处理大型结构贯穿性裂缝、大体积混凝土的蜂窝状严重缺陷以及深而蜿蜒的裂缝。

填充密封法：在构件表面沿裂缝走向骑缝凿出槽深和槽宽分别不小于 20mm 和 15mm 的 U 形沟槽，然后用改性环氧树脂或弹性填缝材料充填，并粘贴纤维复合材封闭其表面；此法适用于处理 $\omega > 0.5mm$ 的活动裂缝和静止裂缝。填充完毕后，其表面应做防护层。应注意：当为活动裂缝时，槽宽应按不小于 15mm+5t 确定（t 为裂缝最大宽度）。

（3）混凝土裂缝修补材料。

1）改性环氧树脂类、改性丙烯酸酯类、改性聚氨酯类等的修补胶液（包括配套的打底胶和修补胶）和聚合物注浆料等的合成树脂类修补材料，适用于裂缝的封闭或补强，可采用表面封闭法、注射法或压力注浆法进行修补。修补裂缝的胶液和注浆料的基本性能指标要符合相关规定。

2）无流动性的有机硅酮、聚硫橡胶、改性丙烯酸酯、聚氨酯等柔性的嵌缝密封胶类修补材料，适用于活动裂缝的修补，以及混凝土与其他材料接缝界面干缩性裂隙的封堵。

3）超细无收缩水泥注浆料、改性聚合物水泥注浆料以及不回缩微膨胀水泥等的无机胶凝材料类修补材料，适用于 $\omega > 1mm$ 的静止裂缝的修补。

4）E 玻璃或 S 玻璃纤维织物、碳纤维织物绰的纤维复合材与其适配的胶粘剂，适用于裂缝表面的封护与增强。

（4）混凝土裂缝修补要求。当加固设计对修补混凝土裂缝有补强要求时，应在设计图上规定。当胶粘材料到达 7d 固化期时，应立即钻取芯样进行检验。钻取芯样的部位应由设计单位决定，取样的数量应按裂缝注射或注浆的分区确定，但每区应不少于 2 个芯样，芯样应骑缝钻取，但应避开内部钢筋，芯样的直径不应小于 50mm，取芯造成的孔洞，应立即采用强度等级较原构件提高一级的豆石混凝土填实。

芯样检验应采用劈裂抗拉强度测定方法。当检验结果符合下列条件之一时判为符合设计要求：

1）沿裂缝方向施加的劈力，其破坏应发生在混凝土内部（即内聚破坏）。

2）破坏虽有部分发生在界面上，但这部分破坏面积不大于破坏面总面积的 15%。

5.4   砌体结构的加固

1. 扩大砌体截面法

（1）新旧砌体结合方法。新旧砌体结合方法主要适用于砌体承载力不足，但尚未压裂或仅有轻微裂缝，且要求扩大截面面积不太大的情况。一般的独立砖柱砖墙柱、窗间墙和其他承重墙的承载能力不足时，均可采用此法加固。砌体扩大部分的砖强度与原砌体的相同，但砂浆强度应比原来提高一级，且不低于 M2.5。原砌体的剔凿面要清理干净，并浇水湿润。新砌体含水率应在 10%～15%。砌筑砂浆要有良好的和易性，保证新旧砌体接缝严密，水平及垂直灰缝砂浆饱满度达 90% 以上。

因为此法考虑新旧砌体共同承受荷载，加固效果取决于两者之间的连接情况。常用的连接构造有：

1）砖搓连接，原有砌体每隔 4 皮砖高，剔出一个深 120mm 的槽，扩大部分砌体与此槽连接，新旧砌体形成齿形连接（图 5-38）。

2）钢筋连接，将原砌体每隔 6 皮砖钻洞，用 M5 砂浆锚固 $\phi6$ 钢筋，将新旧砌体连接在一起（图 5-39）。

（2）加固后的承载力计算。考虑到原砌体已处于承载状态，后加砌体存在着应力滞后，在原砌体达到极限应力状态时，后加砌体一般达不到强度设计值，为此，对后加砌体的设计抗压强度值 f_1，应乘以一个 0.9 的系数。加固后砌体承载力可按下式计算：

$$N \leqslant \varphi(fA + 0.9f_1A_1)$$

$$(5-111)$$

式中　　N——荷载产生的轴向力设计值；

　　　　φ——由高厚比及偏心距查表得到的承载力影响系数；

　　f、f_1——原砌体和后加（扩大）砌体的抗压强度设计值；

　　A、A_1——原砌体和后加（扩大）砌体的截面面积。

但在验算加固后的高厚比及正常使用极限状态时，不必考虑新加砌体的应力滞后影响，可按一般砌体计算公式进行计算。

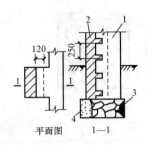

图 5-38　砖搓连接构造

1—原砌体；2—扩大砌体；3—原基础；4—扩大基础

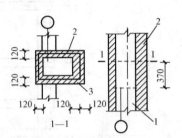

图 5-39　钢筋连接构造

1—原砌体；2—扩大砌体；3—ϕ6 钢筋

2. 钢筋水泥夹板墙法

钢筋水泥夹板墙法是指把需要加固的砖墙表面除去粉刷层后，两面附设 $\phi4\sim\phi8$ 的钢筋网片，然后抹砂浆或喷射砂浆（或细石混凝土）的加固方法。由于通常对墙体作双面加固，所以加固后的墙俗称为夹板墙，如图 5-40 所示。夹板墙可较大幅度地提高砖墙的承载力、抗侧刚度以及墙体延性。

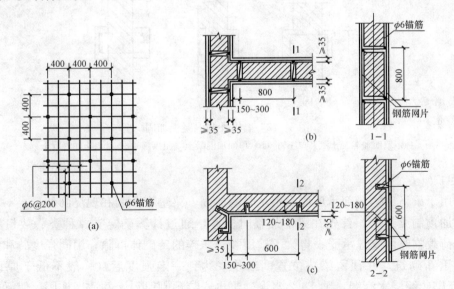

图 5-40　钢筋网水泥浆法加固砖墙构造

（a）钢筋网片及锚筋布置；（b）双面加固；（c）单面加固

钢筋水泥夹板墙法适用于因施工质量差，砖墙承载力达不到设计要求；窗间墙等局部墙体达不到设计要求；房屋加层或超载砖墙承载力不足；火灾或地震墙承载力不足等。

3. 外包钢加固法

外包钢加固法主要用来加固砖柱和窗间墙，如图5-41所示。其优点是：在基本不增加砌体尺寸的情况下，可较多地提高其承载力，大幅度地增加其抗侧力和延性，从根本上改变了砌体脆性破坏的特征。

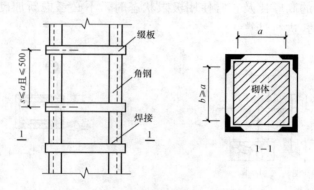

图5-41　外包角钢加固砖柱

4. 外加钢筋混凝土加固

当砖柱承载力不足时，常可用外加钢筋混凝土加固。外加钢筋混凝土可以是单面的、双面的和四面包围的。具体做法如图5-42所示。

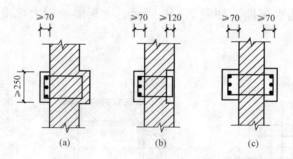

图5-42　墙体外贴混凝土加固

(a) 单面加混凝土（开口箍）；(b) 单面加混凝土（闭口箍）；(c) 双面加混凝土

5. 梁下加垫

主要用于梁下砌体局部承压能力不足时的加固，梁垫有预制和现浇两种。

(1) 加预制梁垫法。首先在梁下加临时支撑，通过计算确定支撑种类、数量和截面尺寸，梁上荷载临时由支撑承受；将梁下被压裂、压碎的砖砌体拆除，用同强度砖和强度高一级的砂浆重新砌筑，并预留梁垫位置；当砂浆达到一定强度后（一般不低于原设计强度70%），新砌砖墙浇水润湿，铺1∶2水泥砂浆再安装预制梁垫，并适当加压，使梁垫与砖砌体接触紧密；梁垫上表面与梁底面间留10mm左右空隙，用数量不少于4个的钢楔子挤紧，然后用较干的1∶2水泥砂浆将空隙填塞严实；待填缝砂浆强度达5MPa和砌筑砂浆达到原设计强度时，将支撑拆除，如图5-43所示。

(2) 加现浇梁垫法。前期加临时支撑及拆旧砌新同加预制梁垫法。当砂浆达到一定强度后，支模浇筑 C20 混凝土梁垫，其高度应超出梁底 50mm（图 5 - 44）；在现浇梁垫混凝土强度达到 15MPa 后拆除支撑。

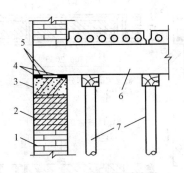
图 5 - 43　预制梁垫补强
1—原有砌体；2—拆除重砌部分；3—钢筋混凝土垫块；
4—钢楔子；5—1：2 水泥砂浆；6—钢筋混凝土梁；7—临时支撑

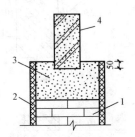
图 5 - 44　现浇梁垫补强
1—砖块；2—模板；3—现浇梁垫；
4—钢筋混凝土梁

6. 托梁换柱或加柱

托梁换柱或加柱主要用于砌体承载能力严重不足，砌体碎裂严重可能倒塌的情况。

（1）托梁换柱。托梁换柱主要用于独立砖柱承载力严重不足时，先加设临时支撑，卸除砖柱荷载，然后根据计算确定新砌砖柱的材料强度和截面尺寸，并在柱顶梁下增加梁垫。

（2）托梁加柱。托梁加柱主要用于大梁下的窗间墙承载能力严重不足。首先设临时支撑，然后根据《混凝土结构设计规范》（GB 50010—2010）的规定，并考虑全部荷载均由新加的钢筋混凝土柱承担的原则，计算确定所加柱的截面和配筋。拆除部分原有砖墙，接搓口成锯齿形，然后绑轧钢筋、支模和浇灌混凝土。此外，还应注意验算地基基础的承载力，如不足还应扩大基础。

7. 增加圈梁、拉杆

（1）增设圈梁。若墙体开裂比较严重，为了增加房屋的整体刚性，则可以在房屋墙体一侧或两侧增设钢筋混凝土圈梁，也可采用型钢圈梁。钢筋混凝土圈梁的混凝土强度等级一般为 C15～C20，截面尺寸至少为 120mm×180mm。圈梁配筋可采用 4ϕ10～4ϕ14，箍筋可用（ϕ5～ϕ6）@200～250mm。为了使圈梁与墙体很好结合，可用螺栓、插筋锚入墙体，每隔 1.5～2.5m 可在墙体凿通一洞口（宽 120mm），在浇筑圈梁时同时填入混凝土使圈梁咬合于墙体上。具体做法如图 5 - 45 所示。

（2）增设拉杆。墙体因受水平推力、基础不均匀沉降或温度变化引起的伸缩等原因而产生外闪，或者因内外墙咬槎不良而裂开，可以增设拉杆，如图 5 - 46 所示。拉杆可用圆钢或型钢。

如采用钢筋拉杆，宜通长拉结，并可沿墙的两边设置。对较长的拉杆，中间应设花篮螺丝，以便拧紧拉杆。拉杆接长时可用焊接。露在墙外的拉杆或垫板螺帽，应作防锈处理，为了美观，也可适当作相应建筑处理。

增设拉杆的同时也可同时增设圈梁，以增强加固效果，并且可将拉杆的外部锚头埋入圈梁中。加固砖墙的拉杆直径可按表 5 - 17 选用。

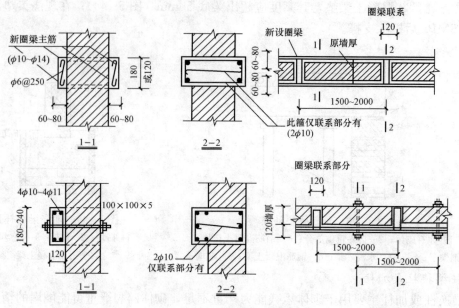

图 5-45   加固砌体的圈梁

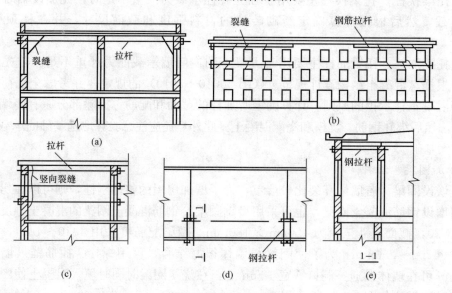

图 5-46   增设拉杆加固

表 5-17   **加固拉杆的直径选用表**

拉杆间距	房屋进深		
	5～7m	8～10m	11～14m
4～5m（一个开间）	2 Φ 16	2 Φ 18	2 Φ 20
10～12m（三个开间）	2 Φ 22	2 Φ 25	2 Φ 28

选定了拉杆直径，可按表 5-18 选用垫板尺寸。

表 5 - 18　　　　　　　　　　　　　　垫 板 尺 寸 选 用 表

直径	Φ 16	Φ 18	Φ 20	Φ 22	Φ 25	Φ 28
角钢垫板	∟ 90×90×8	∟ 100×100×10	∟ 125×125×10	∟ 125×125×10	∟ 140×140×10	∟ 160×160×14
槽钢垫板	[100×48	[100×48	[120×53	[140×58	[160×58	[160×58
方形垫板	80×80×8	90×90×9	100×100×10	110×110×11	130×130×13	140×140×14

8. 砖过梁加固

砖过梁在砌体结构中是较多出现裂缝的部位,为了避免降低其承载力,应及时采取加固措施。根据不同情况,可采取如下加固措施:

(1) 当跨度小于 1m,且裂缝不严重时,可将砖过梁的 3～5 皮砖缝凿深约 40mm,且延伸入两侧窗间墙的长度不少于 300mm 的缝隙;然后,嵌入钢筋,并用 MU10 级水泥砂浆抹缝,也可在梁下附设钢筋后抹灰。

(2) 当跨度较小时,可用木过梁替代砖过梁。

(3) 在砖过梁的下边缘两侧嵌入角钢,并用水泥砂浆粉刷。角钢的型号视过梁跨度及破损情况而定。

(4) 当跨度较大,且破损严重时,可用钢筋混凝土过梁替换砖过梁。

新替换的过梁与原砖砌体之间应塞满砂浆以保证紧密接触;施工时,应有必要的安全措施,如增设临时支撑或分两次替换过梁。

9. 砌体结构捆绑式加固

砌体结构的弱点是整体性较差,地震作用下易于坍塌。捆绑式加固法是从房屋外面设置构造柱、圈梁及纵横拉杆,将房屋相关结构捆绑拉结为一整体,达到增强结构整体性,改善结构破坏形态及增大结构延性的目的,适用于地震设防区房屋的抗震加固。

10. 砌体结构墙柱加固

墙、柱的整体倾斜和局部鼓凸变形,亦是砌体结构常见的病害之一。由于倾斜、鼓凸而使墙柱的轴线偏离了垂直位置,增大了受力偏心距,从而降低了砌体原有的承载能力。发展严重时,将导致砌体丧失稳定性而破坏。因此,在砌体结构的养护和修缮中,要重视墙柱出现倾斜、鼓凸变形的预兆,加强对病害部位砌体的观测和检查,按受力情况对强度和稳定性进行验算,然后确定加固措施。

11. 水泥灌浆法

水泥灌浆法主要用于砌体裂缝的补强处理,常用的方法有重力灌浆和压力灌浆两种。

5.5　钢结构加固

工程结构中常见的钢结构加固包括钢柱、钢梁、桁架等钢构件的加固。

5.5.1　钢柱的加固

钢柱加固可采用补强截面、增设支撑等方法,也可通过改变受力体系,减小钢柱受力,以达到加固的目的,常见的加固形式如图 5-47、图 5-48 所示。

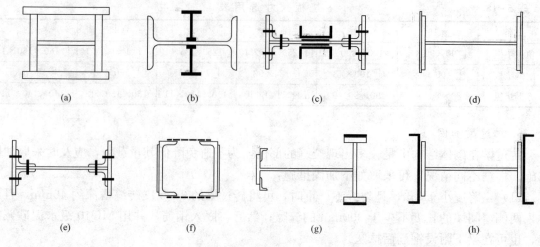

图 5-47　柱截面补强加固形式

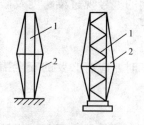

图 5-48　增设支撑加固柱
1—原柱；2—增设支撑

5.5.2　钢屋架、托架加固

钢屋架（托架）加固方法类型较多，根据原屋架存在问题、原因、施工条件和经济条件可选择屋架体系加固法、整体加固法、补强杆件截面加固法等。

1. 屋架体系加固法

体系加固法是设法将屋架与其他构件连接起来或增设支点和支撑，以形成空间的或连续的承重结构体系，改变屋架承载能力。

（1）增设支撑或支点：这可增加屋架空间刚度，将部分水平力传给山墙，提高抗震性能，故在屋架刚度不足或支撑体系不完善时可采用。

（2）改变支座连接加固屋架：如前图 5-48 改变柱计算简图的加固形式，使原铰接钢屋架改变为连续结构，单跨时铰接改刚接也同样改变屋架杆件内力；支座连接变化能降低大部分杆件内力，但也可能使个别杆件内力特征改变或增加应力，所以对改变支座连接后的屋架，应重新进行内力计算。

2. 整体加固法

整体加固法通过增设预应力筋加固（图 5-49）或采用撑杆构架加固（图 5-50）增强屋架总承载能力，改变桁架内杆件内力。

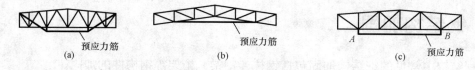

图 5-49　预应力筋加固屋架

3. 补强杆件截面加固法

屋架（桁架）中某些杆件承载能力不足，可以采用补增杆件截面方法加固，一般桁架杆

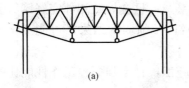
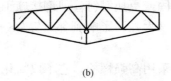
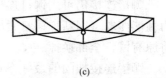

（a）　　　　　　　　　（b）　　　　　　　　　（c）

图 5-50　撑杆构架加固屋架

（a）拉杆锚固柱上；（b）拉杆锚固屋架支座处；（c）拉杆锚固中间节点处

件补增截面都采用加焊角钢或钢板或钢管加固，图 5-51 为上下弦杆截面加固补强形式示意图，图 5-51（a）、（b）、（c）、（g）上下弦都适用，而图 5-51（d）用在上弦时要拆除屋面，图 5-51（e）、（f）适用下弦截面加固。

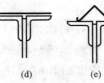

（a）　　　　（b）　　　　（c）　　　　（d）　　　　（e）　　　　（f）　　　　（g）

图 5-51　弦杆截面补增形式

5.5.3　钢梁的加固

钢梁的加固类型，基本上与桁架加固方法相类似。以下简要说明补增梁截面加固法。钢梁可通过增补截面面积来提高承载能力，焊接组合梁和型钢梁都可采用焊在翼缘板上水平板、垂直板和斜板加固如图 5-52（a）、（b）、（c）所示，也可用型钢加焊在翼缘上，如图 5-52（e）、（f）、（g）所示；当梁腹板抗剪强度不足时，可在腹板两边加焊钢板补强如图 5-52（d）所示，当梁腹板稳定性不保证时，往往不采用上述方法，而是设置附加加劲肋方法；用圆钢和圆钢管补增梁截面是考虑施工工艺方便如图 5-52（g）、（h）所示。

（a）　　　（b）　　　（c）　　　（d）　　　（e）　　　（f）　　　（g）　　　（h）

图 5-52　梁截面增补形式

5.5.4　连接和节点的加固

构件截面的补增或局部构件的替换，都需要适当的连接、补强的杆件必须通过节点加固才能参与原结构工作、破坏了的节点需要加固，所以钢结构加固工作中连接与节点加固占有重要位置。

1. 原铆接连接的加固

铆接连接节点不宜采用焊接加固，因焊接的热过程，将使附近铆钉松动、工作性能恶化，由于焊接连接比铆接刚度大，二者受力不协调，而且往往被铆接钢材可焊性较差，易产生微裂纹。

铆接连接仍可用铆钉连接加固或更换铆钉，但铆接施工繁杂，且会导致相邻完好铆钉受力性能变弱（因新加铆钉紧压程度太强，影响到邻近完好铆钉），削弱的结果，可能不得不将原有铆钉全部换掉。

铆接连接加固的最好方式是采用高强螺栓，它不仅简化施工，且高强螺栓工作性能比铆钉可靠得多，还能提高连接刚度和疲劳强度。

2. 原高强螺栓连接的加固

原高强螺栓连接节点，仍用高强螺栓加固；个别情况可同时使用高强螺栓和焊缝来加固，但要注意螺栓的布置位置，使二者变形协同。

3. 原焊接连接的加固

焊接连接节点的加固，仍用焊接，焊接加固方式有两种：一是加大焊缝高度（堆焊），为了确保安全，焊条直径不宜大于 4mm，电流不宜大于 220A，每道焊缝的堆高不宜超过 2mm，如需加高，应逐次分层加焊，每次以 2mm 为限，后一道堆焊应待前一道堆焊冷却到 1000℃ 以下才能施焊，这是为了使施焊热过程中尽量不影响原有焊缝强度；二是加长焊缝长度，在原有节点能允许增加焊缝长度时，应首先采用加长焊缝的加固连接方法，尤其在负载条件下加固时。负荷状态下施焊加固时，焊条直径宜在 4mm 以下、电流 220A 以下、每一道焊缝高度不超过 8mm，如计算高度超过 8mm，宜逐次分层施焊，后道施焊应在前道焊缝冷却到 1000℃ 以下后再进行。

4. 节点连接的扩大

当原有连接节点无法布置加固新增的连接件（螺栓、铆钉）或焊缝时，可考虑加大节点连接板或辅助件；图 5-53 所示为常用加大节点连接板和辅助零件方法，可举一反三应用。

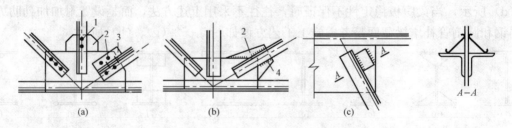

图 5-53 节点连接加固

1—新增加钉、栓；2—加大的连接板；3—附加辅助件；4—新增焊缝

5.6 地基基础加固与建筑物纠偏

5.6.1 换土垫层法

换土垫层法是将建筑物基底下一定深度的软弱土层挖除，然后回填强度较大、压缩性较小、料源较丰富、价格较便宜且无腐蚀性的砂土、碎石、石碴、素土、煤灰、矿渣、二灰（石灰、粉煤灰）以及其他性能稳定的材料，分层夯实至要求的干密度，作为持力层，达到

增强承载力、减小地基沉降的地基处理目的，如图 5-54 所示。

垫层材料除前述砂、砂砾外，也可考虑用石灰土、二灰土（石灰及粉煤灰）、碎石、矿渣、加筋土等，可根据具体情况因地制宜，就地取材选用。需要指出，透水性很强的垫层料（砂、砂砾、碎石等），不适用于湿陷性黄土及膨胀土地基。

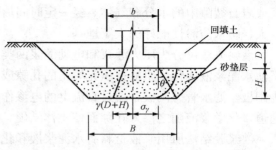

图 5-54　砂垫层及应力分布

5.6.2　挤（压）密法

1. 重锤夯实法

重锤夯实法是利用起重机械将重锤（大于 2t）吊至一定的高度（大于 4m），使其自由下落，利用重锤下落的冲击能来夯实地基浅层土体的地基加固方法。经过重锤的反复夯击，使地表面形成一层较为均匀的硬壳层，从而达到提高地基表层土体强度，减少地基沉降的目的。

2. 强夯法

强夯法又称动力固结法。强夯法就是以 8～30t 的重锤，8～20m 的落距（最高为 40m）自由下落对土进行强力夯击的一种地基加固方法。强夯时对地基土施加很大的夯击能，在地基土中产生的冲击波和动应力，可提高土体强度，降低土的压缩性，起到改善砂土的振动液化性和消除湿陷性黄土的湿陷性等作用。同时，夯击还能提高土层的均匀程度，减少将来可能出现的不均匀沉降。

3. 砂桩挤密法

砂桩挤密法是用振动、冲击或打入套管等方法在软弱地基中成孔，然后向孔中填入中、粗砂，再加以夯实形成密实的土中桩体从而加固地基的方法。

对于松散砂土，砂桩主要起挤密作用。在沉管法或干振法中，由于在成桩过程中桩管对周围砂层产生很大的横向挤压力，迫使桩管处和砂土挤向桩管周围的砂层，使桩管周围的砂层孔隙比减小，密实度增大。

对于黏性土，砂桩主要起置换和排水等作用。密实的砂桩在软弱黏性土中取代了同体积的软弱黏性土，形成"复合地基"，使承载力有所提高，地基沉降也变小。荷载试验和工程实践证明，砂桩复合地基承受外荷载时，发生压力向砂桩集中的现象，使桩周围土层承受的压力减小，沉降也相应减小。如果选用砂桩材料时考虑级配，则所制成的砂桩是黏性土地基中一个良好的排水通道，加速了软土的排水固结。

砂桩作为复合地基的加固作用，除了提高地基承载力、减少地基的沉降量外，还用来提高土的抗剪强度，增大土坡的抗滑稳定性。不论对疏松砂性土或软弱黏性土，砂桩的加固作用有：挤密、置换、排水、垫层和加筋等作用。

5.6.3　灌浆法

1. 硅化法

灌浆胶结法利用压力或电化学原理通过注浆管将加固浆液注入地层中，以浆液挤压土粒间或岩石裂隙中的水分和气体，经一定时间后，浆液将松散的土体或缝隙结成整体，形成强度大、防水防渗性能好的人工地基。

灌浆方法可分为压力灌浆和电动灌浆两类，压力灌浆是常用的方法，是在各种大小压力下使水泥浆液或化学浆液挤压充填土的孔隙或岩层缝隙。电动化学灌浆是在施工中以注浆管为阳极，滤水管为阴极，通过直流电的电渗作用，孔隙水由阳极流向阴极，在土中形成渗浆通道，化学浆液随之渗入孔隙而使土体结硬。

灌浆胶结法所用浆液材料有水泥浆液和化学浆液两大类。

水泥浆液采用的水泥一般为强度等级在 32.5 以上的普通硅酸盐水泥，由于含有水泥颗粒，属于粒状浆液，故对孔隙小的土层难于压进，只适用粗砂、砾砂、大裂隙岩石等孔隙直径大于 2.2mm 的地基加固。如为超细水泥，则可适用于细砂等地基。

常用的化学浆液是以水玻璃（$Na_2O_nSiO_2$）为主剂的浆液，由于它无毒、价廉，流动性好等优点，在化学浆材中应用最多，约占 90%，其他还有以丙烯酸胺为主剂和以纸浆废液木质素为主剂的化学浆液，它们性能较好，黏滞度底，能注入细砂等土中。化学浆液有的价格较高，有的虽价廉源广，但有含毒的缺点，用于加固地基，当前受到一定限制，尚待试验研究改进。

2. 水泥灌浆法

水泥灌浆是把一定水灰比的水泥浆灌入土中。由于加固土层的情况不同，以及对地基的要求不同，可以采用不同的施工方法。

对于砂卵石等有较大裂隙的土，可采用水灰比 1∶1 的水泥砂浆直接灌注，通常称为渗透注浆。水泥通常采用强度等级高于 42.5 的普通硅酸盐水泥，为了加速凝固，常掺入水泥用量的 2%～5% 的水玻璃、氯化钙等外掺剂。

用作防渗的注浆，注浆孔的间距可按 1.0～1.5m 设计；用作加固地基的注浆，注浆孔的间距按 1.0～2.0m 考虑。为保证注浆的效果，要求覆盖土层的厚度不小于 2m。

对于细颗粒土，孔隙小，渗透性低，水泥浆液不易进入土的孔隙中，因此常借助于压力把浆液注入。根据注浆压力的大小和方式，有三种不同的施工方法：压密注浆、劈裂注浆和高压喷射注浆。

(1) 压密注浆。压密注浆是采用很稠的浆液注入事先在地基土内钻进的注浆孔内。通常采用水泥砂浆，坍落度控制在 25～75mm，注浆压力可选定在 1～7MPa 范围内，坍落度较小时，注浆压力可取上限值。如果采用水泥—水玻璃双液快凝浆液，则注浆压力应小于 1MPa。

(2) 劈裂注浆。劈裂注浆通常采用水泥浆或水泥—水玻璃混合浆，还可以在浆液中掺入粉煤灰用于改善浆液性能。浆液使地层中原有的裂隙或孔隙张开，形成新的裂隙通道，浆液沿着裂隙通道进入土体，形成树枝状的浆脉，所以劈裂注浆的压力不宜过大，以克服地层的天然应力为宜，在砂土中的经验数值为 0.2～0.5MPa，在黏性土中的经验数值为 0.2～0.3MPa。

(3) 高压喷射注浆。高压喷射注浆法（俗称旋喷法）是在高压喷射采煤技术上发展起来的一项新技术。它适用于加固各种土层。首先用低压水把带有喷嘴的注浆管成孔至设计标高，然后以高压设备使浆液形成 25MPa 左右的高压流从旋转钻杆的喷嘴中射出来，冲击破坏土体，使土颗粒从土体中剥落下来；一部分细颗粒随着浆液冒出地面，与此同时，高压浆液与余下的土粒搅拌混合，重新排列，浆液凝固后便形成一个固结柱体。喷嘴随着钻杆边喷射边转动边提升，喷射方向可以人为控制，可以 360°旋转喷射（旋喷），可以固定方向不变（定喷），也可以按某一角度摆动（摆喷）。

5.6.4 刚性桩加固法

1. 疏桩加固法

疏桩又称减少沉降量桩基或称复合桩基，是以变形控制为原则，考虑桩与承台共同作用、介于天然地基与桩基之间的一种基础类型。也可以说是利用疏化桩基原理提高单桩有效承载力，并发挥桩间土的承载力来补偿桩基，即由桩与桩间土共同承担组成复合桩基。

在基础设计中，有时决定采用桩基方案主要并不是因为持力层强度不足，而是压缩层范围内的软弱土层产生过大沉降的缘故。这时可采用数量较少的桩使沉降量减少到容许范围内，这种桩一般是摩擦桩，在承台产生一定沉降的情况下，桩可充分发挥并能继续保持其全部极限承载力，即有足够的"韧性"，能有效地减少沉降量，同时承台下的土体也能承担部分荷载。按照这种设计概念，与常规方法（即桩承担全部外荷载）设计的桩基相比，根据不同的容许沉降量要求，用桩数量有可能大幅度减少，桩的长度也有可能减短，技术经济效益显著。

2. 树根桩加固法

树根桩是指桩径在 70~250mm、长径比大于 30、采用螺旋钻成孔、强配筋和压力注浆工艺成桩的钢筋混凝土就地灌注桩，又称为小直径钻孔灌注桩、钻孔喷灌微型桩、小桩或微型桩，是由意大利 Fondedile 公司在 20 世纪 30 年代发明的一项专利技术。树根桩可以是成束的，也可以是单根的，可以是垂直的，也可以是倾斜的。布置成三维结构的网状体系，称为网状结构树根桩。

5.6.5 柔性桩加固法

1. 土桩、灰土桩的加固法

土（或灰土）桩加固是地下水位以上湿陷性黄土、素填土、杂填土等地基加固的一种方法。它利用打入钢套管或振动沉管或炸药爆扩等方法，在土中形成桩孔，然后再向孔中分层填入素土（或灰土）并夯实而成。在成孔和夯实过程中，原处于桩孔部位的土体全部被挤入桩周土层中，使桩周一定范围内的地基土得到挤密，承载力得到提高，湿陷性得以消除。挤密后的桩间土与桩体共同构成复合地基，承受上部荷载的作用。

2. 钢渣桩加固法

钢渣桩是由日本的专家率先开发研制的一种以转炉钢渣为桩体主要材料的柔性材料桩，是利用机械成孔后填入作为固化剂的转炉钢渣并加以压实后形成的桩体。钢渣桩利用制桩过程中对桩周土的振密、挤压和桩体材料的吸水、膨胀以及与桩周土的离子交换、凝硬反应等作用，改善桩周土体的物理力学性质，并与桩周土一起共同构成复合地基，达到加固地基的目的，经钢渣桩加固地基承载力通常可提高 100%，压缩模量可提高 40%

左右。

由于钢渣桩在加固地基的同时，不仅消化了大量的工业废料，节省了投资，而且保护了环境，减少了污染和对耕地的占用，因此，钢渣桩在环保要求日益提高、物质资源日益匮乏的今天，具有极大的推广价值。

5.6.6　建筑物纠偏

建筑物的纠偏加固，应从地基处理和基础加固入手。建筑物纠偏方法可分顶升纠偏、迫降纠偏及综合纠偏三类（图5-55）。

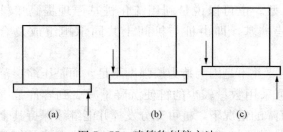

图5-55　建筑物纠偏方法
(a) 顶升纠偏；(b) 迫降纠偏；(c) 综合纠偏

1. 顶升纠偏法

顶升纠偏是指在倾斜建筑物沉降大一侧采用千斤顶将建筑物顶起和用锚杆静压桩将建筑物拉起的纠偏方法。顶升纠偏具有可以不降低原建筑物标高和使用功能、对地基扰动少及纠偏速度快等优点，但要求原建筑物整体性好。顶升纠倾适用于建筑物的整体沉降及不均匀沉降较大，造成标高过低；倾斜建筑物基础为桩基；不适用采用迫降纠倾的倾斜建筑以及新建工程设计时有预先设置可调措施的建筑。顶升纠倾的最大顶升高度不宜超过80cm。对于整体沉降较大（有的甚至排污困难、室外水倒灌）或因场地地基等条件不允许采用迫降纠偏法时，可采用顶升纠偏法。

2. 迫降纠偏法

迫降纠倾可根据地质条件、工程对象及当地经验选用基底掏土纠倾法、井式纠倾法、钻孔取土纠倾法、堆载纠倾法、人工降水纠倾法、地基部分加固纠倾法和浸水纠倾法等方法。

3. 综合纠偏加固法

在对原有建筑物进行纠偏加固时，有时需要运用多种技术进行纠偏加固。例如，在采用顶升纠偏时，往往先进行地基加固；如先采用锚杆静压桩托换，在建筑物沉降稳定后再进行顶升纠偏；又如对地基软土层厚薄不均产生不均匀沉降的建筑物，往往在沉降发生较小的一侧进行掏土促沉，在沉降发生较大的一侧进行地基加固，这样既可达到纠偏的目的，又可通过局部地区地基加固使不均匀沉降不再继续发展。运用多种技术既可以取得较好的纠偏加固效果，又能取得良好的经济效益，因此应充分考虑综合运用。

本　章　小　结

结构的可靠性不足影响到结构安全或者是为了满足新的使用功能要求需要提高结构的可靠度时，可对建筑结构进行加固，使其满足现行规范可靠性标准要求。常见的建筑结构加固类型有混凝土结构加固、砌体结构加固、钢结构加固、木结构加固以及地基基础加固与纠偏等。结构加固工作需要遵循一定的程序，务必做到先检测后加固，选择合理的加固方案和科学的加固方法，不同的加固方法均应遵循国家现行的相关加固设计及施工规范或规程。

增大截面加固法、置换混凝土法、外加预应力加固法、外粘型钢加固法、粘贴纤维复合材加固法、粘贴钢板加固法、增设支点加固法是常用的建筑结构加固法。不同的加固方法的适应范围不同，需要有目的性地科学选用。此外，植筋技术、锚栓技术和混凝土裂缝修复技术等三种技术是混凝土加固常用的专用加固技术。换土垫层、挤压密实、灌浆、采用刚性桩及柔性桩加固是常用的地基基础加固方法。建筑物得纠偏方法可采用顶升、迫降、以及既顶升又迫降相结合等方法。

复 习 思 考 题

5-1　结构加固的含义是什么？结构加固有哪些类型？

5-2　结构加固的原则和工作程序有哪些？

5-3　混凝土加固有哪些方法？各自的具有哪些特点？适用范围是怎样的？

5-4　增设支点加固时采用刚性支点和弹性支点的计算方法有何区别？

5-5　混凝土结构加固的受力特征如何？

5-6　预应力加固法和增大截面加固法各有哪些优缺点？

5-7　置换混凝土加固法有哪些构造要求？

5-8　混凝土结构加固常用的技术有哪些？各有什么特点？

5-9　地基基础的加固方法有哪些？

5-10　为什么采用外粘贴钢板加固混凝土结构，钢板的厚度不超过 10mm？

5-11　外粘贴纤维复合材加固混凝土受弯构件正截面承载力中，如何确定二次受力影响时的滞后应变？

5-12　简述采用外粘贴纤维复合材加固混凝土受压构件后，构件轴心受压强度的提高机理。

5-13　简述外粘贴纤维复合材加固混凝土受弯构件斜截面承载力的计算步骤。

习　　　题

5-1　已知一钢筋混凝土矩形截面简支梁，计算跨度 6.9m，截面尺寸及配筋等如图 5-56所示，采用 C20 混凝土、HRB335 钢筋，原设计承担的均布恒载标准值 20kN/m，均布活荷载标准值 30kN/m，现根据使用需要，要求把活荷载标准值增大至 50kN/m，采用在受拉区粘贴钢板加固法加固，试求所需粘贴钢板的厚度及长度？

5-2　已知柱截面尺寸 $bh=350mm \times 350mm$，柱计算高度 $L_0=3m$，混凝土强度等级 C30，截面配筋情况如图 5-57 所示，根据使用要求，加固后柱需要承担的轴向力设计值 $N=1320kN$，单向弯矩设计值 $M=350kN \cdot m$，拟采用图 5-57 所示增大截面法加固（加固用混凝土 C40），试验算该加固方案是否可行。

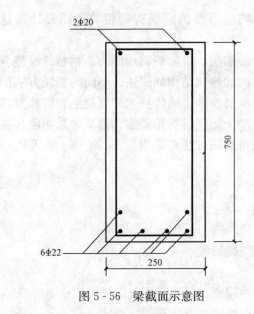

图 5-56　梁截面示意图

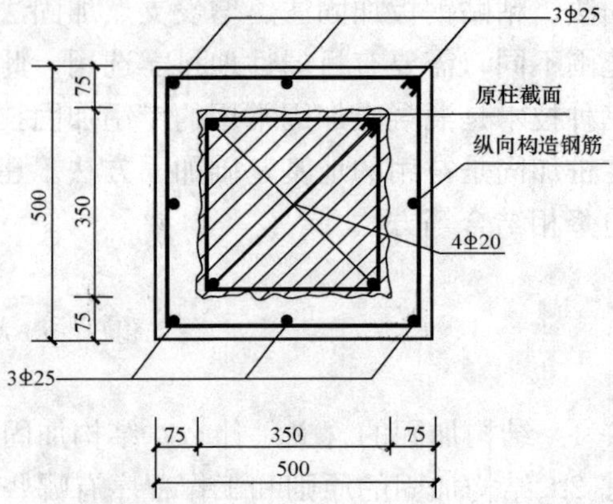

图 5-57　加固后柱截面示意图

第 6 章

建筑抗震鉴定与加固

本章首先讲述了建筑抗震鉴定与加固的目的、工作程序及基本规定，并分析各类建筑结构的特点、结构布置、构造和抗震承载力等因素对既有建筑抗震鉴定评估的影响，综合分析其抗震能力，最后针对不符合抗震鉴定要求的结构，提出了合理抗震减灾的加固措施。

通过本章学习，学生应了解、熟悉和掌握以下内容：

（1）熟悉建筑抗震鉴定的工作程序和基本规定，熟悉地基基础抗震鉴定的步骤和方法。

（2）掌握 A 类多层砌体结构的两级抗震鉴定步骤和方法，掌握砌体结构基准面积率、楼层平均抗震能力指数和楼层综合抗震能力指数的计算方法，熟悉墙段综合抗震能力指数的计算方法。

（3）掌握 B 类多层砌体结构的抗震鉴定步骤和方法，掌握 B 类砌体结构抗震措施鉴定和抗震承载力验算方法。

（4）掌握 A 类和 B 类多层钢筋混凝土结构的抗震鉴定步骤和方法，熟悉钢筋混凝土构件承载力验算方法。

（5）熟悉建筑抗震加固的基本规定，熟悉地基基础、多层砌体房屋、多层钢筋混凝土房屋抗震加固的基本规定和方法。

（6）了解地震灾后建筑鉴定加固原则，了解地震灾后建筑应急评估和恢复重建阶段结构抗震鉴定和抗震加固的基本要求。

6.1 概述

1. 现有建筑抗震鉴定和加固的目的和意义

我国东邻环太平洋地震带，南接欧亚地震带，地震分布相当广泛。而我国的抗震设防工作直到 1974 年才颁布第一部《工业与民用建筑抗震设计规范》（TJ 11—1974）。因此，在此之前建设的大量房屋和工程设施在抗震能力方面存在着不同程度的问题。此外，我国广大农村地区和经济相对落后的中西部乡镇，甚至城市的建筑物在抗震设计和抗震措施等方面仍存在着诸多问题，抗震能力相对较差。进入 21 世纪后，我国地震活动呈现频度高、强度大、分布广、震源浅等特点。频繁发生的地震给人民的生命和财产造成了严重的损失。

1975 年海城地震后，北京和天津地区对一些工业与民用建筑进行了抗震鉴定与加固，后又经受了唐山大地震的考验。天津发电设备厂在海城地震后着手加固了主要建筑物 64 项，约 6 万多平方米，仅钢材就用了 40t。经唐山地震考验（厂区地震烈度为 8 度），全厂没有一座车间倒塌，没有一榀屋架塌落，保护了上千台机器设备的安全，震后三天就恢复了生产。而相邻的天津重机厂，震前没有按设防烈度加固，唐山地震后厂房破坏严重，部分屋架塌落，大型屋面板脱落，支撑破坏，围护墙倒塌和外闪等，到 1979 年元旦才部分恢复了生产，修复与加固耗费了 700t 钢材。

唐山大地震后，我国开始进行了大量的抗震鉴定与加固工作。这些抗震鉴定与加固工作，在以后的实际地震中取得了较好的效果。抗震鉴定与加固是减轻地震灾害的有效手段。

2. 现有建筑的后续使用年限和抗震鉴定方法

后续使用年限是指对现有建筑经抗震鉴定后继续使用所约定的一个时期，在这个时期内，建筑不需重新鉴定和相应加固就能按预期目的使用、完成预定的功能。现有建筑应根据设计、建造年代和实际需要的不同，确定其后续使用年限：

(1) 在 20 世纪 70 年代及以前建造经耐久性鉴定可继续使用的现有建筑，其后续使用年限不应少于 30 年；在 80 年代建造的现有建筑，宜采用 40 年或更长，且不得少于 30 年。

(2) 在 90 年代（按当时施行的抗震设计规范系列设计）建造的现有建筑，后续使用年限不宜少于 40 年，条件许可时应采用 50 年。

(3) 在 2001 年以后（按当时施行的抗震设计规范系列设计）建造的现有建筑，后续使用年限宜采用 50 年。

不同后续使用年限的现有建筑，其抗震鉴定方法应符合下列要求：①后续使用年限 30 年的建筑（简称 A 类建筑），应采用本章规定的 A 类建筑抗震鉴定方法；②后续使用年限 40 年的建筑（简称 B 类建筑），应采用本章规定的 B 类建筑抗震鉴定方法；③后续使用年限 50 年的建筑（简称 C 类建筑），应按《建筑抗震设计规范》(GB 50011—2010) 的要求进行抗震鉴定。

3. 现有建筑抗震鉴定的范围

需要进行抗震鉴定的现有建筑主要为：原设计未考虑抗震设防或抗震设防要求提高的建筑；接近或超过设计使用年限需要继续使用的建筑；需要改变结构的用途和使用环境的建筑。

一些新建建筑由于没有按设计图纸施工而达不到现行抗震设计规范的要求，则应按抗震规范的要求进行鉴定和加固，而不能按抗震鉴定标准的规定进行新建工程的抗震设计，或作为新建工程未执行设计规范的借口。

4. 建筑抗震鉴定与加固依据的标准、规范与规程

建筑抗震鉴定与加固应以国家及有关部门颁布的规范、标准和规程为依据，严格按照规范、规程要求进行抗震鉴定、加固方案选择以及加固设计和施工。主要依据的相关规范、规程要有：

(1)《建筑抗震鉴定标准》(GB 50023—2009)。

(2)《建筑抗震设计规范》(GB 50011—2010)。

(3)《建筑抗震加固技术规程》(JGJ 116—2009)。

(4)《既有建筑地基基础加固技术规范》(JGJ 123—2000)。

(5)《混凝土结构加固设计规范》(GB 50367—2006)。

（6）《钢结构加固设计规范》（CECS 77：96）。

5. 建筑抗震鉴定与加固的工作程序

现有建筑的抗震鉴定是对房屋的实际抗震能力、薄弱环节等整体抗震性能做出全面正确的评价，应包括下列内容及要求：

（1）原始资料搜集，包括建筑的勘察报告、施工和竣工验收的相关原始资料；当资料不全时，应根据鉴定的需要进行补充实测。

（2）建筑现状的调查，了解建筑实际情况与原始资料相符合的程度、施工质量和维护状况，并注意相关的非抗震缺陷。

（3）综合抗震能力分析，根据各类建筑结构的特点、结构布置、构造和抗震承载力等因素，采用相应的逐级鉴定方法，进行综合抗震能力分析。

（4）鉴定结论和治理，对现有建筑整体抗震性能做出评价，对符合抗震鉴定要求的建筑应说明其后续使用年限，对不符合抗震鉴定要求的建筑提出相应的维修、加固、改变用途或更新的防震减灾对策。

建筑抗震鉴定流程如图 6-1 所示。

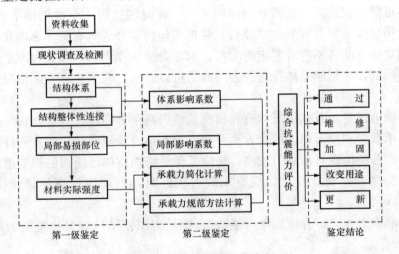

图 6-1　建筑抗震鉴定流程

经抗震鉴定评定为需要加固的现有建筑应进行抗震加固，抗震加固的工作程序详见本章第 6.3 节。

6.2　建筑抗震鉴定

6.2.1　建筑抗震鉴定的基本规定

根据地震灾害和各类建筑物震害规律的总结以及各类建筑物抗震性能的研究成果，给出现有建筑抗震鉴定的原则和指导思想，对现有建筑的总体布置和关键构造进行宏观判断，力求做到从多个方面来综合衡量与判断现有建筑的整体抗震能力。

1. 现有建筑抗震鉴定和加固后的设防目标

近年来，国内外抗震设防目标的发展总趋势是要求建筑物在使用期间，对不同频率和强度的地震，应具有不同的抵抗能力，即"小震不坏、中震可修、大震不倒"。这一抗震设防目标也被我国抗震设计规范所采纳。

现有建筑抗震鉴定的设防目标在相同概率保证下与《建筑抗震设计规范》（GB 50011—2010）保持一致，在预期的后续使用年限内具有相应的抗震设防目标。因此，在遭遇同样的地震影响时，后续使用年限50年的现有建筑，具有与《建筑抗震设计规范》（GB 50011—2010）相同的设防目标；后续使用年限少于50年的现有建筑，其损坏程度略大于按后续使用年限50年鉴定的建筑。也就是说，现有建筑同样要保证大震不倒，但小震可能会有轻度损坏，中震可能损坏较为严重。

2. 建筑综合抗震能力的判断

综合抗震能力是指整个建筑结构综合考虑其构造和承载力等因素所具有的抵抗地震作用的能力。以往的抗震鉴定和加固，往往偏重于构件和部件的鉴定，缺乏总体抗震性能的判断。只要某部位不符合鉴定要求，则认为该部位需要加固处理。这样不但增加了房屋的加固面积，而且还可能造成加固后形成新的薄弱环节，此时的抗震安全性仍得不到保证。因此，要强调整个结构总体上所具有的抗震能力，并把结构构件分为具有整体影响和局部影响两大类，给予区别对待。前者不符合鉴定要求时，对综合抗震能力影响较大；而后者不符合鉴定要求时只影响局部，在判断总体抗震能力时有的可以忽略，只需根据实际情况进行维修处理即可。

综合抗震能力还意味着从抗震构造和抗震承载力两个方面进行综合判别。新建工程抗震设计时，可从承载力和变形能力两个方面分别或相互结合来提高结构的抗震性能；而现有建筑抗震鉴定时，若结构现有承载力较高，则除了保证结构整体性所需的构造措施外，延性方面的构造鉴定要求可稍低；反之，现有承载力较低时，则可用较高的延性构造措施予以补充。

在鉴定标准中引入"综合抗震能力系数"，就是力图使结构综合抗震能力的判断有相对的数量尺度。

3. 现有建筑抗震措施检查和抗震验算要求

现有建筑按《建筑工程抗震设防分类标准》（GB 50223—2008）分为四类，不同设防类别的现有建筑，其抗震措施核查和抗震验算的综合鉴定应符合下列要求：

（1）丙类，即标准设防类，属于一般房屋建筑，应按本地区设防烈度的要求核查其抗震措施并进行抗震验算。

（2）乙类，即重点设防类，6～8度应按比本地区设防烈度提高一度的要求核查其抗震措施，9度时应适当提高要求；抗震验算应按不低于本地区设防烈度的要求采用。

（3）甲类，即特殊设防类，应经专门研究按不低于乙类的要求核查其抗震措施，抗震验算应按高于本地区设防烈度的要求采用。

（4）丁类，即适度设防类，7～9度时，应允许按比本地区设防烈度降低一度的要求核查其抗震措施，抗震验算应允许比本地区设防烈度适当降低要求；6度时应允许不做抗震鉴定。

对于不同类型的既有建筑的抗震鉴定，其检查的重点、项目内容和要求不同，所采用的鉴定方法也不同。同一结构中，要区别重点部位与一般部位。重点部位是指影响建筑结构整体抗震性能的关键部位和易导致局部倒塌伤人的构件、部件，以及地震时可能造成次生灾害的部位，例如，多层砌体结构的房屋四角、底层和大房间等墙体砌筑质量和纵横墙交接处，底层框架砌体结构的底部，内框架砌体结构的顶层，框架结构的填充墙以及框架柱的截面和配筋等。此外，对抗震性能有整体影响的构件和仅有局部影响的构件，在综合抗震能力分析时应区别对待。

4. 建筑"现状良好"的评定

"现状良好"是现有建筑现状调查中的重要概念，涉及施工质量和维护、维修情况。它是介于完好无损和有局部损伤之间的一种概念。

抗震鉴定时要求建筑的"现状良好"，即建筑所存在的一些质量缺陷是属于正常维修范畴的。一般说，"现状良好"可包括下列几点：

（1）砌体墙体不空鼓、无较重酥碱和明显歪闪，砂浆饱满；支承大梁、屋架的墙体无竖向裂缝。

（2）混凝土结构主体构件无明显变形、倾斜或歪扭；梁、柱及其节点的混凝土仅有少量微小开裂或局部剥落，钢筋无露筋、锈蚀；填充墙无明显开裂或与框架脱开。

（3）钢结构构件无歪扭、锈蚀。

（4）木结构构件无明显的变形、歪扭、腐朽、蚁蚀、影响受力的裂缝和弊病；节点无明显松动或拔榫。

（5）构件连接处、墙体交接处等连接部位无明显裂缝。

（6）结构无明显的沉降裂缝和倾斜，基础无酥碱、松散或剥落。

（7）建筑变形缝的间隙无堵塞。

5. 场地条件和基础类别的利弊

现有建筑的抗震鉴定，以上部结构为主，而地下部分的影响也要充分注意。可根据建筑所在场地、地基和基础等有利和不利因素，作出下列调整：

（1）Ⅰ类场地上的丙类建筑，7～9 度时，上部结构的构造鉴定要求，一般情况可降低一度采用。

（2）Ⅳ类场地、复杂地形、严重不均匀土层上的建筑以及同一建筑单元存在不同类型基础时，可提高抗震鉴定要求。

（3）建筑场地为Ⅲ、Ⅳ类时，对设计基本地震加速度 0.15g 和 0.30g 的地区，各类建筑的抗震构造措施要求宜分别按抗震设防烈度 8 度（0.20g）和 9 度（0.40g）采用。

（4）对全地下室、箱基、筏基和桩基等整体性能较好的基础类型，上部结构的部分抗震鉴定要求可在一度范围内适当降低，但不可全面降低。

（5）对于密集的建筑，包括防震缝两侧的建筑，应提高相关部位的抗震鉴定要求。

6. 建筑结构布置不规则时的鉴定要求

现有建筑的不规则性是客观存在的，抗震鉴定时遇到不规则、复杂的建筑，则需采用专门的方法来判断，并注意提高有关部位的鉴定要求。

7. 结构体系的合理性检验

抗震鉴定时，应对现有建筑结构体系的合理性进行检查，并对其抗震性能的优劣进行初步的判断。除了对结构布置中的规则性判别外，还有下列内容：

（1）多层砌体房屋、多层内框架砖房、钢筋混凝土框架房屋，在不同烈度下有各自的最大适用高度和层数；当房屋高度或层数超过时，抗震鉴定时要采用相对复杂或专门的方法。

（2）结构竖向构件上下不连续或刚度沿高度分布突变时，如抽柱、抽梁或抗震墙不落地等，使地震作用的传递途径发生变化，则应找出薄弱部位并需提高有关部位的鉴定要求。

（3）检查结构体系，应找出其破坏会导致整个体系丧失抗震能力或丧失对重力的承载能力的部件或构件；当房屋有错层或不同类型结构体系相连时，应提高其相应部位的抗震鉴定要求。

（4）当同一房屋有不同的结构类型相连，如部分为框架，部分为砌体，而框架梁直接支承在砌体结构上，天窗架为钢筋混凝土，而端部由砖墙承重；排架柱厂房单元的端部和锯齿形厂房四周直接由砖墙承重等。由于各部分动力特性不一致，相连部分受力复杂，要考虑相互间的不利影响。

（5）房屋端部有楼梯间、过街楼，或砖房有通长悬挑阳台，或厂房有局部平台与主体结构相连，或不等高厂房的高低跨交接处，要考虑局部地震作用效应增大的不利影响。

8. 构件形式的抗震检查

抗震鉴定时，要注意结构构件尺寸、长细比和截面形式等与非抗震的要求有所不同。

（1）砌体结构的窗间墙、门洞边墙段等的宽度不宜过小，不应有砖璇式的门窗过梁，不宜有踏步板竖肋插入墙体内的梯段。

（2）钢筋混凝土框架不宜有短柱，纵向钢筋和箍筋要符合最低要求；钢筋混凝土抗震墙的高厚比也不宜过大。

（3）单层钢筋混凝土柱厂房不应采用Ⅱ形天窗架、无拉杆组合屋架；薄壁工字形柱、腹板大开孔工字形柱和双肢管柱等也不利抗震。

（4）单层砖柱厂房不宜有变截面的砖柱。

上述构件，或承载力不足，或延性明显不足，或连接的有效性难以保证，均不利于抗震设防要求，抗震鉴定时，宜提高相应构件的配筋等构造要求。

9. 抗震结构整体性构造的判断

现有建筑的多个构件、部件之间要形成整体受力的空间体系，结构整体性的强弱直接影响整个结构的抗震性能。可从以下几个方面检验：

（1）装配式楼、屋盖自身连接的可靠性，包括有关屋架支撑、天窗架支撑的完整性。

（2）楼、屋盖和大梁与墙（柱）的连接，包括最小支承长度，以及锚固、焊接和拉结措施等的可靠性。

（3）墙体、框架等竖向承重构件自身连接的可靠性，包括纵横墙交接处的拉结构造、框架节点的刚接或铰接方式，以及柱间支撑系统的完整性。

10. 非结构构件的震害评定

非结构构件包括围护墙、隔墙等建筑构件，女儿墙、雨篷、出屋面小烟囱等附属构件，以及各种装饰构件。非结构构件与主体结构的连接构造应满足不倒塌伤人的要求；位于出入口及人流通道等处，应有可靠的连接。主要体现在：

（1）女儿墙等出屋面悬臂构件要锚固，无锚固时要控制最大高度；人流出入口处尤为重要。

（2）砌体围护墙、填充墙等要与主体结构拉结，要防止倒塌伤人；对于布置不合理，如不对称形成扭转，嵌砌不到顶形成短柱或对柱有附加应力，厂房一端有墙、一端敞口或一端侧砌、一端贴砌等，均要考虑其不利影响；对于构造合理、拉结可靠的砌体填充墙，可作为抗侧力构件并考虑其抗震承载力。

（3）较重的装饰物与主体结构应有可靠连接。

11. 材料实际强度等级的最低要求

抗震鉴定时，要检查结构材料实际达到的强度等级，当低于规定的最低要求时，应采取相应的抗震减灾对策。现有建筑控制材料最低强度等级的目的与新建建筑有所不同：

（1）受历史条件的限制，对现有建筑材料强度鉴定的要求略低于对新建建筑的设计要求。

（2）抗震鉴定时控制最低强度等级，不仅可使现有建筑的抗震承载力和变形能力有基本的保证，而且在一定程度上可缩小抗震验算的范围。

12. 现有建筑的分级鉴定

现有 A 类建筑的抗震鉴定分为两级。第一级鉴定以如前所述的宏观控制和构造鉴定为主进行综合评价；第二级鉴定以抗震验算为主结合构造影响进行综合评价。当 A 类建筑符合第一级鉴定的各项要求时，建筑可评为满足抗震鉴定要求，不再进行第二级鉴定；当不符合第一级鉴定要求时，除有明确规定的情况外，应根据第二级鉴定做出判断。

B 类建筑的抗震鉴定，应检查其抗震措施和现有抗震承载力再做出判断。当抗震措施不满足鉴定要求而现有抗震承载力较高时，可通过构造影响系数进行综合抗震能力的评定；当抗震措施鉴定满足要求时，主要抗侧力构件的抗震承载力不低于规定的 95%、次要抗侧力构件的抗震承载力不低于规定的 90%，也可不要求进行加固处理。

现有建筑的鉴定流程如图 6-2 所示。

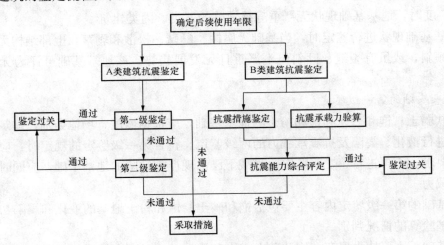

图 6-2　现有建筑的鉴定流程

6 度和有具体规定时，可不进行抗震验算；当 6 度第一级鉴定不满足时，可通过抗震验算进行综合抗震能力评定；其他情况，至少在两个主轴方向分别按《建筑抗震鉴定标准》（GB

50023—2009）规定的方法进行结构的抗震验算。当《建筑抗震鉴定标准》（GB 50023—2009）未给出具体方法时，可采用《建筑抗震设计规范》（GB 50011—2010）规定的方法。对不符合鉴定要求的建筑，可根据其不符合要求的程度、部位对结构整体抗震性能影响的大小，以及有关的非抗震缺陷等实际情况，结合使用要求、城市规划和加固难易等因素的分析，提出相应的维修、加固、改变用途或更新等抗震减灾对策。

6.2.2　地基基础抗震鉴定

1. 建筑场地的影响

现有建筑的抗震鉴定，以上部结构为主，而地下部分的影响也要适当注意。例如，抗震设防烈度为 6、7 度时，以及建造于对抗震有利地段的建筑，可不进行场地对建筑影响的抗震鉴定。对建造于危险地段的现有建筑，应结合规划更新（迁离）；暂时不能更新的，应进行专门研究，并采取应急的安全措施。抗震设防烈度为 7～9 度时，建筑场地为条状突出山嘴、高耸孤立山丘、非岩石和强风化岩石陡坡、河岸和边坡的边缘等不利地段，应对其地震稳定性、地基滑移及对建筑的可能危害进行评估；非岩石和强风化岩石陡坡的坡度及建筑场地与坡脚的高差均较大时，应估算局部地形导致其地震影响增大的后果。

2. 地基基础现状的调查

地基基础现状的鉴定，应着重调查上部结构的不均匀沉降裂缝和倾斜，基础有无腐蚀、酥碱、松散和剥落，上部结构的裂缝、倾斜以及有无发展趋势。符合下列情况之一的现有建筑，可不进行其地基基础的抗震鉴定：

（1）丁类建筑。

（2）地基主要受力层内不存在软弱土、饱和砂土和粉土或严重不均匀土层的乙类、丙类建筑。

（3）6 度时的各类建筑。

（4）7 度时，地基基础现状无严重静载缺陷的乙类、丙类建筑。

对地基基础现状进行鉴定时，当基础无腐蚀、酥碱、松散和剥落，上部结构无不均匀沉降裂缝和倾斜，或虽有裂缝、倾斜但不严重且无发展趋势，该地基基础可评为无严重静载缺陷。

3. 地基基础的第一级鉴定

存在软弱土、饱和砂土和饱和粉土的地基基础，应根据烈度、场地类别、建筑现状和基础类型，进行液化、震陷及抗震承载力的两级鉴定。符合第一级鉴定的规定时，应评为地基符合抗震要求，不再进行第二级鉴定。静载下已出现严重缺陷的地基基础，应同时审核其静载下的承载力。

地基基础的第一级鉴定内容主要包括饱和砂土、饱和粉土地基的液化和震陷初判，及可不进行桩基验算的情况判别。

（1）基础下主要持力层存在饱和砂土或饱和粉土时，对下列情况可不进行液化影响的判别：对液化沉陷不敏感的丙类建筑；符合《建筑抗震设计规范》（GB 50011—2010）液化初步判别要求的建筑。

（2）基础下主要持力层存在软弱土时，对下列情况可不进行建筑在地震作用下沉陷的估算：8、9 度时，地基土静承载力特征值分别大于 80kPa 和 100kPa；8 度时，基础底面以下的软弱土层厚度不大于 5m。

（3）采用桩基的建筑，对下列情况可不进行桩基的抗震验算：《建筑抗震设计规范》（GB 50011—2010）规定可不进行桩基抗震验算的建筑。位于斜坡但地震时土体稳定的建筑。

当上述要求不满足时，应对地基基础进行第二级鉴定。

4. 地基基础的第二级鉴定

地基基础的第二级鉴定，包括饱和砂土、饱和粉土的液化再判，软土和高层建筑的天然地基、桩基承载力验算及不利地段上抗滑移验算的鉴定。

（1）饱和土液化的第二级判别，应按《建筑抗震设计规范》（GB 50011—2010）的规定，采用标准贯入试验判别法。

当饱和土标准贯入锤击数（未经杆长修正）小于液化判别标准贯入锤击数临界值时，应判为液化土。存在液化土时，应确定液化指数和液化等级，并提出相应的抗液化措施。

（2）软弱土地基及 8、9 度时 III、IV 类场地上的高层建筑和高耸结构，应进行地基和基础的抗震承载力验算。

（3）桩基的抗震承载力验算，可按《建筑抗震设计规范》（GB 50011—2010）规定的方法进行。

（4）抗滑移验算规定。承受水平力为主的天然地基（柱间支撑的柱基、拱脚等）验算水平抗滑时，抗滑阻力可采用基础底面摩擦力和基础正侧面土的水平抗力之和；基础正侧面土的水平抗力，可取其被动土压力的 1/3；抗滑安全系数不宜小于 1.1；当刚性地坪的宽度不小于地坪孔口承压面宽度的 3 倍时，可利用刚性地坪的抗滑能力。

同一建筑单元存在不同类型基础或基础埋深不同时，宜根据地震时可能产生的不利影响，估算地震导致两部分地基的差异沉降，检查基础抵抗差异沉降的能力，并检查上部结构相应部位的构造抵抗附加地震作用和差异沉降的能力。

6.2.3　多层砌体房屋抗震鉴定

1. 多层砌体房屋现状的调查和评估

（1）多层砌体房屋现状的资料收集。多层砌体房屋现状的调查时，应尽可能全面掌握房屋的工作状况，这是进行抗震鉴定的基础。通常包括：

1）原有勘察、设计和施工资料，了解设计施工年代，当时的材料性能，设计荷载和抗震设防标准，尽可能掌握设计计算书或设计时所使用的软件。

2）实际房屋与原设计（竣工）图的差异，着重了解承重墙体洞口的变化情况，隔墙位置的变更，实际荷载的大小，以及维修、扩建、改建或加固中增加构件的数量、位置等。

3）使用维修状况，如维修次数，粉刷饰面维修情况，屋面防水层翻修情况。

4）毗邻建筑变化，如基础开挖、主要人行通道、建筑群密集情况的改变等。

5）构件已有的缺陷等。

（2）砌体强度检测。砌体房屋抗震鉴定主要是砌筑砂浆强度等级的评估。通常采用回弹法，必要时还可采用点荷测试法对回弹结果进行修正。检测时应有满足评定要求的测点。

（3）主要缺陷调查。多层砌体房屋的缺陷检查主要包括：

1）墙底酥碱面积、高度和深度。

2）裂缝位置、走向、长度、宽度和深度，可根据震害特征侧重检查重点部位。

3）基础沉陷和墙体倾斜状况。

4）饰面、粉刷层剥落和空膨的部位和程度。

5）木构件腐朽和混凝土构件碳化、钢筋锈蚀程度等。

2. A类砌体房屋抗震鉴定

（1）第一级鉴定。第一级鉴定分两种情况。对刚性体系的房屋，先检查其整体性和易引起局部倒塌的部位，当整体性良好且连接良好时，根据大量的计算分析，可不必计算墙体面积率，而直接按房屋宽度、横墙间距和砌筑砂浆强度等级来判断是否满足抗震要求。不符合时才进行第二级鉴定。对非刚性体系的房屋，第一级鉴定只检查其整体性和易引起局部倒塌的部位，并需进行第二级鉴定。下面对第一级鉴定的主要内容给予说明。

1）刚性体系判别。质量和刚度沿高度分布比较均匀规则、沿平面分布大致对称，立面高度变化不超过一层，错层时楼板高差不超过 0.5m 的多层砖房，总高度、总长度、总宽度满足表 6-1 要求和抗震横墙最大间距满足表 6-2 要求时，可判为刚性结构体系。

表 6-1   A类砌体房屋刚性体系的高度、层数和长度、宽度要求

墙体类别	墙体厚度/mm	6度		7度		8度		9度		H/B	H/L
		高度	层数	高度	层数	高度	层数	高度	层数		
普通砖实心墙	≥240	24	八	22	七	19	六	13	四		
	180	16	五	16	五	13	四	10	三		
多孔砖墙	180～240	16	五	16	五	13	四	10	三		
普通砖空心墙	420	19	六	19	六	13	四	10	三		
	300	10	三	10	三	10	三				
普通砖空斗墙	240	10	三	10	三	10	三			2.2	≤1
混凝土中砌块墙	≥240	19	六	19	六	13	四				
混凝土小砌块墙	≥190	22	七	22	七	16	五				
粉煤灰中砌块墙	≥240	19	六	19	六	13	四				
	180～240	16	五	16	五	10	三				

注：1. 房屋高度 H 为室外地面（或半地下室内地面）到檐口的高度（m）；总宽度 B 不包括单面走廊的廊宽（m）；L 为底层平面的最大长度（m）。

2. 空心墙是指由两片 120mm 厚砖与 240mm 厚砖通过卧砌砖形成的墙体；乙类设防时应允许按本地区设防烈度查表，但层数应减少一层且总高度应降低 3m；其抗震墙不应为 180mm 普通砖实心墙、普通砖空斗墙。

3. 对横向抗震墙较少的房屋，其适用高度和层数应分别降低 3m 和一层；如横向抗震墙很少还应再减少一层。

| 表 6-2 | A 类砌体房屋刚性体系的最大横墙间距 | | | | （单位：m） |

楼、屋盖类别	墙体类别	墙体厚度/mm	6、7 度	8 度	9 度
现浇或装配整体式混凝土	砖实心墙	≥240	15	15	11
	其他墙体	≥180	13	10	—
装配式混凝土	砖实心墙	≥240	11	11	7
	其他墙体	≥180	10	7	—
木、砖拱	砖实心墙	≥240	7	7	4

注：对Ⅳ类场地，表内的最大间距值应减少 3m 或 4m 以内的一开间。

对一般的多层砖房，只要层数和高度满足要求，则较容易符合刚性结构体系的要求。此外，刚性结构体系房屋若存在跨度不小于 6m 的大梁，则不宜由独立砖柱支承，乙类设防时不应由独立砖柱支承。教学楼、医疗用房等横墙较少、跨度较大的房间，宜为现浇或装配整体式楼、屋盖。

2）整体性判别。整体性连接构造的鉴定，包括纵横向抗震墙的交接处、楼（屋）盖及其与墙体的连接处、楼（屋）盖的支承长度 L_b、圈梁布置和构造等的判别。鉴定的要求低于设计规范。丙类建筑对现有房屋构造柱、芯柱的布置不作要求。

现有建筑整体性的判别分为着重检查的内容和一般检查的内容，见表 6-3。

| 表 6-3 | | A 类砌体房屋整体连接要求 | |

项目类型	序号	项　目	构　造　要　求
重点项目	1	墙体布置	平面内应闭合，交接处墙内无烟道、通风道等竖向孔道；乙类设防时，按表 6-9 检查构造柱设置情况
	2	圈梁布置	圈梁布置和配筋满足表 6-10 的要求
一般项目	3	纵横墙交接处	咬槎较好；马牙槎砌筑时沿墙高有 2φ6 拉结筋；钢筋混凝土芯柱连通且沿墙高有 φ4 点焊钢筋网片与墙拉结
	4	预制板	坐浆安置，板缝有混凝土填实，板上有砂浆面层；墙上 L_b≥100mm，梁上 L_b≥80mm
	5	进深梁	墙上 L_b≥180mm 且有梁垫或圈梁相连
	6	木屋架（木大梁）	无腐朽、开裂，有下弦；墙上 L_b≥240mm，有支撑或望板
	7	对接檩条	屋架上 L_b≥60mm
	8	木龙骨（木檩条）	墙上 L_b≥120mm

对于乙类设防的现有建筑，应按本地区抗震设防烈度和表 6-4 检查构造柱设置情况。

现浇和装配整体式钢筋混凝土楼盖、屋盖可不设置圈梁，对装配式混凝土楼盖、屋盖（或木屋盖）砖房，实心砖墙的圈梁布置和配筋，按表 6-5 检查。空斗墙、空心墙和 180mm 厚砖墙的房屋，外墙每层设置，内墙隔开间设置。砌块房屋每层均设圈梁，内墙圈梁的要求应提高一度设置。纵墙承重房屋的圈梁布置要求应相应提高。

表 6-4   乙类设防时 A 类砖房构造柱设置要求

房屋层数				设 置 部 位	
6 度	7 度	8 度	9 度		
四、五	三、四	二、三		外墙四角，错层部位横墙与外纵墙交接处，较大洞口两侧，大房间内外墙交接处	7、8 度时，楼梯间、电梯间四角
六、七	五、六	四	二		隔开间横墙（轴线）与外纵墙交接处，山墙与内纵墙交接处；7～9 度时，楼梯间、电梯间四角
		五	三		内墙（轴线）与外墙交接处，内墙的局部较小墙垛处；7～9 度时，楼梯间、电梯间四角；9 度时内纵墙与横墙（轴线）交接处

注：横墙较少时，按增加一层的层数查表。砌块房屋按表中提高一度的要求检查芯柱或构造柱。

表 6-5   A 类砌体房屋圈梁的布置和构造要求

位置和配筋量		7 度	8 度	9 度
屋盖	外墙	除层数为二层的预制板或有木望板、木龙骨吊顶时，均应设置	均应设置	均应设置
	内墙	同外墙，且纵横墙上圈梁的水平间距分别不应大于 8m 和 16m	纵横墙上圈梁的水平间距分别不应大于 8m 和 12m	纵横墙上圈梁的水平间距均不应大于 8m
楼盖	外墙	横墙间距大于 8m 或层数超过四层时应隔层设置	横墙间距大于 8m 时每层应有，横墙间距不大于 8m 层数超过三层时，应隔层设置	层数超过二层且横墙间距大于 4m 时，每层均应设置
	内墙	横墙间距大于 8m 或层数超过四层时，应隔层设置，且圈梁的水平间距不应大于 16m	同外墙，且圈梁的水平间距不应大于 12m	同外墙，且圈梁的水平间距不应大于 8m
配筋量		$4\phi8$	$4\phi10$	$4\phi12$

注：6 度时，同非抗震要求。

圈梁的布置和构造还应符合下列要求：

①圈梁截面高度，多层砖房不宜小于 120mm，中型砌块房屋不宜小于 200mm，小型砌块房屋不宜小于 150mm。

②圈梁位置与楼盖、屋盖宜在同一标高或紧靠板底。

③砖拱楼盖、屋盖房屋，每层所有内外墙均应有圈梁，当圈梁承受砖拱楼盖、屋盖的推力时，配筋量不应少于 $4\phi12$。

④屋盖处的圈梁应为现浇；楼盖处的圈梁可为钢筋砖圈梁，其高度不小于 4 皮砖，砌筑砂浆强度等级不低于 M5，总配筋量不少于表 6-5 中的规定；现浇钢筋混凝土板墙或钢筋网水泥砂浆面层中的配筋加强带可代替该位置上的圈梁；与纵墙圈梁有可靠连结的进深梁或配筋板带也可代替该位置上的圈梁。

3）砌体的材料强度判别。多层砌体房屋的竖向承载力、受剪承载力和抗震承载力，主要取决于砌体中块体和砂浆的强度。因此，在多层砌体房屋的第一级鉴定中对承重墙体的砖、砌块和砂浆实际达到的强度等级提出了最低要求。

砖强度等级不宜低于 MU7.5，且不低于砌筑砂浆的强度等级；中型砌块的强度等级不宜低于 MU10，小型砌块的强度等级不宜低于 MU5。砖、砌块的强度等级低于上述规定一级以内时，墙体的砂浆强度等级宜按比实际达到的强度等级降低一级采用。

墙体的砌筑砂浆强度等级，6 度时或 7 度时二层及以下的砖砌体不应低于 M0.4，当 7 度时超过二层或 8、9 度时不宜低于 M1；砌块墙体不宜低于 M2.5。砂浆强度等级高于砖、砌块的强度等级时，墙体的砂浆强度等级宜按砖、砌块的强度等级采用。

4）易损部位构件判别。多层砌体房屋中一些部位在地震中容易损坏，虽不致引起整个房屋的破坏，但局部的倒塌，也会造成人员伤亡。砌体房屋中易引起局部倒塌的部件及其连接，包括楼梯间、悬挑构件、女儿墙、出屋面小烟囱和墙体的局部尺寸等。易损部位的构造要求应满足表 6-6。

表 6-6　　　　　　　　　　　　A 类砌体房屋易损部位构造要求

序号	项　目	7 度	8 度	9 度
1	承重窗间墙、尽端墙、支承大梁（跨度大于 5m）的内墙阳角墙最小宽度	0.8m	1.0m	1.5m
2	非承重外墙最小宽度	0.8m	0.8m	1.0m
3	楼梯间、门厅大梁（跨度大于 6m）的支承长度	490mm		
4	无拉结 240mm 厚女儿墙最大高度	刚性体系≤0.9m，其他≤0.5m		
5	出屋面的楼梯间、电梯间和水箱间等	8、9 度时砂浆强度等级≥M2.5，屋盖与墙拉结		
6	出屋面小烟囱	有人流处应有防倒塌措施		
7	隔墙与两侧墙体或柱连接	应有拉结，长于 5.1m、高于 3m 时，墙顶应与梁板拉结		
8	挑檐、雨罩等悬挑构件	应有足够的稳定性		
9	楼梯间的墙体，悬挑楼层、通长阳台或房屋尽端局部悬挑阳台，过街楼的支承墙体	应提高有关墙体承载能力的要求		

5）纵横向墙量判别。第一级鉴定时，砌体结构房屋的抗震承载力可根据纵横向墙体的数量进行简化验算，而纵横向墙体的数量由抗震横墙间距和宽度两个指标衡量。

对于刚性体系、整体性好、易损部位局部构造满足要求的多层砌体结构房屋，一般只要依据砌筑砂浆的强度按表 6-7 检验承重横墙间距和宽度，如果在规定的限值内即可完成其抗震性能的鉴定。

设计基本地震加速度为 0.15g 和 0.30g 时，应按表 6-7 中数值采用内插法确定；其他墙体的房屋，应按表 6-7 的限值乘以表 6-8 规定的抗震墙体类别修正系数采用。自承重墙的限值，可按表 6-7 规定值的 1.25 倍采用。对楼梯间的墙体，悬挑楼层、通长阳台或房屋尽端局部悬挑阳台，过街楼的支承墙体，与独立承重砖柱相邻的承重墙体，其限值宜按上述规定值的 0.8 倍采用；突出屋面的楼梯间、电梯间和水箱间等小房间，其限值宜按上述规定值的 1/3 采用。

表 6-7 抗震承载力简化验算的抗震横墙间距和房屋宽度限值 （单位：m）

楼层总数	检查楼层	砂浆强度等级																			
		M0.4		M1		M2.5		M5		M10		M0.4		M1		M2.5		M5		M10	
		L	*B*	*L*	*B*	*L*	*B*	*L*	*B*	*L*	*B*	*L*	*B*	*L*	*B*	*L*	*B*	*L*	*B*	*L*	*B*
		6度										7度									
二	2	6.9	10	11	15	15	15	—	—	—	—	4.8	7.1	7.9	11	12	15	15	15	—	—
	1	6.0	8.8	9.2	14	13	15	—	—	—	—	4.2	6.2	6.4	9.5	9.2	13	12	15	—	—
三	3	6.1	9.0	10	14	15	15	15	15	—	—	4.3	6.3	7.0	10	11	15	15	15	—	—
	1～2	4.7	7.1	7.0	11	9.8	14	14	15	—	—	3.3	5.0	5.0	7.4	6.8	10	9.2	13	—	—
四	4	5.7	8.4	9.4	14	14	15	15	15	—	—	—	—	6.6	9.5	9.8	12	12	12	—	—
	3	4.3	6.3	6.6	9.6	9.3	14	13	15	—	—	—	—	4.6	6.7	6.5	9.5	8.9	12	—	—
	1～2	4.0	6.0	5.9	8.9	8.1	12	11	15	—	—	—	—	4.1	6.2	5.7	8.5	7.5	11	—	—
五	5	5.6	9.2	9.0	12	12	12	12	12	—	—	—	—	6.3	9.0	9.4	12	12	12	—	—
	4	3.8	6.5	6.1	9.0	8.7	12	12	12	—	—	—	—	4.3	6.3	6.1	8.9	8.3	12	—	—
	1～3	—	—	5.2	7.9	7.0	10	9.1	12	—	—	—	—	3.6	5.4	4.9	7.4	6.4	9.4	—	—
六	6	—	—	8.9	12	12	12	12	12	—	—	—	—	6.1	8.8	9.2	12	12	12	—	—
	5	—	—	5.9	8.6	8.3	12	11	12	—	—	—	—	4.1	6.0	5.8	8.5	7.8	11	—	—
	4	—	—	—	—	6.8	10	9.1	12	—	—	—	—	—	—	4.8	7.1	6.4	9.3	—	—
	1～3	—	—	—	—	6.3	9.4	8.1	12	—	—	—	—	—	—	4.4	6.6	5.7	8.4	—	—
七	7	—	—	8.2	12	12	12	12	12	—	—	—	—	—	—	3.9	7.2	3.9	7.2	—	—
	6	—	—	5.2	8.3	8.0	11	11	12	—	—	—	—	—	—	3.9	7.2	3.9	7.2	—	—
	5	—	—	—	—	6.4	9.6	8.5	12	—	—	—	—	—	—	3.9	7.2	3.9	7.2	—	—
	1～4	—	—	—	—	5.7	8.5	7.3	11	—	—	—	—	—	—	—	—	3.9	7.2	—	—
八	6～8	—	—	—	—	3.9	7.8	3.9	7.8	—	—	—	—	—	—	—	—	—	—	—	—
	1～5	—	—	—	—	3.9	7.8	3.9	7.8	—	—	—	—	—	—	—	—	—	—	—	—
楼层总数	检查楼层	砂浆强度等级																			
		M0.4		M1		M2.5		M5		M10		M0.4		M1		M2.5		M5		M10	
		L	*B*	*L*	*B*	*L*	*B*	*L*	*B*	*L*	*B*	*L*	*B*	*L*	*B*	*L*	*B*	*L*	*B*	*L*	*B*
		8度										9度									
二	2	—	—	5.3	7.8	7.8	12	10	15	—	—	—	—	3.1	4.6	4.7	7.1	6.0	9.2	11	11
	1	—	—	4.3	6.4	6.2	8.9	8.4	12	—	—	—	—	—	—	3.7	5.3	5.0	7.1	6.4	9.0
三	3	—	—	4.7	6.7	7.0	9.9	9.7	14	13	15	—	—	—	—	4.2	5.9	5.8	8.2	7.7	10
	1～2	—	—	3.3	4.9	4.6	6.8	6.2	8.8	7.7	11	—	—	—	—	—	—	3.7	5.3	4.6	6.7
四	4	—	—	4.4	5.7	6.5	9.2	9.1	12	12	12	—	—	—	—	—	—	3.3	5.8	3.3	5.9
	3	—	—	—	—	4.3	6.3	5.9	8.5	7.6	11	—	—	—	—	—	—	—	—	3.3	4.8
	1～2	—	—	—	—	3.8	5.1	5.0	7.3	6.2	9.1	—	—	—	—	—	—	—	—	2.8	4.0
五	5	—	—	—	—	6.3	8.9	8.8	12	11	12	—	—	—	—	—	—	—	—	—	—
	4	—	—	—	—	4.1	5.9	5.5	7.8	7.1	10	—	—	—	—	—	—	—	—	—	—
	1～3	—	—	—	—	3.3	4.5	4.3	6.3	5.3	7.8	—	—	—	—	—	—	—	—	—	—
六	6	—	—	—	—	3.9	6.0	3.9	6.0	3.9	5.9	—	—	—	—	—	—	—	—	—	—
	5	—	—	—	—	—	—	3.9	5.5	3.9	5.9	—	—	—	—	—	—	—	—	—	—
	4	—	—	—	—	—	—	3.2	4.7	3.9	5.9	—	—	—	—	—	—	—	—	—	—
	1～3	—	—	—	—	—	—	—	—	3.9	5.9	—	—	—	—	—	—	—	—	—	—

注：1. *L*—240mm 厚承重横墙间距限值；楼、屋盖为刚性时取平均值，柔性时取最大值，中等刚性相应换算。

2. *B*—240mm 厚纵墙承重的房屋宽度限值；有一道同样厚度的内纵墙时可取 1.4 倍，有 2 道时可取 1.8 倍；平面局部突出时，房屋宽度可按加权平均值计算。

3. 楼盖为混凝土而屋盖为木屋架或钢木屋架时，表中顶层的限值宜乘以 0.7。

表 6-8   **抗震墙体类别修正系数**

墙体类别	空斗墙	空心墙		多孔砖墙	小型砌块墙	中型砌块墙	实心墙		
厚度/mm	240	300	420	190	t	t	180	370	480
修正系数	0.6	0.9	1.4	0.8	0.8t/240	0.6t/240	0.75	1.4	1.8

注：t 指小型砌块墙体的厚度。

多层砌体房屋符合本节上述各项规定可评为综合抗震能力满足抗震鉴定要求；当遇下列情况之一时，可不再进行第二级鉴定，但应评为综合抗震能力不满足抗震鉴定要求，且要求对房屋采取加固或其他相应措施：

①房屋高宽比大于 3，或横墙间距超过刚性体系最大值 4m。

②纵横墙交接处连接不符合要求，或支承长度少于规定值的 75%。

③易损部位非结构构件的构造不符合要求。

④有多项明显不符合要求。

（2）第二级鉴定。

1）第二级抗震鉴定方法。

A 类砌体房屋采用综合抗震能力指数的方法进行第二级鉴定时，应根据房屋不符合第一级鉴定的具体情况，分别采用楼层平均抗震能力指数方法、楼层综合抗震能力指数方法和墙段综合抗震能力指数方法。

①对于现有结构体系、整体性连接和易引起倒塌的部位符合第一级鉴定要求，但横墙间距和房屋宽度均超过或其中一项超过第一级鉴定限值的房屋，可采用楼层平均抗震能力指数方法进行第二级鉴定。

②现有结构体系、楼屋盖整体性连接、圈梁布置和构造及易引起局部倒塌的结构构件不符合第一级鉴定要求的房屋，可采用楼层综合抗震能力指数方法进行第二级鉴定。

③对于实际横墙间距超过刚性体系规定的最大值、有明显扭转效应和易引起局部倒塌的结构构件不符合第一级鉴定要求的房屋，当最弱的楼层综合抗震能力指数小于 1.0 时，可采用墙段综合抗震能力指数方法进行第二级鉴定。

④房屋的质量和刚度沿高度分布明显不均匀，或 7、8、9 度时房屋的层数分别超过六、五、三层，可按 B 类砌体房屋或按《建筑抗震设计规范》（GB 50011—2010）的方法进行抗震承载力验算。

2）砌体结构房屋抗震墙基准面积率。楼层平均抗震能力指数和楼层综合抗震能力指数均与楼层的纵向或横向抗震墙的基准面积率有关，下面首先介绍多层砌体结构房屋基准面积率的计算方法。

所谓多层砌体结构房屋的"面积率法"是采用房屋每一楼层总的水平地震剪力，除以该层横向或纵向各片砖墙中的水平净面积之和的总受剪承载力的结果。是用各楼层的总体验算来代替逐个墙体的验算。对于各楼层的层高相等，结构布置规则，同一方向上砖墙的距离相同、同方向各片砖墙上的洞口大小、位置大体相同，另外各墙肢 1/2 层高处的平均压应力也大体相同时，才能使各楼层的总体验算与同一楼层内各个墙肢分别验算的结果基本一致。否则，会产生一定的误差。

①多层砌体结构房屋的楼层剪力计算。多层砌体结构房屋的楼层剪力可通过底部剪力法

和楼层单位面积重力荷载代表值表示。

$$V_i = \sum_{i=i}^{n} F_i \qquad (6-1)$$

$$F_i = \frac{G_i H_i}{\sum_{j=1}^{n} G_j H_j} F_{EK} \qquad (6-2)$$

$$F_{EK} = \alpha_1 G_{eq} \qquad (6-3)$$

$$G_{eq} = 0.85 \sum_{i=1}^{n} G_i \qquad (6-4)$$

$$G_i = g_E A_a \qquad (6-5)$$

式中　V_i——i 楼层的地震剪力标准值；

$\quad F_i$——i 楼层的水平地震作用；

$\quad F_{EK}$——结构总水平地震作用标准值；

$\quad \alpha_1$——相应于结构基本自振周期的水平地震影响系数值，对于多层砌体结构房屋、底部框架和多层内框架砖房，可取水平地震影响系数最大值 α_{max}；

$\quad G_{eq}$——结构等效总重力荷载；

$\quad G_i$、G_j——楼层 i、j 的重力荷载代表值；

$\quad q_E$——楼层单位面积重力荷载代表值；

$\quad A_a$——房屋楼层的建筑面积；

$\quad H_i$、H_j——楼层 i、j 的计算高度。

对于各楼层重力荷载相等，层高大体一致时，第 i 楼层的地震剪力标准值可用下列简化公式表示：

$$V_i = \frac{(n+i)(n-i+1)}{n(n+1)} F_{EK} \qquad (6-6)$$

把式（6-3）～式（6-5）代入式（6-6）得：

$$V_i = \frac{(n+i)(n-i+1)}{n(n+1)} 0.85 g_E A_a \alpha_{max} \qquad (6-7)$$

②楼层受剪承载力计算。当各片墙 1/2 层高处的平均压应力大体相等时，第 i 楼层的横向或纵向受剪承载力可用下式表示：

$$V_{Ri} = \frac{f_v}{1.2} \sqrt{1 + 0.45\sigma_0/f_v} A_i / \gamma_{RE} \qquad (6-8)$$

式中　V_{Ri}——第 i 层的受剪承载力；

$\quad f_v$——非抗震设计时砌体抗剪强度设计值；

$\quad \sigma_0$——墙体 1/2 层高处的平均压应力；

$\quad f_v$——第 i 层横向或纵向墙体的净面积之和；

$\quad \gamma_{RE}$——抗震承载力调整系数。

③楼层最小面积率计算。墙体抗震验算时需要满足：

$$V_{Ri} \geqslant \gamma_{Eh} V_i \qquad (6-9)$$

式中　γ_{Eh}——水平地震作用分项系数，可取 $\gamma_{Eh}=1.3$。则楼层最小面积率 ξ_0 可表示为：

$$\xi_0 = \gamma_{\text{Eh}} V_i / V_{\text{R}i}$$

$$= \gamma_{\text{Eh}} \frac{(n+i)(n-i+1)}{(n+1)} (0.85 g_{\text{E}} \alpha_{\text{max}}) / \left(\frac{f_{\text{v}}}{1.2 \gamma_{\text{RE}}} \sqrt{1 + 0.45 \sigma_0 / f_{\text{v}}} A_i \right) \quad (6\text{-}10)$$

对于多层砌体结构房屋抗震鉴定中所用的砖房基准面积率，因新旧砌体结构设计规范的材料指标和现行抗震设计规范地震作用取值的改变，相应的计算公式也有所变化。为了保持标准的衔接性，M1 和 M2.5 的计算结果不变，M0.4 和 M5 有一定的调整。式（6-10）调整为：

$$\xi_{0i} = \frac{0.16 \lambda_0 g_0}{f_{\text{vk}} \sqrt{1 + \sigma_0 / f_{\text{v,m}}}} \times \frac{(n+i)(n-i+1)}{n+1} \quad (6\text{-}11)$$

式中　ξ_{0i}——第 i 层的基准面积率；

$\quad\quad g_{\text{E}}$——基本的楼层单位面积重力荷载代表值，取 $g_{\text{E}} = 12 \text{kN/m}^2$；

$\quad\quad \sigma_0$——第 i 层抗震墙在 1/2 层高处的截面平均压应力，MPa；

$\quad\quad f_{\text{v,m}}$——砖砌体抗剪强度平均值，MPa，M0.4 为 0.08，M1 为 0.125，M2.5 为 0.20，M5 为 0.28，M10 为 0.40；

$\quad\quad f_{\text{vk}}$——砖砌体抗剪强度标准值，MPa，M0.4 为 0.05，M1 为 0.08，M2.5 为 0.13，M5 为 0.19，M10 为 0.27；

$\quad\quad \lambda_0$——墙体承重类别系数，承重墙为 1.0，自承重墙为 0.75；

$\quad\quad n$——房屋总层数。

抗震墙的基准面积率可采用式（6-11）计算，或查表 6-9～表 6-11 获取。

同一方向有承重墙和自承重墙或砂浆强度等级不同时，基准面积率应按相应墙体净面积比进行换算，换算公式如下：

$$\frac{1}{\xi_0} = \frac{A_1}{(A_1 + A_2)\xi_1} + \frac{A_2}{(A_1 + A_2)\xi_2} \quad (6\text{-}12)$$

式中　ξ_0——换算基准面积率；

$\quad\quad A_1$、A_2——承重墙和自承重墙的净面积或砂浆强度等级不同的墙体净面积；

$\quad\quad \xi_1$、ξ_2——按式（6-11）计算。

住宅、单身宿舍、办公楼、学校、医院等，按纵、横两方向分别计算的抗震墙基准面积率，当楼层单位面积重力荷载代表值 g_{E} 为 12kN/m^2 时，可按表 6-9～表 6-11 采用。自承重墙宜按表中数值的 1.05 倍采用。设计基本地震加速度为 0.15g 和 0.30g 时，表中数值按内插法确定；当楼层单位面积重力荷载代表值为其他数值时，表中数值可乘以 $g_{\text{E}}/12$。

仅承受过道楼板荷载的纵墙可当做自承重墙；支承双向楼板的墙体，均宜作为承重墙。

底层框架和底层内框架砖房的抗震墙基准面积率，可按下列规定取值：上部各层，均可根据房屋的总层数，按多层砖房的相应规定采用。底层框架砖房的底层，可取多层砖房相应规定值的 0.85 倍；底层内框架砖房的底层，仍可按多层砖房的相应规定采用。

多层内框架砖房的抗震墙基准面积率，可取按多层砖房相应规定值乘以下式计算的调整系数：

$$\eta_{\text{f}i} = \left[1 - \sum \phi_c (\zeta_1 + \zeta_1 \lambda) / n_{\text{b}} n_{\text{s}} \right] \eta_{0i} \quad (6\text{-}13)$$

式中　　　　　　η_{fi}——第 i 层基准面积率调整系数；

η_{i0}——第 i 层的位置调整系数，按表 6 - 10 采用；

ψ_c、ζ_1、ζ_2、λ、n_b、n_s——按《建筑抗震设计规范》（GB 50011—2010）的规定采用。

表 6 - 9　　　　　　　　　　　抗震墙基准面积率（自承重墙）

墙体类别	总层数 n	验算楼层 i	砂浆强度等级				
			M0.4	M1	M2.5	M5	M10
横墙和无门窗纵墙	1层	1	0.0219	0.0148	0.0095	0.0069	0.0050
	2层	2	0.0292	0.0197	0.0127	0.0092	0.0066
		1	0.0366	0.0256	0.0172	0.0129	0.0094
	3层	3	0.0328	0.0221	0.0143	0.0104	0.0075
		1～2	0.0478	0.0343	0.0236	0.0180	0.0133
	4层	4	0.0350	0.0236	0.0152	0.0111	0.0080
		3	0.0513	0.0358	0.0240	0.0179	0.0131
		1～2	0.0577	0.0418	0.0293	0.0225	0.0169
	5层	5	0.0365	0.0246	0.0159	0.0115	0.0083
		4	0.0550	0.0384	0.0257	0.0192	0.0140
		1～3	0.0656	0.0484	0.0343	0.0267	0.0202
	6层	6	0.0375	0.0253	0.0163	0.0119	0.0085
		5	0.0575	0.0402	0.0270	0.0201	0.0147
		4	0.0688	0.0490	0.0337	0.0255	0.0190
		1～3	0.0734	0.0543	0.0389	0.0305	0.0282
墙体平均压应力 σ_0/MPa			0.06 $(n-i+1)$				
每开间有一个窗纵墙	1层	1	0.0198	0.0137	0.0090	0.0067	0.0032
	2层	2	0.0263	0.0183	0.0120	0.0089	0.0064
		1	0.0322	0.0228	0.0157	0.0120	0.0089
	3层	3	0.0298	0.0205	0.0135	0.0101	0.0072
		1～2	0.0411	0.0301	0.0213	0.0164	0.0124
	4层	4	0.0318	0.0219	0.0144	0.0106	0.0077
		3	0.0450	0.0320	0.0221	0.0167	0.0124
		1～2	0.0499	0.0362	0.0260	0.0203	0.0155
	5层	5	0.0331	0.0228	0.0150	0.0111	0.0080
		4	0.0482	0.0344	0.0237	0.0179	0.0133
		1～3	0.0573	0.0423	0.0303	0.0238	0.0183
	6层	6	0.0341	0.0235	0.0155	0.0114	0.0083
		5	0.0505	0.0360	0.0248	0.0188	0.0139
		4	0.0594	0.0430	0.0304	0.0234	0.0177
		1～3	0.0641	0.0475	0.0345	0.0271	0.0209
墙体平均压应力 σ_0/MPa			0.09 $(n-i+1)$				

表 6 - 10　　　　　　　　　　　　　　抗震墙基准面积率（承重横墙）

墙体类别	总层数 n	验算楼层 i	砂浆强度等级				
			M0.4	M1	M2.5	M5	M10
无门窗横墙	1 层	1	0.0258	0.0179	0.0118	0.0088	0.0064
	2 层	2	0.0344	0.0238	0.0158	0.0117	0.0085
		1	0.0413	0.0296	0.0205	0.0156	0.0116
	3 层	3	0.0387	0.0268	0.0178	0.0132	0.0095
		1～2	0.0528	0.0388	0.0275	0.0213	0.0161
	4 层	4	0.0413	0.0286	0.0189	0.0140	0.0102
		3	0.0579	0.0414	0.0287	0.0216	0.0163
		1～2	0.0628	0.0464	0.0335	0.0263	0.0241
	5 层	5	0.0430	0.0297	0.0197	0.0147	0.0106
		4	0.0620	0.0444	0.0308	0.0234	0.0174
		1～3	0.0711	0.0532	0.0388	0.0307	0.0237
	6 层	6	0.0442	0.0305	0.0203	0.0151	0.0109
		5	0.0649	0.0465	0.0323	0.0245	0.0182
		4	0.0762	0.0554	0.0393	0.0304	0.0230
		1～3	0.0790	0.0592	0.0435	0.0347	0.0270
	墙体平均压应力 σ_0/MPa		$0.10(n-i+1)$				
有一个门的横墙	1 层	1	0.0245	0.0171	0.0115	0.0086	0.0062
	2 层	2	0.0326	0.0228	0.0153	0.0114	0.0085
		1	0.0386	0.0279	0.0196	0.0150	0.0112
	3 层	3	0.0367	0.0255	0.0172	0.0129	0.0094
		1～2	0.0491	0.0363	0.0260	0.0204	0.0155
	4 层	4	0.0391	0.0273	0.0183	0.0137	0.0100
		3	0.0541	0.0390	0.0274	0.0210	0.0157
		1～2	0.0581	0.0433	0.0314	0.0249	0.0192
	5 层	5	0.0408	0.0285	0.0191	0.0142	0.0104
		4	0.0580	0.0418	0.0294	0.0225	0.0169
		1～3	0.0658	0.0493	0.0363	0.0289	0.0225
	6 层	6	0.0419	0.0293	0.0196	0.0146	0.0107
		5	0.0607	0.0438	0.0308	0.0236	0.0177
		4	0.0708	0.0518	0.0372	0.0289	0.0221
		1～3	0.0729	0.0548	0.0406	0.0326	0.0255
	墙体平均压应力 σ_0/MPa		$0.12(n-i+1)$				

表 6-11 抗震墙基准面积率（承重纵墙）

墙体类别	总层数 n	验算楼层 i	砂浆强度等级				
			M0.4	M1	M2.5	M5	M10
每开间有一个门或一个窗	1层	1	0.0223	0.0158	0.0108	0.0081	0.0060
	2层	2	0.0298	0.0211	0.0135	0.0108	0.0080
		1	0.0346	0.0253	0.0180	0.0139	0.0106
	3层	3	0.0335	0.0237	0.0162	0.0122	0.0090
		1~2	0.0435	0.0325	0.0235	0.0187	0.0144
	4层	4	0.0357	0.0253	0.0173	0.0130	0.0096
		3	0.0484	0.0354	0.0252	0.0195	0.0148
		1~2	0.0513	0.0384	0.0283	0.0226	0.0176
	5层	5	0.0372	0.0264	0.0180	0.0136	0.0100
		4	0.0519	0.0379	0.0270	0.0209	0.0159
		1~3	0.0580	0.0437	0.0324	0.0261	0.0205
	6层	6	0.0383	0.0271	0.0185	0.0140	0.0108
		5	0.0544	0.0397	0.0283	0.0219	0.0167
		4	0.0627	0.0464	0.0337	0.0266	0.0205
		1~3	0.0640	0.0483	0.0361	0.0292	0.0231
墙体平均压应力 σ_0/MPa			$0.16 \ (n-i+1)$				

（3）楼层平均抗震能力指数计算。楼层平均抗震能力指数应按下式计算：

$$\beta_i = A_i / A_{bi} \xi_{0i} \lambda \tag{6-14}$$

式中 β_i——第 i 楼层纵向或横向墙体平均抗震能力指数；

A_i——第 i 楼层纵向或横向抗震墙在层高 1/2 处净截面积的总面积，其中不包括高宽比大于 4 的墙段截面面积；

A_{bi}——第 i 楼层建筑平面面积；

ξ_{0i}——第 i 楼层纵向或横向抗震墙的基准面积率；

λ——烈度影响系数；6、7、8、9 度时，分别按 0.7、1.0、1.5 和 2.5 采用，设计基本地震加速度为 0.15g 和 0.30g，分别按 1.25 和 2.0 采用。当场地处于不利地段时，尚应乘以增大系数 1.1~1.6。

（4）楼层综合抗震能力指数计算。楼层综合抗震能力指数是在求得楼层平均抗震能力指数的基础上，考虑结构体系和局部倒塌部位不满足第一级鉴定要求的影响，按下式计算：

$$\beta_{ci} = \psi_1 \psi_2 \beta_i \tag{6-15}$$

式中 β_{ci}——第 i 楼层的纵向或横向墙体综合抗震能力指数；

ψ_1——体系影响系数；

ψ_2——局部影响系数。

体系影响系数可根据房屋不规则性、非刚性和整体性连接不符合第一级鉴定要求的程度，经综合分析后确定；也可由表 6-12 各项系数的乘积确定。当砖砌体的砂浆强度等级为

M0.4 时，尚应乘以 0.9 的系数；丙类设防的房屋当有构造柱或芯柱时，尚可根据满足相关规定的程度乘以 1.0～1.2 的系数；乙类设防的房屋，当构造柱或芯柱不符合规定时，尚应乘以 0.8～0.95 的系数。

（5）墙段综合抗震能力指数计算。墙段综合抗震能力指数应按下式计算：

$$\beta_{cij} = \psi_1 \psi_2 \beta_{ij} \tag{6 - 16}$$

$$\beta_{ij} = A_{ij} / (A_{bij} \xi_{0i} \lambda) \tag{6 - 17}$$

式中　β_{cij}——第 i 层第 j 墙段综合抗震能力指数；

β_{ij}——第 i 层第 j 墙段抗震能力指数；

A_{ij}——第 i 层第 j 墙段在 1/2 层高处的净截面面积；

A_{bij}——第 i 层第 j 墙段计及楼盖刚度影响的从属面积，可根据刚性楼盖、中等刚性楼盖和柔性楼盖按《建筑抗震设计规范》（GB 50011—2010）的方法计算。

当考虑扭转效应时，式（6 - 16）中尚包括扭转效应系数，其值可按《建筑抗震设计规范》（GB 50011—2010）的规定，取该墙段不考虑与考虑扭转时的内力比。

A 类砌体房屋的楼层平均抗震能力指数、楼层综合抗震能力指数和墙段综合抗震能力指数应按房屋的纵横两个方向分别计算。当最弱楼层平均抗震能力指数、最弱楼层综合抗震能力指数或最弱墙段综合抗震能力指数大于等于 1.0 时，应评定为满足抗震鉴定要求；当小于 1.0 时，应按要求对房屋采取加固或其他相应措施。

表 6 - 12　　　　　　　　　　　　　　体 系 影 响 系 数 值

项　　目	不符合的程度	ψ_1	影响范围
房屋高宽比 η	$2.2 < \eta < 2.6$	0.85	上部 1/3 楼层
	$2.6 < \eta < 3.0$	0.75	上部 1/3 楼层
横墙间距	超过表 6 - 7 最大值 4m 以内	0.90	楼层的 β_{ci}
		1.00	墙段的 β_{cij}
错层高度	$>0.5m$	0.90	错层上下
立面高度变化	超过一层	0.90	所有变化的楼层
相邻楼层的墙体刚度比 λ	$2 < \lambda < 3$	0.85	刚度小的楼层
	$\lambda > 3$	0.75	刚度小的楼层
楼、屋盖构件的支承长度	比规定少 15% 以内	0.90	不满足的楼层
	比规定少 15%～25%	0.80	不满足的楼层
圈梁布置和构造	屋盖外墙不符合	0.70	顶层
	楼盖外墙一道不符合	0.90	缺圈梁的上、下楼层
	楼盖外墙二道不符合	0.80	所有楼层
	内墙不符合	0.90	不满足的上、下楼层

注：单项不符合的程度超过表内规定或不符合的项目超过 3 项时，应采取加固或其他相应措施。

局部影响系数可根据易引起局部倒塌各部位不符合第一级鉴定要求的程度，经综合分析后确定；也可由表 6 - 13 各项系数中的最小值确定。

表 6-13   局 部 影 响 系 数 值

项　　目	不符合的程度	ψ_2	影响范围
墙体局部尺寸	比规定少 10% 以内	0.95	不满足的楼层
	比规定少 10%～20%	0.90	不满足的楼层
楼梯间等大梁的支承长度 l	370mm<l<490mm	0.80	该楼层的 β_{ci}
		0.70	该墙段的 β_{ci}
出屋面小房间		0.33	出屋面小房间
支承悬挑结构构件的承重墙体		0.80	该楼层和墙段
房屋尽端设过街楼或楼梯间		0.80	该楼层和墙段
有独立砌体柱承重的房屋	柱顶有拉结	0.80	楼层、柱两侧相邻墙段
	柱顶无拉结	0.60	楼层、柱两侧相邻墙段

注：不符合的程度超过表内规定时，应采取加固或其他相应措施。

【**例 6-1**】 某小区住宅楼为 6 层砖房结构，房屋总高度 17m，房屋的层高为：1～5 层为 2.8m，6 层为 3m。采用 MU10 承重粘土砖，墙厚均为 240mm，1～4 层砖墙采用 M10 混合砂浆砌筑，其余采用 M7.5 混合砂浆砌筑，楼板为预制多孔板。房屋平面图如图 6-3 所示。该房屋建于 1974 年，抗震设防烈度为 8 度。试对该房屋进行抗震鉴定。

1. **判定房屋结构类别**

该房屋建于 1974 年，其后续使用年限不应小于 30 年，故属于 A 类砌体房屋，采用综合抗震能力的两级鉴定方法。

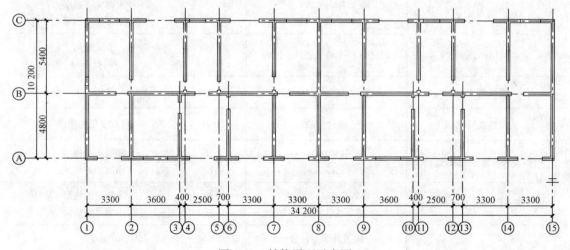

图 6-3　结构平面示意图

2. **第一级鉴定**

第一级鉴定以宏观控制和构造鉴定为主进行综合评价，其内容有刚性体系、整体性、材料强度、易损部位及纵、横墙量判别。

（1）刚性体系判别。房屋质量和刚度沿平面分布的对称性较好，沿高度分布大致均匀；

房屋高宽比为 1.63，总高度小于底层平面的最大尺寸，抗震横墙间距为 3.6m，满足刚性体系的要求；房屋总高度 17m 和总层数 6 层，满足 8 度地区多层砌体房屋总高度不宜超过 19m 和总层数不宜超过 6 层的要求。

（2）整体性判断。预制板铺放时板底坐浆，板缝用混凝土填实，板上铺水泥砂浆面层。楼、屋盖构件在墙上的支承长度为 90mm，不满足最小支承长度为 100mm 的要求，体系影响系数可取 0.90；沿 240 墙各楼层及屋面均设钢筋混凝土圈梁，圈梁纵向水平间距小于 8m，横向水平间距小于 12m，符合圈梁设置要求；圈梁在平面内闭合，遇到门窗洞口有搭接并且加强，最小截面高度 200mm＞120mm，纵向最小配筋 $4\phi12$ 大于 $4\phi10$，满足要求。

（3）材料强度判别。通过对墙体砂浆的抽样检测，结果表明墙体砂浆的实际强度：1～4 层为 M5，5～6 层为 M5，满足要求。

（4）易损部位构造判别。墙体的局部尺寸大于 1.0m，满足要求；女儿墙高度大于 1000mm 与屋面构件有拉结措施，满足要求；楼梯间梁的支承长度为 240mm，不满足支承长度不宜小于 490mm 的要求，局部影响系数可取 0.80；楼梯间支承长度不足应采取加固措施。

（5）纵、横墙量判别。对于 1～3 层，查表 6-12 知，房屋横墙间距与房屋宽度均不能满足第一级鉴定的限值。

4 层	房屋横墙间距	$L=4.0\text{m}＞[L]=3.2\text{m}$
	房屋宽度	$B=10.44＞[B]=4.7\times1.4\times1.25=8.225\text{m}$
5 层	房屋横墙间距	$L=4.0\text{m}＞[L]=3.9\text{m}$
	房屋宽度	$B=10.44＞[B]=5.5\times1.4\times1.25=9.625\text{m}$
6 层	房屋横墙间距	$L=4.0\text{m}＞[L]=3.9\text{m}$
	房屋宽度	$B=10.44＜[B]=6.0\times1.4\times1.25=10.5\text{m}$

可见，除 6 层的房屋宽度满足第一级鉴定的限值，其余楼层的房屋横墙间距与房屋宽度均不满足第一级鉴定的限值，故需进行第二级鉴定。

3. 第二级鉴定

（1）抗震墙的基准面积率 ξ_i。抗震墙的基准面积率按式（6-11）计算，当重力荷载代表值 g_E 不是 12kN/m^2 时，要乘以系数 $g_E/12$ 进行换算。各楼层重力荷载代表值 G、单位面积重力荷载代表值 g_E 和修正系数 α 见表 6-14。

该房屋的纵墙为自承重墙，因此，按墙体类别为每开间有门窗的纵墙查得纵墙基准面积率，并乘以修正系数 α。此外，自承重墙应乘以系数 1.05，各楼层纵墙基准面积率 $\xi_{纵}$ 见表 6-15。

该房屋的横墙为承重墙，因此，按墙体类别为有门窗墙查得横墙基准面积率，并乘以修正系数 α，各楼层横墙基准面积率 $\xi_{横}$ 见表 6-16。

（2）楼层综合抗震能力指数及鉴定。根据式（6-14）、式（6-15）可分别计算得到楼层平均抗震能力指数和楼层综合抗震能力指数。各楼层纵墙综合抗震能力指数见表 6-17，各楼层横墙综合抗震能力指数见表 6-18。

表 6 - 14　　　　　　　　　　各 层 有 关 计 算 参 数

楼层	G/kN	$g_E/(\mathrm{kN/m^2})$	$\alpha=g_E/12$
1	9374.5	13.39	1.12
2	8874.5	12.68	1.06
3	8874.5	12.68	1.06
4	8874.5	12.68	1.06
5	9113	13.02	1.08
6	7523	10.75	0.90

表 6 - 15　　　　　　　　各层纵墙基准面积率 $\xi_纵$

楼层	$\xi_纵$	楼层	$\xi_纵$
1	$0.0271×1.12×1.05=0.0319$	4	$0.0234×1.06×1.05=0.0260$
2	$0.0271×1.06×1.05=0.0302$	5	$0.0188×1.08×1.05=0.0213$
3	$0.0271×1.06×1.05=0.0302$	6	$0.0114×0.90×1.05=0.0108$

表 6 - 16　　　　　　　　各层横墙基准面积率 $\xi_横$

楼层	1	2	3	4	5	6
$\xi_横$	0.0365	0.0346	0.0346	0.0306	0.0255	0.0131

表 6 - 17　　　　　　　　各层纵墙综合抗震能力指数

楼层	纵墙面积 /m²	建筑平面面积 /m²	纵墙基准面积率 $\xi_纵$	体系影响系数	局部影响系数	纵墙综合抗震能力指数 β_{ci}	鉴定结果
1	36.36	700.1	0.0319	0.90	0.80	0.78	差22%
2	36.36	700.1	0.0302	0.90	0.80	0.83	差17%
3	36.36	700.1	0.0302	0.90	0.80	0.83	差17%
4	36.36	700.1	0.0260	0.90	0.80	0.96	基本满足
5	36.36	700.1	0.0213	0.90	0.80	1.17	满足
6	36.36	700.1	0.0108	0.90	0.80	2.31	满足

表 6 - 18　　　　　　　　各层横墙综合抗震能力指数

楼层	横墙面积 /m²	建筑平面面积 /m²	横墙基准面积率 $\xi_横$	体系影响系数	局部影响系数	横墙综合抗震能力指数 β_{ci}	鉴定结果
1	46.04	700.1	0.0365	0.90	0.80	0.86	差14%
2	46.04	700.1	0.0346	0.90	0.80	0.91	差9%
3	46.04	700.1	0.0346	0.90	0.80	0.91	差9%
4	46.04	700.1	0.0306	0.90	0.80	1.03	满足
5	46.04	700.1	0.0255	0.90	0.80	1.24	满足
6	46.04	700.1	0.0131	0.90	0.80	2.41	满足

（3）楼层综合抗震能力指数及鉴定。从以上分析可知，4～6 层的纵横墙都满足抗震鉴定的要求，而 1～3 层的纵、横墙均不满足抗震鉴定的要求。为进一步了解薄弱层各墙段的抗震能力，按照《建筑抗震设计规范》（GB 50011—2010）的要求，对该楼进行抗震承载力验算，图 6‐4 为一层的抗震承载力验算结果。图中的数值为墙体抗力与荷载效应的比值，该比值小于 1 时表示不满足抗震承载力的要求。

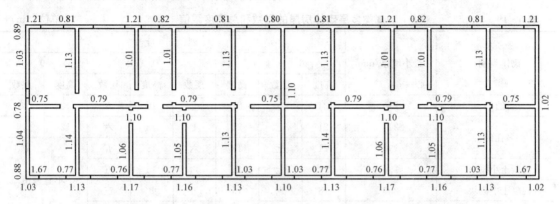

图 6‐4　一层抗震验算结果（抗力与作用效应之比）

4.抗震鉴定结论

通过对该房屋的第一级和第二级的抗震鉴定，可以得出以下结论：

（1）该房屋的整体性较好，但是楼梯间梁支承长度不足应采取加固措施。

（2）该房屋 1～3 层不满足《建筑抗震鉴定标准》（GB 50011—2010）的要求，其中，1 层的纵、横墙抗震能力分别低于要求的 22％和 14％。

（3）对该房屋应采取必要的抗震加固措施。

5.B 类砌体房屋抗震鉴定

B 类砌体房屋的抗震鉴定，包括抗震措施鉴定和抗震承载力验算。

（1）抗震措施鉴定。

1）结构体系判别。纵横墙的布置均匀对称，沿平面内对齐，沿竖向上下连续，且同一轴线上的窗间墙宽度均匀的多层砖房，总层数、总高度应满足表 6‐19 的要求，总高度和总宽度的最大比值，即高宽比宜符合表 6‐19 的要求。房屋抗震横墙的最大间距，不应超过表 6‐20 要求。对教学楼、医疗用房等横墙较少的房屋总高度，应比表 6‐19 的规定降低 3m，层数相应减少一层；各层横墙很少的房屋应再减少一层。

当房屋层数和高度超过最大限值时，应提高对综合抗震能力的要求或提出改变结构体系等抗震减灾措施。

B 类砌体房屋的结构体系还应满足下列要求：

①现有普通砖和 240mm 厚多孔砖房屋的层高，不宜超过 4m；190mm 厚多孔砖和砌块房屋的层高，不宜超过 3.6m。

②8、9 度时，房屋立面高差在 6m 以上，或有错层，且楼板高差较大，或各部分结构刚度、质量截然不同时，宜有防震缝，缝两侧均应有墙体，缝宽宜为 5～100mm。

③跨度不小于 6m 的大梁，不宜由独立砖柱支承；乙类设防时不应由独立砖柱支承。

④房屋的尽端和转角处不宜设置楼梯间。

⑤教学楼、医疗用房等横墙较少、跨度较大的房间，宜为现浇或装配整体式楼盖、屋盖。

⑥同一结构单元的基础（或桩承台）宜为同一类型，底面宜埋置在同一标高上，否则应有基础圈梁并应按1：2的台阶逐步放坡。

表 6 - 19   B 类多层砌体房屋的层数和总高度限值   （单位：m）

砌体类别	最小墙厚/mm	烈度							
		6		7		8		9	
		高度	层数	高度	层数	高度	层数	高度	层数
普通砖	240	24	八	21	七	18	六	12	四
多孔砖	240	21	七	21	七	18	六	12	四
	190	21	七	18	六	15	五	不宜采用	
混凝土小砌块	190	21	七	18	六	15	五		
混凝土中砌块	200	18	六	15	五	9	三		
粉煤灰中砌块	240	18	六	15	五	9	三		
最大高度比		2.5		2.5		2.0		1.5	

注：1. 房屋高度计算方法同《建筑抗震设计规范》（GB 50011—2010）的规定。

  2. 乙类设防时应允许按本地区设防烈度查表，但层数应减少一层且总高度应降低 3m。

表 6 - 20   B 类多层砌体房屋的抗震横墙最大间距   （单位：m）

楼、屋盖类别	普通砖、多孔砖房屋				中砌块房屋			小砌块房屋		
	6 度	7 度	8 度	9 度	6 度	7 度	8 度	6 度	7 度	8 度
现浇和装配整体式钢筋混凝土	18	18	15	11	13	13	10	15	15	11
装配式钢筋混凝土	15	15	11	7	10	10	7	11	11	7
木	11	11	7	4	不宜采用					

2）整体性判别。B 类砌体房屋的整体性连接构造的鉴定，主要包括纵横向抗震墙的交接处、楼（屋）盖及其与墙体的连接处、构造柱或芯柱的布置和构造、圈梁布置和构造等的判别。

现有砌体房屋的墙体布置在平面内应闭合，纵横墙交接处应咬槎砌筑，烟道、风道、垃圾道等不应削弱墙体，当墙体被削弱时，应对墙体采取加强措施。

B 类砌体房屋的钢筋混凝土构造柱应按表 6-21 设置，混凝土小型砌块房屋的钢筋混凝土芯柱应按表 6-22 设置，混凝土中型砌块房屋的钢筋混凝土芯柱应按表 6-23 设置。

粉煤灰中型砌块房屋应根据增加一层后的层数，按表 6-21 的要求检查。外廊式和单面走廊式的多层房屋，应根据房屋增加一层后的层数，分别按表 6-21～表 6-23 的要求检查构造柱或芯柱，且单面走廊两侧的纵墙均应按外墙处理。

教学楼、医疗用房等横墙较少的房屋，应根据房屋增加一层后的层数，分别按表 6-21～表 6-23 的要求检查构造柱或芯柱；当教学楼、医疗用房等横墙较少的房屋为外廊式或单面走廊式时，还应根据房屋增加一层后的层数检查，但 6 度不超过四层、7 度不超过三层和 8 度不超过二层时应按增加二层后的层数进行检查。

表 6 - 21　　　　　砖砌体房屋构造柱设置要求

房屋层数				设 置 部 位	
6 度	7 度	8 度	9 度		
四、五	三、四	二、三	四、五	外墙四角，错层部位横墙与外纵墙交接处，较大洞口两侧，大房间内外墙交接处	7、8 度时，楼梯间、电梯间四角
六~八	五、六	四	二		隔开间横墙（轴线）与外墙交接处，山墙与内纵墙交接处；7~9 度时，楼梯间、电梯间四角
一	七	五、六	三、四		内墙（轴线）与外墙交接处，内墙的局部较小墙垛处；7~9 度时，楼梯间、电梯间四角；9 度时内纵墙与横墙（轴线）交接处

表 6 - 22　　　　　混凝土小砌块房屋芯柱设置要求

房屋层数			设 置 部 位	设 置 数 量
6 度	7 度	8 度		
四、五	三、四	二、三	外墙转角，楼梯间四角；大房间内外墙交接处	外墙四角，填实 3 个孔；内外墙交接处，填实 4 个孔
六	五	四	外墙转角，楼梯间四角，大房间内外墙交接处，山墙与内纵墙交接处，隔开间横墙（轴线）与外纵墙交接处	
七	六	五	外墙转角，楼梯间四角，大房间内外墙交接处；各内墙（轴线）与外纵墙交接处；8 度时，内纵墙与横墙（轴线）交接处和门洞两侧	外墙四角，填实 5 个孔；内外墙交接处，填实 4 个孔；内墙交接处，填实 4~5 个孔；洞口两侧各填实 1 个孔

表 6 - 23　　　　　混凝土中砌块房屋芯柱设置要求

烈度	设 置 部 位
6、7 度	外墙四角，楼梯间四角，大房间内外墙交接处，山墙与内纵墙交接处，隔开间横墙（轴线）与外纵墙交接处
8 度	外墙四角，楼梯间四角，横墙（轴线）与纵墙交接处，横墙门洞两侧，大房间内外墙交接处

　　B 类砌体房屋的装配式钢筋混凝土楼盖、屋盖或木楼盖、屋盖的砖房，横墙承重时，现浇钢筋混凝土圈梁的布置与配筋应满足表 6 - 24 的要求。纵墙承重时每层均应有圈梁，且抗震横墙上的圈梁间距应比表 6 - 24 的规定适当加密；砌块房屋采用装配式钢筋混凝土楼盖时，每层均应有圈梁，圈梁的间距应按表 6 - 24 提高一度的要求检查。

表 6 - 24　　　　　多层砖房现浇钢筋混凝土圈梁设置和配筋要求

墙类和配筋量		烈　　度		
		6、7 度	8 度	9 度
墙类	外墙和内纵墙	屋盖处及隔层楼盖处应有	屋盖处及每层楼盖处均应有	屋盖处及每层楼盖处均应有
	内横墙	屋盖处及隔层楼盖处应有；屋盖处间距不应大于 7m；楼盖处间距不应大于 15m；构造柱对应部位	屋盖处及每层楼盖处均应有；屋盖处沿所有横墙，且间距不应大于 7m；楼盖处间距不应大于 7m；构造柱对应部位	屋盖处及每层楼盖处均应有；各层所有横墙应有

墙类和配筋量	烈　　　　度		
	6、7度	8度	9度
最小纵筋	4ϕ8	4ϕ10	4ϕ12
最大箍筋间距/mm	250	200	150

钢筋混凝土构造柱（或芯柱）的构造与配筋，尚应符合表 6-25 的要求。

表 6-25　　　　多层砖房钢筋混凝土构造柱（或芯柱）的构造与配筋要求

项目	砖砌体房屋的构造柱	混凝土砌块房屋构造柱/芯柱
截面尺寸	≥240mm×180mm	≥240mm×240mm/120mm×120mm
纵向钢筋	≥4 Φ 12 (4 Φ 14)	≥1 Φ 12（小砌块），1 Φ 14 或 2 Φ 10（中砌块，6、7 度），1 Φ 16 或 2 Φ 12（中砌块，8 度）
箍筋间距	≤250mm（200mm）且在柱上下端宜适当加密	
连接要求	与圈梁应有连接；无圈梁时应有四皮砖高、M5 的配筋砖带，且在外纵墙和相应横墙上拉通　马牙槎砌筑，沿墙高有 2ϕ6 拉结钢筋，伸入室外地面下 500mm	与墙体连接处有拉结钢筋网片，墙内长度 ≥1m，ϕ4 @ 600（小砌块），隔皮 ϕ6（中砌块）；竖向插筋应贯通墙身且与每层圈梁连接

注：（）内数据为 7 度时超过六层、8 度时超过五层和 9 度时的要求。

钢筋混凝土圈梁的构造与配筋，尚应符合表 6-26 的要求。现浇或装配整体式钢筋混凝土楼、屋盖与墙体有可靠连接的房屋，可无圈梁，但楼板应与相应的构造柱有钢筋可靠连接。6～8 度砖拱楼盖、屋盖房屋，各层所有墙体均应有圈梁。

表 6-26　　　　　　　　多层砖房钢筋混凝土圈梁的构造与配筋要求

项目	构　造　要　求
连接	圈梁应闭合，遇有洞口应上下搭接
标高	与预制板同一标高或紧靠板底
截面高度	120mm 或 180mm（基础圈梁）
纵向配筋	4 Φ 12；砖拱房屋圈梁计算确定，且≥4 Φ 10

现有房屋楼、屋盖及其与墙体的连接应符合下列要求：

①现浇钢筋混凝土楼板或屋面板伸进外墙和不小于 240mm 厚内墙的长度，不应小于 120mm；伸进 190mm 厚内墙的长度不应小于 90mm。

②装配式钢筋混凝土楼板或屋面板，当圈梁未设在板的同一标高时，板端伸进外墙的长度不应小于 120mm，伸进不小于 240mm 厚内墙的长度不应小于 100mm，伸进 190mm 厚内墙的长度不应小于 80mm，在梁上不应小于 80mm。

③当板的跨度大于 4.8m 并与外墙平行时，靠外墙的预制板侧边与墙或圈梁应有拉结。

④房屋端部大房间的楼盖，8 度时房屋的屋盖和 9 度时房屋的楼盖、屋盖，当圈梁设在板底时，钢筋混凝土预制板应相互拉结，并应与梁、墙或圈梁拉结。

房屋的楼、屋盖与墙体的连接尚应符合下列要求：

①楼、屋盖的钢筋混凝土梁或屋架应与墙、柱（包括构造柱、芯柱）或圈梁可靠连接，梁与砖柱的连接不应削弱柱截面，各层独立砖柱顶部应在两个方向均有可靠连接。

②坡屋顶房屋的屋架应与顶层圈梁有可靠连接，檩条或屋面板应与墙及屋架有可靠连接，房屋出入口和人流通道处的檐口瓦应与屋面构件锚固；8 度和 9 度时，顶层内纵墙顶宜有支撑端山墙的踏步式墙垛。

3）砌体的材料强度判别。B 类多层砌体房屋材料实际达到的强度等级，应符合下列要求：

①承重墙体的砌筑砂浆实际达到的强度等级，砖墙体不应低于 M2.5，砌块墙体不应低于 M5。

②砌体块材实际达到的强度等级，普通砖、多孔砖不应低于 MU7.5，混凝土小砌块不宜低于 MU5，混凝土中型砌块、粉煤灰中砌块不宜低于 MU10。

③构造柱、圈梁、混凝土小砌块芯柱实际达到的混凝土强度等级不宜低于 C15，混凝土中砌块芯柱混凝土强度等级不宜低于 C20。

④易损部位构件判别。B 类多层砌体房屋易损部位的构造要求应满足表 6-27 的要求。房屋中砌体墙段实际的局部尺寸，不宜小于表 6-28 的规定。

表 6-27　　多层砖房易损部位的构造与连接要求

项　目		构　造　要　求
后砌隔墙		有 2φ6@500 钢筋与承重墙或柱拉结，拉结长度≥500mm；8、9 度时长于 5.1m 的后砌隔墙墙顶与楼板或梁拉结
出入口处非结构构件	预制阳台	与圈梁和楼板的现浇板带有可靠连接
	预制挑檐	应有锚固
	附墙烟囱、出屋面烟囱	应有竖向配筋
过梁支承长度		6~8 度时≥240mm，9 度时≥360mm

表 6-28　　房屋的局部尺寸限值　　　　　　　（单位：m）

部　位	烈　度			
	6 度	7 度	8 度	9 度
承重窗间墙最小宽度	1.0	1.0	1.2	1.5
承重外墙尽端至门窗洞边的最小距离	1.0	1.0	1.5	2.0
非承重外墙尽端至门窗洞边的最小距离	1.0	1.0	1.0	1.0
内墙阳角至门窗洞边的最小距离	1.0	1.0	1.5	2.0
无锚固女儿墙（非出入口或人流通道处）最大高度	0.5	0.5	0.5	0.0

楼梯间是地震发生时人员疏散的重要通道，同时也是地震作用下容易发生损坏的部位。B 类多层砌体房屋的楼梯间应符合下列要求：

①8 度和 9 度时，顶层楼梯间横墙和外墙宜沿墙高每隔 500mm 有 2φ6 通长钢筋；9 度时其他各层楼梯间墙体应在休息平台或楼层半高处有 60mm 厚的配筋砂浆带，其砂浆强度等

级不应低于 M5，钢筋不宜少于 $2\phi10$。

②8 度和 9 度时，楼梯间及门厅内墙阳角处的大梁支承长度不应小于 500mm，并应与圈梁有连接。

③突出屋面的楼梯间、电梯间，构造柱应伸到顶部，并与顶部圈梁连接，内外墙交接处应沿墙高每隔 500mm 有 $2\phi6$ 拉结钢筋，且每边伸入墙内不应小于 1m。

④装配式楼梯段应与平台板的梁有可靠连接，不应有墙中悬挑式踏步或踏步竖肋插入墙体的楼梯，不应有无筋砖砌栏板。

（2）抗震承载力验算。B 类现有砌体房屋的抗震分析，可采用底部剪力法，并可按《建筑抗震设计规范》（GB 50011—2010）规定，只选择从属面积较大或竖向应力较小的墙段进行抗震承载力验算；当抗震措施不满足上述抗震措施要求时，可前述第二级鉴定的方法综合考虑构造的整体影响和局部影响，其中，当构造柱或芯柱的设置不满足本节的相关规定时，体系影响系数尚应根据不满足程度乘以 0.8～0.95 的系数。当场地处于 6.4.2 规定的不利地段时，尚应乘以增大系数 1.1～1.6。

各类砌体沿阶梯形截面破坏的抗震抗剪强度设计值，应按下式确定：

$$f_{vE} = \zeta_N f_v \qquad (6-18)$$

式中　f_{vE}——砌体沿阶梯形截面破坏的抗震抗剪强度设计值；

　　　f_v——非抗震设计的砌体抗剪强度设计值，按表 6-29 采用；

　　　ζ_N——砌体抗震抗剪强度的正应力影响系数，按表 6-30 采用。

表 6-29　　　　　砌体非抗震设计的抗剪强度设计值　　　　（单位：N/mm²）

砌体类别	砂 浆 强 度 等 级					
	M10	M7.5	M5	M2.5	M1	M0.4
普通砖、多孔砖	0.18	0.15	0.12	0.09	0.06	0.04
粉煤灰中砌块	0.05	0.04	0.03	0.02	—	—
混凝土中砌块	0.08	0.06	0.05	0.04	—	—
混凝土小砌块	0.10	0.08	0.07	0.05	—	—

表 6-30　　　　　　　砌体抗震抗剪强度的正应力影响系数

砌体类别	σ_0/f_v								
	0.0	1.0	3.0	5.0	7.0	10.0	15.0	20.0	25.0
普通砖、多孔砖	0.80	1.00	1.28	1.50	1.70	1.95	2.32	—	—
粉煤灰中砌块 混凝土中砌块	—	1.18	1.54	1.90	2.20	2.65	3.40	4.15	4.90
混凝土小砌块	—	1.25	1.75	2.25	2.60	3.10	3.95	4.80	—

注：σ_0 为对应于重力荷载代表值的砌体截面平均压应力。

普通砖、多孔砖、粉煤灰中砌块和混凝土中砌块墙体的截面抗震承载力，应按下式验算：

$$V \leqslant \frac{f_{vE}A}{\gamma_{Ra}} \qquad (6-19)$$

式中　V——墙体剪力设计值；

　　　f_{vE}——砌体沿阶梯形截面破坏的抗震抗剪强度设计值；

　　　A——墙体横截面面积；

　　　γ_{Ra}——抗震鉴定的承载力调整系数，应按 6.4.1 节的规定采用。

当按式（6-19）验算不满足时，可计入设置于墙段中部、截面不小于 240mm×240mm 且间距不大于 4m 的构造柱对受剪承载力的提高作用，按下列简化方法验算：

$$V \leqslant \frac{1}{\gamma_{Ra}}\left[\eta_c f_{vE}(A-A_c)+\zeta f_t A_c+0.08 f_y A_s\right] \tag{6-20}$$

式中　A_c——中部构造柱的横截面总面积（对横墙和内纵墙，$A_c>0.15A$ 时，取 $0.15A$；对外纵墙，$A_c>0.25A$ 时，取 $0.25A$）；

　　　f_t——中部构造柱的混凝土轴心抗拉强度设计值，按表 6-31 采用；

　　　A_s——中部构造柱的纵向钢筋截面总面积（配筋率不小于 0.6%，大于 1.4% 取 1.4%）；

　　　f_y——钢筋抗拉强度设计值，按表 6-32 采用；

　　　ζ——中部构造柱参与工作系数；居中设一根时取 0.5，多于一根取 0.4；

　　　η_c——墙体约束修正系数；一般情况下取 1.0，构造柱间距不大于 2.8m 时取 1.1。

表 6-31　　　　　　　　　　　混 凝 土 强 度 设 计 值　　　　　　　　（单位：N/mm²）

强度种类	符号	混 凝 土 强 度 等 级												
		C13	C15	C18	C20	C23	C25	C28	C30	C35	C40	C45	C50	C55	C60
轴心抗压	f_c	6.5	7.5	9.0	10.0	11.0	12.5	14.0	15.0	17.5	19.5	21.5	23.5	25.0	26.5
弯曲抗压	f_{cm}	7.0	8.5	10.0	11.0	12.3	13.5	15.0	16.5	19.0	21.5	23.5	26.0	27.5	29
轴心抗拉	f_t	0.8	0.9	1.0	1.1	1.2	1.3	1.4	1.5	1.65	1.8	1.9	2.0	2.1	2.2

表 6-32　　　　　　　　　　　钢 筋 强 度 设 计 值　　　　　　　　　（单位：N/mm²）

种　　　类		f_y 或 f_{py}	$f_y{}'$ 或 $f_{py}{}'$
热轧钢筋	HPB235（Q235）	210	210
	HRB335［20MnSi、20MnNb（b）］（1996 年以前的 $d=28\sim40$）	310（290）	310（290）
	（1996 年以前的Ⅲ级 25MnSi）	(340)	(340)
	HRB400（20MnSiV、20MnTi、K20MnSi）	360	360
热处理钢筋	40Si2Mn（$d=6$） 48Si2Mn（$d=8.2$） 45Si2Cr（$d=10$）	1000	400

横向配筋普通砖、多孔砖墙的截面抗震承载力，可按下式验算：

$$V \leqslant \frac{1}{\gamma_{Ra}}(f_{vE}A+0.15 f_y A_s) \tag{6-21}$$

式中　A_s——层间竖向截面中钢筋总截面面积。

混凝土小砌块墙体的截面抗震承载力，应按下式验算：

$$V \leqslant \frac{1}{\gamma_{Ra}} \left[f_{vE} A + (0.3 f_t A_c + 0.08 f_y A_s) \zeta_c \right] \tag{6-22}$$

式中　f_t——芯柱混凝土轴心抗拉强度设计值，按表6-31采用；

　　　A_c——芯柱截面总面积；

　　　A_s——芯柱钢筋截面总面积；

　　　ζ_c——芯柱影响系数，可按表6-33采用。

表 6-33　　　　　　　　　　　　　　芯 柱 影 响 系 数

填孔率 ρ	$\rho < 0.15$	$0.15 \leqslant \rho < 0.25$	$0.25 \leqslant \rho < 0.5$	$\rho \geqslant 0.5$
ζ_c	0.0	1.0	1.10	1.15

各层层高相当且较规则均匀的B类多层砌体房屋，可采用楼层综合抗震能力指数的方法进行综合抗震能力验算。其中，公式（6-14）中的烈度影响系数，6、7、8、9度时应分别按0.7、1.0、2.0和4.0采用，设计基本地震加速度为0.15g和0.30g时应分别按1.5和3.0采用。

6.2.4　多层钢筋混凝土房屋抗震鉴定

我国目前的钢筋混凝土房屋抗震鉴定主要针对的建筑包括两类：一是20世纪80年代以前建造的钢筋混凝土结构，普遍是10层以下的现浇或装配整体式的框架结构；二是20世纪90年代以后建造的，最大适用高度引用了89抗震规范的规定。结构类型包括框架、框架—抗震墙、全部落地抗震墙和部分框支抗震墙，但不包括筒体结构。本节主要介绍多层钢筋混凝土框架结构的抗震鉴定要求和方法。

1. 多层钢筋混凝土框架结构房屋的震害

历次地震震害表明，多层钢筋混凝土框架房屋的震害低于多层砌体房屋。2008年汶川特大地震震害也表明，钢筋混凝土框架结构表现出了较好的抗震性能。然而，由于诸多原因，框架结构的震害特征也比较普遍，主要表现为：

（1）结构体系引发的震害。框架柱截面较小，梁截面较大，同时梁中的配筋明显比柱中配筋大得多时，容易发生整体倒塌。结构的平面布置和竖向刚度不均匀使结构产生扭转效应或竖向薄弱层，易发生局部倒塌。若采用单跨框架体系，由于这样体系抗侧刚度小、仅有框架作为抗震防线、冗余度小，因而在地震中很容易形成机构从而破坏或倒塌，图6-5（a）为汶川地震中都江堰市某六层单跨框架，该房屋的2～5层有近一半的结构构件倒塌。

（2）梁、柱端部和梁柱节点的震害。柱上下端部配筋不当，纵筋过细过稀，地震时，长柱的柱端混凝土酥裂，钢筋外露甚至纵筋压曲、箍筋拉脱；若是短柱，则出现剪切破坏。梁端底部配筋不足或锚固长度不够，地震作用下梁端容易开裂或使梁延性不足而出现塑性铰的破坏。梁柱节点核心抗剪强度不足易引起节点的剪切破坏，使核心区产生斜向对角的贯通裂缝，节点区内箍筋屈服，外鼓甚至崩断。当节点区剪压比较大时，箍筋可能并未达到屈服，而是混凝土被剪压酥碎成块而发生破坏。图6-5（b）为汶川地震中某框架节点核心区箍筋配置不足导致的节点破坏。

（3）砌体填充墙的震害。填充墙的震害主要表现在水平或竖向墙体—框架界面裂缝、斜裂缝、交叉斜裂缝及墙体缺乏可靠连接而出现错位甚至倒塌。虽然填充墙为非结构构件，其破坏不会影响结构完整，但易产生局部人员伤亡，楼梯间填充墙的垮塌还会影响人员逃生。图 6-5（c）为汶川地震中某框架结构填充墙的垮塌。

（4）楼梯的震害。钢筋混凝土框架结构中的楼梯破坏是普遍现象。通常底层的楼梯踏步板容易出现受拉裂缝，严重的先拉后压屈，甚至拉断。楼梯承台梁的中部或端部也易发生弯曲或剪切破坏。图 6-5（d）为汶川地震中某框架结构楼梯间踏步板的破坏。

（5）防震缝的震害。在实际工程中，由于防震缝的宽度受到建筑装饰等要求的限制，往往难以满足强烈地震时的实际位移要求，从而造成相邻单元间的碰撞而产生震害。

(a)　　　　　　　　　(b)　　　　　　　　　(c)　　　　　　　　　(d)

图 6-5　框架结构典型震害

（a）单跨框架的倒塌；（b）框架节点的破坏；（c）填充墙的倒塌；（d）楼梯踏步板的破坏

2. 一般规定

A 类钢筋混凝土房屋抗震鉴定时，房屋的总层数不超过 10 层。B 类钢筋混凝土房屋抗震鉴定时，房屋的适用的最大高度应符合表 6-34 的要求，对不规则结构、有框支层抗震墙结构或Ⅳ类场地上的结构，适用的最大高度应适当降低。

表 6-34　　　　　　　　**B 类现浇钢筋混凝土房屋适用的最大高度**　　　　　　（单位：m）

结构类型	烈　　度			
	6	7	8	9
框架结构	同非抗震设计	55	45	25
框架—抗震墙结构		120	100	50
抗震墙结构		120	100	60
框支抗震墙结构	120	100	80	不应采用

注：1. 房屋高度指室外地面到主要屋面板板顶的高度（不包括局部突出屋顶部分）。
　　2. 抗震墙指结构抗侧力体系中的钢筋混凝土剪力墙，不包括只承担重力荷载的混凝土墙。

现有钢筋混凝土房屋的抗震鉴定，应依据其设防烈度重点检查下列薄弱部位：

（1）6 度时，应检查局部易掉落伤人的构件、部件以及楼梯间非结构构件的连接构造。

（2）7 度时，除应按（1）检查外，尚应检查梁柱节点的连接方式、框架跨数及不同结构体系之间的连接构造。

（3）8、9 度时，除应按（1）、（2）检查外，尚应检查梁、柱的配筋，材料强度，各构件间的连接，结构体型的规则性，短柱分布，使用荷载的大小和分布等。

现有钢筋混凝土房屋的抗震鉴定，应按结构体系的合理性、结构构件材料的实际强度、结构构件的纵向钢筋和横向箍筋的配置和构件连接的可靠性、填充墙等与主体结构的拉接构造以及构件抗震承载力的综合分析，对整幢房屋的抗震能力进行鉴定。当梁柱节点构造和框架跨数不符合规定时，应评为不满足抗震鉴定要求；当仅有出入口、人流通道处的填充墙不符合规定时，应评为局部不满足抗震鉴定要求。

3. A 类钢筋混凝土房屋抗震鉴定

A 类钢筋混凝土房屋应进行综合抗震能力两级鉴定。当符合第一级鉴定的各项规定时，除 9 度外应允许不进行抗震验算而评为满足抗震鉴定要求；不符合第一级鉴定要求和 9 度时，除有明确规定的情况外，应在第二级鉴定中采用屈服强度系数和综合抗震能力指数的方法做出判断。A 类钢筋混凝土房屋的两级鉴定可参照图 6-6 进行。

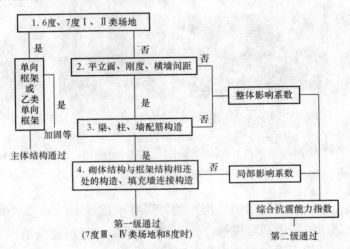

图 6-6　A 类钢筋混凝土房屋的两级鉴定

（1）第一级鉴定。A 类钢筋混凝土房屋的第一级鉴定主要包括房屋结构体系、结构构件的配筋和构造、构件的材料强度、填充墙等与主体结构的拉接构造的判别。

1）结构体系判别。A 类钢筋混凝土房屋的结构体系的判别主要是指框架节点的连接方式、跨数的合理性和规则性的判别。

①框架结构宜为双向框架，装配式框架宜有整浇节点，8、9 度时不应为铰接节点。

②框架结构不宜为单跨框架；乙类设防时，不应为单跨框架结构，且 8、9 度时按梁柱的实际配筋、柱轴向力计算的框架柱的弯矩增大系数宜大于 1.1。

③框架平面局部突出部分的长度不宜大于宽度，且不宜大于该方向总长度的 30%。

④框架立面局部缩进的尺寸不宜大于该方向水平总尺寸的 25%。

⑤楼层刚度不宜小于其相邻上层刚度的 70%，且连续三层总的刚度降低不宜大于 50%。

⑥无砌体结构相连，且平面内的抗侧力构件及质量分布宜基本均匀对称。

2）材料强度判别。框架结构梁、柱实际达到的混凝土强度等级，6、7 度时不应低于 C13，8、9 度时不应低于 C18。

3）构件的配筋和构造。对 6 度和 7 度 I、II 类场地，框架梁柱的纵筋、箍筋符合非抗震设计的要求即可。其中，梁纵筋在柱内的锚固长度，HPB235 级钢筋不小于 25d（d 为纵筋直径），HRB335 级钢筋不小于 30d，混凝土强度等级为 C13 时，锚固长度相应增加 5d。

这是因为框架结构的震害表明，在一般场地上遭受 6、7 度的地震影响时，正规设计且现状良好的框架，一般不发生严重破坏。

7 度Ⅲ、Ⅳ类场地和 8、9 度以及乙类设防时，框架梁柱的配筋应满足表 6 - 35 和表 6 - 36 的要求。

表 6 - 35　第一级鉴定的配筋要求

项　目	鉴　定　要　求			
	6 度（乙类）	7 度Ⅲ、Ⅳ类场地	8 度	9 度
中柱、边柱纵筋	总配筋率≥0.5%	拉筋≥0.2%	总配筋率≥0.6%	总配筋率≥0.8%
角柱纵筋	总配筋率 0.7%	拉筋 0.2%	总配筋率 0.8%	总配筋率 1.0%
柱上、下端箍筋	ϕ6@150 或 8d	ϕ6@200	ϕ6@200	ϕ8@150
短柱全高箍筋	—	同非抗震设计	ϕ8@150	ϕ8@100
梁端箍筋间距	—	同非抗震设计	200mm	150mm
柱截面宽度		300mm	300mm 或 400mm（Ⅲ、Ⅳ类场地）	400mm，且轴压比≤0.8

注：表中的短柱是指净高与截面高度之比不大于 4 的柱，包括因嵌砌粘土砖填充墙形成的短柱。

表 6 - 36　乙类设防时框架柱箍筋的最大间距和最小直径

烈度和场地	7 度（0.10g）～7 度（0.15g）Ⅰ、Ⅱ类场地	7 度（0.15g）Ⅲ、Ⅳ场地～8 度（0.30g）Ⅰ、Ⅱ类场地	8 度（0.30g）Ⅲ、Ⅳ类场地和 9 度
箍筋最大间距（取较大值）	8d，150mm	8d，100mm	6d，100mm
箍筋最小直径	8mm	8mm	10mm

4）框架房屋的连接构造。框架结构的连接构造主要是判断砖砌体填充墙、隔墙与主体结构的连接可靠性。具体要求是：

①框架结构利用山墙承重时，山墙应有钢筋混凝土壁柱与框架梁可靠连接；当不符合时，8、9 度时应加固。

②考虑填充墙抗侧力作用时，填充墙厚度在 6～8 度时不应小于 180mm，9 度时不应小于 240mm；砂浆强度等级在 6～8 度时不应低于 M2.5，9 度时不应低于 M5；填充墙应嵌砌于框架平面内。

③填充墙沿柱高每隔 600mm 左右应有 2ϕ6 拉筋伸入墙内，8、9 度时伸入墙内的长度不宜小于墙长的 1/5 且不小于 700mm；当墙高大于 5m 时，墙内宜有连系梁与柱连接；对于长度大于 6m 的粘土砖墙或长度大于 5m 的空心砖墙，8、9 度时墙顶与梁应有连接。

④房屋的内隔墙应与两端的墙或柱有可靠连接；当隔墙长度大于 6m，8、9 度时墙顶尚应与梁板连接。

钢筋混凝土房屋符合上述各项规定可评为综合抗震能力满足要求；当遇下列情况之一时，可不再进行第二级鉴定，但应评为综合抗震能力不满足抗震要求，且应对房屋采取加固或其他相应措施：

①梁柱节点构造不符合要求的框架及乙类的单跨框架结构。

②8、9 度时混凝土强度等级低于 C13。

③与框架结构相连的承重砌体结构不符合要求。

④女儿墙、门脸、楼梯间填充墙等非结构构件不符合要求。

⑤有多项明显不符合要求。

(2) 第二级鉴定。A 类钢筋混凝土房屋，可采用平面结构的楼层综合抗震能力指数进行第二级鉴定。也可按《建筑抗震设计规范》(GB 50011—2010) 的方法进行抗震计算分析，按式 (6-1) 进行构件抗震承载力验算，计算时构件组合内力设计值不做调整；可按相关规定估算构造的影响，由综合评定进行第二级鉴定。在此主要介绍平面结构的楼层综合抗震能力指数法。

框架结构第二级鉴定采用楼层综合抗震能力指数法进行鉴定的步骤是：①选择有代表性的平面结构；②计算楼层现有的受剪承载力；③考虑构造影响得到楼层综合抗震能力指数；④判断结构的抗震性能。

1) 代表性平面结构的选取。所谓有代表性的平面结构，一般是指在两个主轴方向各选一榀框架；当框架与承重砌体结构相连时，还应选取连接处的平面结构；当结构有明显扭转效应时，则取考虑扭转影响的边榀结构。

2) 楼层现有受剪承载力。钢筋混凝土结构楼层现有的受剪承载力可按下式计算：

$$V_y = \sum V_{cy} + 0.7 \sum V_{my} + 0.7 \sum V_{wy} \tag{6-23}$$

式中　V_y——楼层现有受剪承载力；

$\sum V_{cy}$——框架柱层间现有受剪承载力之和；

$\sum V_{my}$——砖填充墙框架层间现有受剪承载力之和；

$\sum V_{wy}$——抗震墙层间现有受剪承载力之和。

矩形框架柱层间现有受剪承载力可按下式计算，并取较小值：

$$V_{cy} = \frac{M_{cy}^u + M_{cy}^l}{H_n} \tag{6-24}$$

$$V_{cy} = \frac{0.16}{\lambda + 1.5} f_{ck} b h_0 + f_{yvk} \frac{A_{sv}}{s} h_0 + 0.056N \tag{6-25}$$

式中　M_{cy}^u、M_{cy}^l——验算层偏压柱上、下端的现有受弯承载力；

λ——框架柱的计算剪跨比，取 $\lambda = H_n/2h_0$；

N——对应于重力荷载代表值的柱轴向压力，当 $N > 0.3 f_{ck} bh$ 时，取 $N = 0.3 f_{ck} bh$；

A_{sv}——配置在同一截面内箍筋各肢的截面面积；

f_{yvk}——箍筋抗拉强度标准值，按表 6-37 采用；

f_{ck}——混凝土轴心抗压强度标准值，按表 6-38 采用；

s——箍筋间距；

b——验算方向柱截面宽度；

h、h_0——验算方向柱截面高度、有效高度；

H_n——框架柱净高。

表 6-37	钢 筋 强 度 标 准 值	（单位：N/mm²）

种　　类		f_{yk}或 f_{pyk}或 f_{ptk}
热轧钢筋	HPB235（Q235）	235
	HRB335［20MnSi、20MnNb（b）］ （1996 年以前的 $d=28\sim40$）	335 （315）
	（1996 年以前的Ⅲ级 25MnSi）	（370）
	HRB400（20MnSiV、20MnTi、K20MnSi）	400
热处理钢筋	40Si2Mn（$d=6$），48Si2Mn（$d=8.2$），45Si2Cr（$d=10$）	1470

表 6-38		混 凝 土 强 度 标 准 值											（单位：N/mm²）

强度种类	符号	混 凝 土 强 度 等 级												
		C13	C15	C18	C20	C23	C25	C28	C30	C35	C40	C45	C50	C55	C60
轴心抗压	f_{ck}	8.7	10.0	12.1	13.5	15.4	17.0	18.8	20.0	23.5	27	29.5	32	34	36
弯曲抗压	f_{cmk}	9.6	11.0	13.3	15.0	17.0	18.5	20.6	22.0	26	29.5	32.5	35	37.5	39.5
轴心抗拉	f_{tk}	1.0	1.2	1.35	1.5	1.65	1.75	1.85	2.0	2.25	2.45	2.6	2.75	2.85	2.95

对称配筋矩形截面偏压柱现有受弯承载力可按下式计算：

当 $N \leqslant \xi_{bk} f_{cmk} bh_0$ 时

$$M_{cy} = f_{yk}A_s(h_0 - a'_s) + 0.05Nh(1 - N/f_{cmk}bh) \tag{6-26}$$

当 $N \geqslant \xi_{bk} f_{cmk} bh_0$ 时

$$M_{cy} = f_{yk}A_s(h_0 - a'_s) + \xi(1 - 0.5\xi)f_{cmk}bh_0^2 - N(0.5h - a'_s) \tag{6-27}$$

$$\xi = [(\xi_{bk} - 0.8)N - \xi_{bk}f_{yk}A_s] / [(\xi_{bk} - 0.8)f_{cmk}bh_0 - f_{yk}A_s] \tag{6-28}$$

式中　N——对应于重力荷载代表值的柱轴向压力；

　　　A_s——柱实有纵向受拉钢筋截面面积；

　　　f_{yk}——现有钢筋抗拉强度标准值，按表 6-37 采用；

　　　f_{cmk}——现有混凝土弯曲抗压强度标准值，按表 6-38 采用；

　　　a_s'——受压钢筋合力点至受压边缘的距离；

　　　ξ_{bk}——相对界限受压区高度，HPB 级钢取 0.6，HRB 级钢取 0.55；

　h、h_0——分别为柱截面高度和有效高度；

　　　b——柱截面宽度。

砖填充墙钢筋混凝土框架结构的层间现有受剪承载力可按下式计算：

$$V_{my} = \sum(M_{cy}^u + M_{cy}^l)/H_0 + \zeta_N f_{vk}A_m \tag{6-29}$$

$$f_{vEk} = \zeta_N f_{vk} \tag{6-30}$$

式中　ζ_N——砌体强度的正压力影响系数，按表 6-30 采用；

　　　f_{vk}——砖墙的抗剪强度标准值，按表 6-29 采用；

　　　A_m——砖填充墙水平截面面积，可不计入宽度小于洞口高度 1/4 的墙肢；

　　　H_0——柱的计算高度，两侧有填充墙时，可采用柱净高的 2/3，一侧有填充墙时，可采用柱净高。

3）楼层综合抗震能力指数

楼层综合抗震能力指数可按下式计算：

$$\beta = \psi_1 \psi_2 \xi_y \qquad (6-31)$$

$$\xi_y = V_y / V_e \qquad (6-32)$$

式中　β——平面结构楼层综合抗震能力指数；

ψ_1——体系影响系数；当结构体系、梁柱箍筋、轴压比均符合《建筑抗震设计规范》（GB 50011—2010）的规定时，取 1.4；当各项构造均符合 B 类建筑的规定时，取 1.25；当均符合第一级鉴定的规定时，取 1.0；当均符合非抗震设计规定时，取 0.8。当结构受损伤或发生倾斜而已修复纠正，尚需乘以 0.8～1.0 的系数；

ψ_2——局部影响系数；对与承重砌体结构相连的框架，取 0.8～0.95；对填充墙等与框架的连接不符合第一级鉴定要求，取 0.7～0.95；

ξ_y——楼层屈服强度系数；

V_y——楼层现有受剪承载力；

V_e——楼层的弹性地震剪力；对规则结构可采用底部剪力法计算，地震作用按式（6-1）计算，地震作用分项系数取 1.0；对考虑扭转影响的边榀结构，可按《建筑抗震设计规范》（GB 50011—2010）规定的方法计算。当场地处于不利地段时，地震作用尚应乘以增大系数 1.1～1.6。

当某楼层综合抗震能力指数 β 小于 1.0 时，该楼层需加固或采取相应的措施。

4.B 类钢筋混凝土房屋抗震鉴定

B 类钢筋混凝土房屋应根据所属的抗震等级进行结构布置和构造检查，并应通过内力调整进行抗震承载力验算；或按照 A 类钢筋混凝土房屋计入构造影响对综合抗震能力进行评定。B 类钢筋混凝土房屋抗震鉴定与 A 类钢筋混凝土房屋抗震鉴定相同的是，都强调了梁、柱的连接形式和跨数，混合承重体系的连接构造和填充墙与主体结构的连接问题，以及规则性要求和配筋构造要求；不同的是 B 类混凝土房屋必须经过抗震承载力验算方可对建筑的抗震能力进行评定，同时也可按照 A 类混凝土房屋抗震鉴定的方法，进行抗震能力的综合评定。B 类钢筋混凝土房屋的鉴定可参照图 6-7 进行。

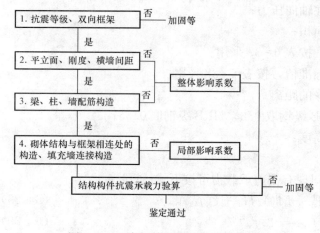

图 6-7　B 类钢筋混凝土房屋的鉴定

（1）结构布置与构造鉴定。现有 B 类钢筋混凝土房屋的抗震鉴定，应按表 6-39 确定鉴定时所采用的抗震等级，并按其所属抗震等级的要求核查抗震构造措施。

1）结构体系判别。B 类钢筋混凝土房屋的结构体系的判别主要是指框架跨数的合理性、结构布置的合理性、结构规则性、截面尺寸要求以及柱轴压比的判别。主要内容如下：

表 6 - 39　钢筋混凝土结构的抗震等级

结构类型		烈度							
		6		7		8			9
框架结构	房屋高度/m	≤25	>25	≤35	>35	≤35	>35		≤25
	框架	四	三	三	二	二	一		一
框架—抗震墙结构	房屋高度/m	≤50	>50	≤60	>60	<50	50~80	>80	≤25	>25
	框架	四	三	三	二	三	二	一	二	一
	抗震墙	三		二		二	一		一	
抗震墙结构	房屋高度/m	≤60	>60	≤80	>80	<35	35~80	>80	≤25	>25
	一般抗震墙	四	三	三	二	三	二	一	二	一

注：乙类设防时，抗震等级应提高一度查表。

①框架结构不宜为单跨框架；乙类设防时不应为单跨框架结构。

②框架应双向布置，框架梁与柱的中线宜重合。

③B 类钢筋混凝土框架结构的规则性基本要求与 A 类框架结构相同，不规则房屋设有防震缝时，其最小宽度应符合《建筑抗震设计规范》（GB 50011—2010）的要求，并应提高相关部位的鉴定要求。

④梁的截面宽度不宜小于 200mm；梁截面的高宽比不宜大于 4；梁净跨与截面高度之比不宜小于 4。

⑤柱的截面宽度不宜小于 300mm，柱净高与截面高度（圆柱直径）之比不宜小于 4。

⑥柱轴压比不宜超过表 6 - 40 的规定，超过时宜采取措施；柱净高与截面高度（圆柱直径）之比小于 4、Ⅳ类场地上较高的高层建筑的柱轴压比限值应适当减小。

表 6 - 40　轴压比限值

类别	抗震等级		
	一	二	三
框架柱	0.7	0.8	0.9
框架—抗震墙的柱	0.9	0.9	0.95
框支柱	0.6	0.7	0.8

2）材料强度判别。框架结构梁、柱实际达到的混凝土强度等级不应低于 C20。一级的框架梁、柱和节点不应低于 C30。

3）构件的配筋和构造。B 类钢筋混凝土框架房屋框架梁、柱的配筋应满足表 6 - 41 和表 6 - 42 的要求。

柱箍筋的加密区范围，应按下列规定检查：①柱端，为截面高度（圆柱直径）、柱净高的 1/6 和 500mm 三者的最大值；②底层柱，为刚性地面上下各 500mm；③柱净高与柱截面高度之比小于 4 的柱（包括因嵌砌填充墙等形成的短柱）、框支柱、一级框架的角柱，为全高。

柱加密区的箍筋最大间距和最小直径，最小体积配箍率应分别满足表 6 - 42 和表 6 - 43

的规定。一、二级时，净高与柱截面高度（圆柱直径）之比小于 4 的柱的体积配箍率，不宜小于 1.0%。

　　框架节点核芯区内箍筋的最大间距和最小直径也应满足表 6-42 的要求，一、二、三级的体积配箍率分别不宜小于 1.0%、0.8%、0.6%，但轴压比小于 0.4 时仍按表 6-43 检查。

表 6-41　　　　　　　　　　　　　框架梁的配筋与构造

项　　目	抗　震　等　级			
	一	二	三	四
梁端纵筋	2.5%	2.5%	2.5%	2.5%
相对受压高度 ξ	0.25	0.35	0.35	—
梁端底、顶面配筋比	0.5	0.3	0.3	—
梁顶、底面通长钢筋	2Φ14	2Φ14	2Φ12	2Φ12
加密区长度（采用最大值）/mm	$2h_b$, 500	$1.5h_b$, 500	$1.5h_b$, 500	$1.5h_b$, 500
加密区箍筋最大间距（采用较小值）/mm	$h_b/4$, $6d$, 100	$h_b/4$, $8d$, 100	$h_b/4$, $8d$, 150	$h_b/4$, $8d$, 150
加密区箍筋最小值/mm	10	8	8	6
加密区箍筋肢距/mm	200	200	250	250

　　注：1. ξ—框架梁混凝土受压区高度和有效高度之比；d—纵向钢筋直径；h_b—梁高。
　　　　2. 当梁端纵向受拉钢筋配筋率大于 2% 时，表中箍筋最小直径数值应增大 2mm。

表 6-42　　　　　　　　　　　　　框架柱的配筋与构造

项　　目	抗　震　等　级			
	一	二	三	四
中柱、边柱纵筋总配筋率	≥0.8%	≥0.7%	≥0.6%	≥0.5%
角柱、框支柱纵筋总配筋率	≥1.0%	≥0.9%	≥0.8%	≥0.7%
加密区箍筋最大间距（采用小值）/mm	$6d$, 100	$8d$, 100	$8d$, 150	$8d$, 150
加密区箍筋最小直径/mm	10	8	8	8
加密区箍筋肢距/mm	≤200	≤250	≤300	≤300
非加密区箍筋间距	≤$10d$	≤$10d$	≤$15d$	≤$15d$

　　注：d—柱纵筋最小直径。

表 6-43　　　　　　　　　柱加密区的箍筋最小体积配箍率（百分率）

抗震等级	箍筋形式	柱　轴　压　比		
		<0.4	0.4~0.6	>0.6
一	普通箍、复合箍	0.8	1.2	1.6
	螺旋箍	0.8	1.0	1.2
二	普通箍、复合箍	0.6~0.8	0.8~1.2	1.2~1.6
	螺旋箍	0.6	0.8~1.0	1.0~1.2

抗震等级	箍筋形式	柱 轴 压 比		
		<0.4	0.4~0.6	>0.6
三	普通箍、复合箍	0.4~0.6	0.6~0.8	0.8~1.2
	螺旋箍	0.4	0.6	0.8

注：1. 表中的数值适用于 HPB235 级钢筋、混凝土强度等级不高于 C35 的情况，对 HRB335 级钢筋和混凝土强度等级高于 C35 的情况可按强度相应换算，但不应小于 0.4。

　　2. 井字复合箍的肢距不大于 200mm 且直径不小于 10mm 时，可采用表中螺旋箍对应数。

　　3. 柱非加密区的实际箍筋量不宜小于加密区的 50%。

4）框架房屋的连接构造。B 类多层框架结构的连接构造仍然要判断砖砌体填充墙、隔墙与主体结构连接的可靠性。具体要求是：

①砌体填充墙在平面和竖向的布置，宜均匀对称。

②砌体填充墙，宜与框架柱柔性连接，但墙顶应与框架紧密结合。

③砌体填充墙与框架为刚性连接时，沿框架柱高每隔 500mm 有 $2\phi6$ 拉筋，拉筋伸入填充墙内长度，一、二级框架宜沿墙全长拉通；三、四级框架不应小于墙长的 1/5 且不小于 700mm。

④砌体填充墙与框架为刚性连接，且墙长度大于 5m 时，墙顶部与梁宜有拉结措施，墙高度超过 4m 时，宜在墙高中部有与柱连接的通长钢筋混凝土水平系梁。

（2）抗震承载力验算。现有钢筋混凝土房屋，应根据《建筑抗震设计规范》（GB 50011—2010）的方法进行抗震分析，按式（6-1）进行构件承载力验算，乙类框架结构尚应进行变形验算；当结构布置与构造鉴定不满足上述要求时，可采用计入构造影响的平面结构的楼层综合抗震能力指数法进行综合评价。

B 类钢筋混凝土房屋的体系影响系数，可根据结构体系、梁柱箍筋、轴压比等符合鉴定要求的程度和部位，按下列情况确定：

1）当上述各项构造均符合《建筑抗震设计规范》（GB 50011—2010）的规定时，可取 1.1。

2）当各项构造均符合本节的规定时，可取 1.0。

3）当各项构造均符合 A 类房屋鉴定的规定时，可取 0.8。

4）当结构受损伤或发生倾斜而已修复纠正，上述数值尚宜乘以 0.8~1.0。

构件截面抗震验算时，其组合内力设计值的调整、截面抗震验算以及考虑粘土砖填充墙抗侧力作用的框架结构的抗震验算可参考《建筑抗震鉴定标准》（GB 50023—2009）的附录 D~附录 F。

6.3　建筑抗震加固

6.3.1　建筑抗震加固的基本规定

地震中建筑物的破坏是造成地震灾害的主要原因。1977 年以来建筑抗震鉴定、加固的实践和震害经验表明，对现有建筑进行抗震鉴定，并对不满足鉴定要求的建筑采取适当的抗震对策，是减轻地震灾害的重要途径。经过抗震加固的工程，在 1981 年邢台 M6 级地震、1985 年自贡 M4.8 级地震、1989 年澜沧耿马 M7.6 级地震、1996 年丽江 M7 级地震，以及 2008 年汶川 M8.0 级地震中，有的已经经受了地震的考验，证明了抗震加固与不加固明显不同，抗震加固的确是保障人民生命安全和生产发展的有效措施。

现有建筑抗震加固前，应依据其设防烈度、抗震设防类别、后续使用年限和结构类型，按《建筑抗震鉴定标准》（GB 50023—2009）的相应规定进行抗震鉴定，可采取、维修、加固、改变用途和更新等抗震减灾对策。经抗震鉴定评定为需要加固的现有建筑应进行抗震加固（包括全面加固、配合维修的局部修复加固和配合改造的适当加固），抗震加固包括加固设计和加固施工两个阶段，抗震加固的基本流程如图 6-8 所示。

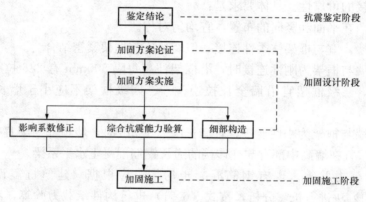

图 6-8   抗震加固流程图

抗震鉴定结果是抗震加固设计的主要依据，但在加固设计之前，仍应对建筑的现状进行深入的调查，特别查明是否存在局部损伤。对已存在的损伤要进行专门分析，在抗震加固时一并处理，以便达到最佳效果。当建筑面临维修、节能环保改造或使用布局在近期需要调整、或建筑外观需要改变等，抗震加固时也要一并处理，避免加固后再次维修改造。

1. 建筑抗震加固的设计原则

抗震加固设计时，应以提高房屋的综合抗震能力（承载力、整体性）为原则，针对原结构存在的缺陷，找出使结构达到设防目标的关键，尽可能消除原结构不规则、不合理、薄弱层等不利因素。抗震加固不同于工程事故处理，强调的是整体加固，要避免纯粹的构件加固。要结合房屋的使用功能、施工方法、环境影响和经济方面的要求，选择相应的加固方案。

现有建筑抗震加固的设计原则应符合下列要求：

（1）加固方案应根据抗震鉴定结果经综合分析后确定，分别采用房屋整体加固、区段加固或构件加固，加强整体性、改善构件的受力状况、提高综合抗震能力。

（2）加固或新增构件的布置，应消除或减少不利因素，防止局部加强导致结构刚度或强度突变。

（3）新增构件与原有构件之间应有可靠连接；新增的抗震墙、柱等竖向构件应有可靠的基础。

（4）加固所用材料类型与原结构相同时，其强度等级不应低于原结构材料的实际强度等级。

（5）对于不符合鉴定要求的女儿墙、门脸、出屋顶烟囱等易倒塌伤人的非结构构件，应予以拆除或降低高度，需要保持原高度时应加固。

抗震加固的方案、结构布置和连接构造，还应符合下列要求：

（1）不规则的现有建筑，宜使加固后的结构质量和刚度分布较均匀、对称。

（2）对抗震薄弱部位、易损部位和不同类型结构的连接部位，其承载力或变形能力宜采取比一般部位增强的措施。

（3）宜减少地基基础的加固工程量，多采取提高上部结构抵抗不均匀沉降能力的措施；并应计入不利场地的影响。

（4）加固方案应结合原结构的具体特点和技术经济条件的分析，采用新技术、新材料。

（5）加固方案宜结合维修改造、改善使用功能，并注意美观。

（6）加固方法应便于施工，并应减少对生产、生活的影响。

2. 抗震加固后的承载力计算要求

当抗震设防烈度为 6 度时（建造于 Ⅳ 类场地的较高的高层建筑除外），现有建筑进行抗震加固后，可不进行截面抗震验算，但应符合相应的构造要求。除此之外，加固后结构的分析和构件承载力计算，应符合下列要求：

（1）结构的计算简图，应根据加固后的荷载、地震作用和实际受力状况确定；当加固后结构刚度和重力荷载代表值的变化分别不超过原来的 10% 和 5% 时，应允许不计入地震作用变化的影响；当建筑处于不利地段时，水平地震作用应乘以增大系数 1.1~1.6。

（2）结构构件的计算截面面积，应采用实际有效的截面面积。

（3）结构构件承载力验算时，应计入实际荷载偏心、结构构件变形等造成的附加内力；并应计入加固后的实际受力程度、新增部分的应变滞后和新旧部分协同工作的程度对承载力的影响。

当采用楼层综合抗震能力指数进行结构抗震验算时，体系影响系数和局部影响系数应根据房屋加固后的状态取值，加固后楼层综合抗震能力指数应大于 1.0，并应防止出现新的综合抗震能力指数突变的楼层。采用设计规范方法验算时，也应防止加固后出现新的层间受剪承载力突变的楼层。

采用《建筑抗震设计规范》（GB 50011—2010）的方法进行抗震验算时，宜计入加固后仍存在的构造影响。对于后续使用年限 50 年的结构，材料性能设计指标、地震作用、地震作用效应调整、结构构件承载力抗震调整系数均应按国家现行设计规范、规程的有关规定执行；对于后续使用年限少于 50 年的结构，即《建筑抗震鉴定标准》（GB 50023—2009）规定的 A、B 类建筑结构，其设计特征周期、原结构构件的材料性能设计指标，地震作用效应调整等应按《建筑抗震鉴定标准》（GB 50023—2009）的规定采用，结构构件的"承载力抗震调整系数"应采用下列"抗震加固的承载力调整系数"替代：

（1）A 类建筑，加固后的构件仍应依据其原有构件按《建筑抗震鉴定标准》（GB 50023—2009）规定的"抗震鉴定的承载力调整系数"值采用；新增钢筋混凝土构件、砌体墙体可仍按原有构件对待。

（2）B类建筑，宜按《建筑抗震设计规范》（GB 50011—2010）的"承载力抗震调整系数"值采用。

3. 抗震加固施工注意事项

抗震加固施工时，应采取措施避免或减少原结构构件损伤。若发现原结构或相关工程隐蔽部位的构造有严重缺陷时，应会同加固设计单位采取有效处理措施后方可继续施工。对可能导致的倾斜、开裂或局部倒塌等现象，应预先采取安全措施。

6.3.2 地基基础抗震加固

工程基础出现不均匀沉降或建筑场地存在软弱土层等不良地质状况，经两级抗震鉴定需要加固时，应对地基基础采取可靠的加固措施。现有地基基础的处理需十分慎重，应根据具体情况和问题的严重性采取因地制宜的对策。地基基础的加固可简单概括为：提高承载力、减少土层压缩性、改善透水性、消除液化沉降以及改善土层的动力特性等方面。

地基基础抗震加固时，天然地基承载力可计入建筑长期压密的影响，并按《建筑抗震鉴定标准》（GB 50023—2009）规定的方法进行验算。其中，基础底面压力设计值应按加固后的情况计算，而地基土长期压密提高系数仍按加固前取值。

当地基竖向承载力不满足要求时，可作下列处理：①当基础底面压力设计值超过地基承载力特征值在10%以内时，可采用能提高上部结构抵抗不均匀沉降能力的措施。②当基础底面压力设计值超过地基承载力特征值10%及以上时或建筑已出现不容许的沉降和裂缝时，可采取放大基础底面积、加固地基或减少荷载的措施。

当地基或桩基的水平承载力不满足要求时，可作下列处理：①基础顶面、侧面无刚性地坪时，可增设刚性地坪。②沿基础顶部增设基础梁，将水平荷载分散到相邻的基础上。

液化地基的液化等级为严重时，对乙类和丙类设防的建筑，宜采取消除液化沉降或提高上部结构抵抗不均匀沉降能力的措施；液化地基的液化等级为中等时，对乙类设防的B类建筑，宜采取提高上部结构抵抗不均匀沉降能力的措施。为消除液化沉降进行地基处理时，可选用下列措施：

（1）桩基托换：将基础荷载通过桩传到非液化土上，桩端（不包括桩尖）伸入非液化土中的长度应按计算确定，且对碎石土，砾、粗、中砂，坚硬粘性土和密实粉土尚不应小于0.5m，对其他非岩石土尚不宜小于1.5m。

（2）压重法：对地面标高无严格要求的建筑，可在建筑周围堆土或重物，增加覆盖压力。

（3）覆盖法：将建筑的地坪和外侧排水坡改为钢筋混凝土整体地坪。地坪应与基础或墙体锚固，地坪下应设厚度为300mm的砂砾或碎石排水层，室外地坪宽度宜为4～5m。

（4）排水桩法：在基础外侧设碎石排水桩，在室内设整体地坪。排水桩不宜少于两排，桩距基础外缘的净距不应小于1.5m。

（5）旋喷法：穿过基础或紧贴基础打孔，制作旋喷桩。桩长应穿过液化层并支承在非液化土层上。

对液化地基、软土地基或明显不均匀地基上的建筑，可采取下列提高上部结构抵抗不均匀沉降能力的措施：

（1）提高建筑的整体性或合理调整荷载。

（2）加强圈梁与墙体的连接。当可能产生差异沉降或基础埋深不同且未按 1/2 的比例过渡时，应局部加强圈梁。

（3）用钢筋网砂浆面层等加固砌体墙体。

6.3.3　多层砌体房屋抗震加固

1. 一般规定

抗震鉴定后需要加固的多层砖房等多层砌体房屋应进行抗震加固。在砖砌体和砌块砌体房屋的加固中，正确选择加固体系和计算综合抗震能力是最基本的要求。砌体房屋的抗震加固还应符合下列要求：

（1）同一楼层中，自承重墙体加固后的抗震能力不应超过承重墙体加固后的抗震能力。

（2）对非刚性结构体系的房屋，应选用有利于消除不利因素的抗震加固方案；当采用加固柱或墙垛，增设支撑或支架等保持非刚性结构体系的加固措施时，应控制层间位移和提高其变形能力。

（3）当选用区段加固的方案时，应对楼梯间的墙体采取加强措施。

当现有多层砌体房屋的高度和层数超过规定限值时，应采取下列抗震对策：

（1）当现有多层砌体房屋的总高度超过规定而层数不超过规定的限值时，应采取高于一般房屋的承载力且加强墙体约束的有效措施。

（2）当现有多层砌体房屋的层数超过规定限值时，应改变结构体系或减少层数；乙类设防的房屋，也可改变用途按丙类设防使用，并符合丙类设防的层数限值；当采用改变结构体系的方案时，应在两个方向增设一定数量的钢筋混凝土墙体，新增的混凝土墙应计入竖向压应力滞后的影响并宜承担结构的全部地震作用。

（3）当丙类设防且横墙较少的房屋超出规定限值一层和 3m 以内时，应提高墙体承载力且新增构造柱、圈梁等应达到《建筑抗震设计规范》（GB 50011—2010）对横墙较少房屋不减少层数和高度的相关要求。

加固后的楼层和墙段的综合抗震能力指数，应按下式验算：

$$\beta_s = \eta \psi_1 \psi_2 \beta_0 \qquad\qquad (6-33)$$

式中　β_s——加固后楼层或墙段的综合抗震能力指数；

　　　η——加固增强系数；

　　　β_0——楼层或墙段原有的抗震能力指数，应分别按《建筑抗震鉴定标准》（GB 50023—2009）规定的有关方法计算；

　　ψ_1、ψ_2——体系影响系数和局部影响系数，应根据房屋加固后的状况，按《建筑抗震鉴定标准》（GB 50023—2009）的有关规定取值。

墙体加固后，按《建筑抗震设计规范》（GB 50011—2010）的规定只选择从属面积较大或竖向应力较小的墙段进行抗震承载力验算时，截面抗震受剪承载力可按下式验算：

不计入构造影响时：

$$V \leqslant \eta V_{R0} \qquad\qquad (6-34)$$

计入构造影响时：

$$V \leqslant \eta \psi_1 \psi_2 V_{R0} \tag{6-35}$$

式中　V——墙段的剪力设计值；

　　　η——墙段的加固增强系数；

　　　V_{R0}——墙段原有的受剪承载力设计值，可按《建筑抗震设计规范》（GB 50011—2010）对砌体墙的有关规定计算；但其中的材料性能设计指标、承载力抗震调整系数，按 6.5.1 中的规定采用。

2. 加固方法

根据震害调查，对于不符合鉴定要求的房屋，抗震加固应从提高房屋的整体抗震能力出发，并注意满足建筑物的使用功能和同相邻建筑相协调，对于砌体房屋，往往采用加固墙体来提高房屋的整体抗震能力，但需注意防止在抗震加固中出现局部的抗震承载力突变而形成薄弱层，纵向非承重或自承重墙体加固后也不要超过同一层楼层中未加固的横向承重墙体的抗震承载力。

多层砌体房屋抗震承载力不满足要求时，宜选择下列加固方法：

（1）拆砌或增设抗震墙：对局部强度过低的原墙体可拆除重砌；重砌和增设抗震墙的结构材料宜采用与原结构相同的砖或砌块，也可采用现浇钢筋混凝土。

（2）修补和灌浆：对已开裂的墙体，可采用压力灌浆修补，对砌筑砂浆饱满度差且砌筑砂浆强度等级偏低的墙体，可用满墙灌浆加固。

修补后墙体的刚度和抗震能力，可按原砌筑砂浆强度等级计算；满墙灌浆加固后的墙体，可按原砌筑砂浆强度等级提高一级计算。

（3）面层或板墙加固：在墙体的一侧或两侧采用水泥砂浆面层、钢筋网砂浆面层、钢绞线网—聚合物砂浆面层或现浇钢筋混凝土板墙加固。

（4）外加柱加固：在墙体交接处增设现浇钢筋混凝土构造柱加固。外加柱应与圈梁、拉杆连成整体，或与现浇钢筋混凝土楼、屋盖可靠连接。

（5）包角或镶边加固：在柱、墙角或门窗洞边用型钢或钢筋混凝土包角或镶边；柱、墙垛还可用现浇钢筋混凝土围套加固。

（6）支撑或支架加固：对刚度差的房屋，可增设型钢或钢筋混凝土支撑或支架加固。

多层砌体房屋的整体性不满足要求时，应选择下列加固方法：

（1）当墙体布置在平面内不闭合时，可增设墙段或在开口处增设现浇钢筋混凝土框形成闭合。

（2）当纵横墙连接较差时，可采用钢拉杆、长锚杆、外加柱或外加圈梁等加固。

（3）楼、屋盖构件支承长度不满足要求时，可增设托梁或采取增强楼、屋盖整体性等的措施；对腐蚀变质的构件应更换；对无下弦的人字屋架应增设下弦拉杆。

（4）当构造柱或芯柱设置不符合鉴定要求时，应增设外加柱；当墙体采用双面钢筋网砂浆面层或钢筋混凝土板墙加固，且在墙体交接处增设相互可靠拉结的配筋加强带时，可不另设构造柱。

（5）当圈梁设置不符合鉴定要求时，应增设圈梁；外墙圈梁宜采用现浇钢筋混凝土，内墙圈梁可用钢拉杆或在进深梁端加锚杆代替；当采用双面钢筋网砂浆面层或钢筋混凝土板墙加固，且在上下两端增设配筋加强带时，可不另设圈梁。

（6）当预制楼、屋盖不满足抗震鉴定要求时，可增设钢筋混凝土现浇层或增设托梁加固楼、屋盖，钢筋混凝土现浇层做法应符合相关规定。

对多层砌体房屋中易倒塌的部位，宜选择下列加固方法：

（1）窗间墙宽度过小或抗震能力不满足要求时，可增设钢筋混凝土窗框或采用钢筋网砂浆面层、板墙等加固。

（2）支承大梁等的墙段抗震能力不满足要求时，可增设砌体柱、组合柱、钢筋混凝土柱或采用钢筋网砂浆面层、板墙加固。

（3）支承悬挑构件的墙体不符合鉴定要求时，宜在悬挑构件端部增设钢筋混凝土柱或砌体组合柱加固，并对悬挑构件进行复核。

（4）隔墙无拉结或拉结不牢，可采用镶边、埋设钢夹套、锚筋或钢拉杆加固；当隔墙过长、过高时，可采用钢筋网砂浆面层进行加固。

（5）出屋面的楼梯间、电梯间和水箱间不符合鉴定要求时，可采用面层或外加柱加固，其上部应与屋盖构件有可靠连接，下部应与主体结构的加固措施相连。

（6）出屋面的烟囱、无拉结女儿墙、门脸等超过规定的高度时，宜拆除、降低高度或采用型钢、钢拉杆加固。

（7）悬挑构件的锚固长度不满足要求时，可加拉杆或采取减少悬挑长度的措施。

当具有明显扭转效应的多层砌体房屋抗震能力不满足要求时，可优先在薄弱部位增砌砖墙或现浇钢筋混凝土墙；或在原墙加面层；也可采取分割平面单元，减少扭转效应的措施。

现有的空斗墙房屋和普通粘土砖砌筑的墙厚不大于 180mm 的房屋需要继续使用时，应采用双面钢筋网砂浆面层或板墙加固。

6.3.4　多层钢筋混凝土房屋抗震加固

1. 一般规定

钢筋混凝土结构房屋的抗震等级，B 类房屋应符合《建筑抗震鉴定标准》（GB 50023—2009）的有关规定，C 类房屋应符合《建筑抗震设计规范》（GB 50011—2010）的有关规定。

多层钢筋混凝土房屋的抗震加固应符合下列要求：

（1）抗震加固时应根据房屋的实际情况选择加固方案，分别采用主要提高结构构件抗震承载力、主要增强结构变形能力或改变框架结构体系的方案。

（2）加固后的框架应避免形成短柱、短梁或强梁弱柱。

（3）采用综合抗震能力指数验算时，加固后楼层屈服强度系数、体系影响系数和局部影响系数应根据房屋加固后的状态计算和取值。

钢筋混凝土房屋加固后，当采用楼层综合抗震能力指数进行抗震验算时，应采用《建筑抗震鉴定标准》（GB 50023—2009）规定的计算公式，对框架结构可选择平面结构计算；构件加固后的抗震承载力应根据其加固方法按第 5 章的内容计算。

钢筋混凝土房屋加固后，当按本章的 6.5.1 小节中的规定采用《建筑抗震设计规范》（GB 50011—2010）规定的方法进行抗震承载力验算时，可按《建筑抗震鉴定标准》（GB 50023—2009）的规定计入构造的影响；构件加固后的抗震承载力应根据其不同的加固方法进行计算。

　　2. 加固方法

　　钢筋混凝土房屋的结构体系和抗震承载力不满足要求时，可选择下列加固方法：

　　(1) 单向框架应加固，或改为双向框架，或采取加强楼、屋盖整体性且同时增设抗震墙、抗震支撑等抗侧力构件的措施。

　　(2) 单跨框架不符合鉴定要求时，应在不大于框架—抗震墙结构的抗震墙最大间距且不大于 24m 的间距内增设抗震墙、翼墙、抗震支撑等抗侧力构件或将对应轴线的单跨框架改为多跨框架。

　　(3) 框架梁柱配筋不符合鉴定要求时，可采用钢构套、现浇钢筋混凝土套或粘贴钢板、碳纤维布、钢绞线网—聚合物砂浆面层等加固。

　　(4) 框架柱轴压比不符合鉴定要求时，可采用现浇钢筋混凝土套等加固。

　　(5) 房屋刚度较弱、明显不均匀或有明显的扭转效应时，可增设钢筋混凝土抗震墙或翼墙加固，也可设置支撑加固。

　　(6) 当框架梁柱实际受弯承载力的关系不符合鉴定要求时，可采用钢构套、现浇钢筋混凝土套或粘贴钢板等加固框架柱；也可通过罕遇地震下的弹塑性变形验算确定对策。

　　(7) 钢筋混凝土抗震墙配筋不符合鉴定要求时，可加厚原有墙体或增设端柱、墙体等。

　　(8) 当楼梯构件不符合鉴定要求时，可粘贴钢板、碳纤维布、钢绞线网—聚合物砂浆面层等加固。

　　钢筋混凝土构件有局部损伤时，可采用细石混凝土修复；出现裂缝时，可灌注水泥基灌浆料等补强。填充墙体与框架柱连接不符合鉴定要求时，可增设拉筋连接；填充墙体与框架梁连接不符合鉴定要求时，可在墙顶增设钢夹套等与梁拉结；楼梯间的填充墙不符合鉴定要求时，可采用钢筋网砂浆面层加固。女儿墙等易倒塌部位不符合鉴定要求时，可按上节介绍的相关规定选择加固方法。

6.4　地震灾后建筑的鉴定与加固

6.4.1　地震灾后建筑鉴定加固原则

　　地震灾害发生后对受地震影响建筑的检查、评估、鉴定与加固，应根据救援抢险阶段和恢复重建阶段的不同目标和要求分别进行。

　　震后救援抢险阶段对建筑受损状况的检查、评估与排险应符合下列规定：

　　(1) 应立即对震灾区域的建筑进行紧急的宏观勘查，并根据勘查结果划分为不同受损区，为救援抢险指挥提供组织部署的依据。

　　(2) 应对受地震影响建筑现有的承载能力和抗震能力进行应急评估，为判断余震对建筑可能造成的累积损伤和排除其安全隐患提供依据。

　　(3) 应根据应急评估结果划分建筑的破坏等级，并迅速组织应急排险处理。

　　(4) 在余震活动强烈期间，不宜对受损建筑物进行按正常设计使用期要求的系统性加固改造。

灾后恢复重建阶段的建筑鉴定与加固应符合下列规定：

（1）灾后的恢复重建应在预期余震已由当地救灾指挥部判定为对结构不会造成破坏的小震，其余震强度已趋向显著减弱后进行。

（2）应对中等破坏程度以内的建筑和损伤的文物建筑进行系统鉴定，为建筑的修复性加固提供技术依据。

（3）建筑结构的系统鉴定，应包括常规的可靠性鉴定和抗震鉴定，并应通过与业主的协商，共同确定结构加固后的设计使用年限。

（4）根据系统鉴定的结论，应选择科学、有效、适用的加固技术和方法，并由有资质的设计、施工单位进行实施，使加固后的建筑能满足结构安全与抗震设防的要求。

6.4.2 地震灾后建筑应急评估

1. 建筑外部检查

应急评估时，现场检查的顺序宜为先建筑外部、后建筑内部，破坏程度严重或濒危的建筑，若其破坏状态显而易见，也可不再对建筑内部进行检查。

建筑外部的检查的重点宜为：

（1）建筑的结构体系及其高度、宽度和层数。

（2）建筑的倾斜、变形。

（3）场地类别及地基基础的变形情况。

（4）建筑外观损伤和破坏情况。

（5）建筑附属物的设置情况及其损伤与破坏现状。

（6）建筑疏散出口及其周边的情况。

（7）建筑局部坍塌情况及其相邻部分已外露的结构、构件损伤情况。

根据以上检查结果，应对建筑内部检查时可能有危险的区域和可能出现的安全问题做出评估。

2. 建筑内部检查

建筑内部检查时，应对所有可见的构件、配件、设备和管线等进行外观损伤及破坏情况的检查。对重要的部位，可剔除其表面装饰层或障碍物进行核查。对各类结构的检查要点如下：

（1）对多层砌体建筑和砖混民房的地震破坏，应着重检查承重墙、楼、屋盖与楼梯间墙体构件及墙体交接处的连接构造；圈梁、构造柱的设置与连接构造；并检查非承重墙和容易倒塌的附属构件、检查时，应着重区分：抹灰层等装饰层的损坏与结构的损坏；震前已有的损坏与震后的损坏；承重（包括自承重）构件的损坏与非承重构件的损坏以及沿灰缝发展的裂缝与沿块材断裂、贯通的裂缝等。

（2）对钢筋混凝土框架建筑的地震破坏，应着重检查框架柱，并检查框架梁和楼板以及框架填充墙和围护墙。检查时，应着重区分抹灰层、饰面砖等装饰层的损坏与结构损坏；震前已有的损坏与震后的损坏、主要承重构件及抗侧向作用构件的损坏与非承重构件及非抗侧向作用构件的损坏；一般裂缝与剪切裂缝、有剥落、压碎前兆的裂缝、粘结滑移的裂缝及搭接区的劈裂裂缝等。

（3）对高层钢筋混凝土结构的地震破坏，应着重检查框架柱、梁、抗震墙和连梁，并检查楼、屋盖梁、板及框架填充墙和围护墙，以及突出屋面的结构构件和设施。

（4）对底部框架砌体建筑的地震破坏，应着重检查底部抗震墙和底部框架柱，并检查框架梁和上部砖墙以及容易倒塌的附属构件；同时应检查两种结构结合处及框架托墙梁的损坏。检查时，应区分底部抗震墙的损坏与填充墙的损坏。

（5）对多层内框架砌体建筑的地震破坏，应着重检查其结构体系、承重墙体、顶层墙体，并检查内框架柱、梁及柱头、梁端的损坏、支承处墙体开裂等，以及非承重墙包括纵向外墙（墙垛）的损坏状况。

（6）对单层空旷建筑的地震破坏，应着重检查山墙，大厅与前、后厅连接处和大厅与前、后厅的承重墙及舞台口大梁等；若为影剧院和大会堂，尚应检查舞台口的悬墙、屋盖等。

（7）对传统结构民房的地震破坏，应着重检查木柱、砖、石柱、砖、石过梁、承重砖、石墙和木屋盖，以及其相互间锚固、拉结情况，并检查非承重墙和附属构件。

3. 应急评估结果判别

建筑的应急评估，应确定其结构损伤状况及其局部坍塌的范围、通过现场检查判断该建筑正常使用的安全性以及余震可能造成的累计损伤是否会危及结构安全；若无特殊要求，可不必对坍塌范围内的构件进行外观损伤或破坏情况的详细检查。

对受地震灾害建筑的检查结果，可划分为五个地震破坏等级，分别为基本完好级、轻微损坏级、中等破坏级、严重破坏级和局部或整体倒塌级。

（1）基本完好级。其宏观表征为：地基基础保持稳定；承重构件及抗侧向作用构件完好；结构构造及连接保持完好；个别非承重构件可能有轻微损坏；附属构、配件或其固定、连接件可能有轻度损伤；结构未发生倾斜和超过规定的变形。一般不需修理即可继续使用。

（2）轻微损坏级。其宏观表征为：地基基础保持稳定；个别承重构件或抗侧向作用构件出现轻微裂缝；个别部位的结构构造及连接可能受到轻度损伤，尚不影响结构共同工作和构件受力；个别非承重构件可能有明显损坏；结构未发生影响使用安全的倾斜或变形；附属构、配件或其固定、连接件可能有不同程度损坏。经一般修理后可继续使用。

（3）中等破坏级。其宏观表征为：地基基础尚保持稳定；多数承重构件或抗侧向作用构件出现裂缝，部分存在明显裂缝；不少部位构造的连接受到损伤，部分非承重构件严重破坏。经立即采取临时加固措施后，可以有限制地使用。在恢复重建阶段，经鉴定加固后可继续使用。

（4）严重破坏级。其宏观表征为：地基基础出现震害；多数承重构件严重破坏；结构构造及连接受到严重损坏；结构整体牢固性受到威胁；局部结构濒临坍塌；无法保证建筑物安全，一般情况下应予以拆除。若该建筑有保留价值，需立即采取排险措施，并封闭现场，为日后全面加固保持现状。

（5）局部或整体倒塌级。其宏观表征为：多数承重构件和抗侧向作用构件毁坏引起的建筑物倾倒或局部坍塌。对局部坍塌严重的结构应及时予以拆除，以防在余震发生时，演变为整体坍塌或坍塌范围扩大而危及生命和财产安全。

需要注意的是上述地震灾后应急评估不能替代下列检测评定：①结构可靠性与抗震

性能的检测评定；②未受地震影响的一般危险房屋的检测评定；③工程施工质量的检验评定。

4. 地震受损建筑应急处理

地震受损建筑的应急处理分为应急修补处理、应急排险处理和应急抢修加固三类。

（1）应急修补处理。轻微受损区轻微损坏的建筑物在重新入住、启用前可进行应急修补处理。主要包括清理、修整、修补和重新安置室内设施、设备等。这类修补，若受到灾区物质条件限制，也可采用临时性的措施予以补强、固定或暂时停止使用某些设施。

（2）应急排险处理。破坏严重、濒临坍塌的文物建筑和其他有保存价值的重要建筑，在余震活动期间为防止发生更严重破坏或坍塌而采取的以排除险情、控制危险点继续发展和保存残留原件为目标的应急处理。这类处理所采取的措施应不妨碍日后的彻底维修加固。

此外，出入口的女儿墙、已经损伤的附属结构构件和非结构构件，应立即进行拆除。

（3）应急抢修加固。轻微受损区的文物建筑和必须在余震活动期内迅速恢复使用的中等破坏建筑，其加固以采取保证安全的临时性抢修加固措施为主。这类建筑一般需在恢复重建阶段再进行二次加固。

此外，轻微受损区极轻微损坏，即基本完好或完好的建筑，原则上不进行应急处理，可立即入住或重新启用。

6.4.3　恢复重建阶段结构可靠性、抗震鉴定和抗震加固

恢复重建阶段结构可靠性与抗震性能鉴定，应在应急评估基础上对该建筑的震害情况进行详细调查。调查时，应仔细核实承重结构构件和非结构构件破坏及损伤程度，在鉴定中应计入震害对结构承载力和抗震能力的影响。

建筑抗震鉴定的内容，应包括结构布置、结构体系、抗震构造和构件抗震承载力、结构抗震变形能力及结构现状质量与地震损伤状况等内容。

1. 结构重点部位检查

建筑抗震鉴定应区分重点部位与一般部位，建筑抗震鉴定应按结构的震害特征，对影响结构整体抗震性能的重点部位进行认真的检查。

（1）多层砌体建筑，应以其四角、底层和大开间、大空间等的墙体损伤与砌筑质量、墙交接处的咬槎、拉接的质量和损伤作为鉴定检查重点；屋盖和整体性也有重要影响；底部框架砌体建筑，应以其底部两层为鉴定检查重点；内框架砌体建筑，应以其顶层为鉴定检查重点。

（2）框架结构的填充墙等非结构构件的损伤与砌筑质量应是鉴定检查的重点；结构损伤严重时，框架梁、柱、楼板工作状态、薄弱楼层层间位移和配筋构造应是鉴定检查的重点。

（3）高层框架—剪力墙结构和剪力墙结构的底部两层楼梯间的破坏和连梁的损伤以及填充墙等非结构构件的破坏应是鉴定检查的重点；异型框架柱结构节点破坏也是鉴定检查的重点。

（4）单层钢筋混凝土柱厂房，天窗架应列为可能破坏部位的鉴定检查的重点；有檩和无檩屋盖中，支承长度较小的构件间的连接也应是鉴定检查的重点；结构损伤严重时，不仅应重视各种屋盖系统的连接和支撑布置，还应将高低跨交接处和排架柱变形受约束的部位也列

为鉴定检查的重点。

2. 建筑场地和地基基础检查

建筑场地、地基基础对建筑物上部结构的影响可从以下方面进行鉴定：

(1) Ⅰ类场地的建筑，上部结构的构造鉴定要求，一般情况可按降低一度确定。

(2) 对全地下室、箱基、筏基和桩基等整体性较好的基础类型，上部结构的部分鉴定要求可在一定范围内作适当降低的调整，但不得全面降低。

(3) Ⅲ类场地、复杂地形、严重不均匀土层和同一单元存在不同的基础类型或埋深不同的结构，其鉴定要求应作相对提高的调整。

(4) 抗震设防为 8、9 度时，尚应检查饱和砂土、饱和粉土液化的可能并判断其危害性。

3. 结构规则性检查

建筑结构布置的规则性，应在综合考虑下列影响因素要求的基础上进行鉴定：

(1) 沿高度方向的要求为：①突出屋面的小建筑尺寸应不大，局部缩进的尺寸也应不大（如 $B_1/B \geqslant 5/6 \sim 3/4$）；②抗侧力构件上下应连续、不错位、无抽梁、抽柱、抽墙等竖向刚度突变的部位，且横截面面积的改变不大；③相邻层质量变化应不大（如 $m_1/m \geqslant 4/5 \sim 3/5$）；④相邻层刚度及连续三层的刚度变化应平缓（如 $K_i/K_{i+1} \geqslant 0.85 \sim 0.7$，$K_i/K_{i+3} \geqslant 0.7 \sim 0.5$）；⑤相邻层的楼层受剪承载力变化应平缓 [如 $2V_{y,i}/(V_{y,i-1}+V_{y,i+1}) \geqslant 0.8$]。

(2) 沿水平方向的要求为：①平面上局部突出的尺寸不大（如 $L \geqslant b$，且 $b/B < 1/5 \sim 1/3$）；②抗侧向作用构件设置及其质量分布在本层内基本对称；③抗侧向作用构件宜呈正交或基本正交分布，使抗震分析可在两个主轴方向分别进行；④楼盖平面内应无大洞口，且抗震横墙间距应满足现行规范要求。在符合这一条件下，可不考虑侧向作用引起的楼盖平面内的变形。

4. 结构体系合理性检查

结构体系的合理性鉴定，除应对结构布置的规则性进行判别外，还应包括下列内容：

(1) 多层砌体建筑、多层内框架和底部框架砌体建筑、钢筋混凝土框架建筑，在不同设防烈度下有各自的最大适用高度；当房屋高度超高时，鉴定应采用比较详细或专门的方法。

(2) 若竖向构件上下不连续，如抽柱、抽梁或抗震墙不落地，使地震作用的传递途径发生变化时，应提高相关部位的鉴定要求。

(3) 应注意部分结构或构件破坏将导致整个体系丧失抗震能力或承载能力的可能性。

(4) 当同一建筑有不同的结构类型相连，如部分为框架，部分为砌体，而框架梁直接支承在砌体结构上；天窗架为钢筋混凝土，而端部由砌体墙承重；排架柱厂房单元的端部和锯齿形厂房四周直接由砌体墙承重等情况时，应考虑各部分动力特性不一致，相连部分受力复杂等可能对相互间工作产生的不利影响。

(5) 当房屋端部有楼梯间、过街楼，或砌体建筑有通长悬挑阳台，或厂房有局部平台与主体结构相连，或有高低跨交接的构造时，应考虑局部地震作用效应增大的不利影响。

5. 非结构构件检查

非结构构件包括围护墙、隔墙等建筑构件，女儿墙、雨篷、出屋面小烟囱等附属构件，各种装饰构件和幕墙等的构造、连接应符合下列规定：

(1) 女儿墙等出屋面悬臂构件应采用构造柱与压顶圈梁进行可靠锚固，人流出入口应细致鉴定。

（2）砌体围护墙、填充墙等应与主体结构可靠拉结，应防止倒塌伤人，对布置不合理，如不对称形成的扭转，嵌砌不到顶形成的短柱或对柱有附加内力，厂房一端有墙一端敞口或一侧嵌砌一侧贴砌等情况，均应考虑其不利影响，但对构造合理、拉结可靠的砌体填充墙，必要时，可视为抗侧向作用构件并考虑其抗震承载力。

（3）较重的装饰物与承重结构应有可靠固定或连接。

（4）幕墙骨架与主体结构连接的预埋件连接应可靠，不应有锈蚀、松动，幕墙使用的玻璃应为安全玻璃。

6. 多层砌体建筑的鉴定

多层砌体建筑，可按结构体系、房屋整体性连接、局部易损、易坍塌部位的构造及墙体承载能力等项目，依据我国现行标准、规范对整幢建筑进行结构可靠性与抗震鉴定。除此之外，还应满足以下要求：

（1）多层砌体建筑的结构体系鉴定应包括房屋总高度、高宽比、长高比和结构构件布置与传力合理性。

（2）多层砌体建筑的结构承载力验算，应按横向和纵向分别验算，并在各墙段验算的基础上，加权综合得到楼层的验算结果，以相对最弱方向的承载力作为该楼层的承载力。

（3）结构整体牢固性的连接构造鉴定，应包括纵、横墙交接处的可靠连接、楼屋盖的连接、圈梁与构造柱的布置与构造等。

（4）建筑中易引起局部倒塌部位的鉴定，包括结构构件局部尺寸、非结构构件的构造、连接等。

（5）多层砌体建筑综合评价，应根据结构损伤检测和结构综合鉴定结果，依据《民用建筑可靠性鉴定标准》（GB 50292—1999）、《建筑抗震鉴定标准》（GB 50023—2009）和《建筑抗震设计规范》（GB 50011—2010）等相关标准、规范的规定做出结论。

7. 钢筋混凝土建筑的鉴定

钢筋混凝土建筑应按结构体系、结构构件主筋和箍筋位置、填充墙与主体结构的连接、构件承载能力及结构变形能力等的检测与验算结果，对整幢建筑的结构可靠性和抗震性能进行综合评定。除此之外，还应满足以下要求：

（1）钢筋混凝土建筑的结构体系鉴定应包括房屋总高度、高宽比、房屋平立面和构件布置的规则性等项目。

（2）钢筋混凝土建筑的结构抗震验算，应包括结构构件的承载力验算及低于设防烈度的弹性变形验算和遭受高于本地区抗震设防烈度预估的罕遇地震影响时的结构弹塑性变形验算。

（3）钢筋混凝土框架结构的构造鉴定应包括构件截面尺寸、构件配筋率和配箍率、框架柱轴压比、加强部位的要求及房屋内隔墙和围护墙与钢筋混凝土构件的连接等。

（4）高层钢筋混凝土框架—剪力墙和剪力墙结构的构造鉴定应包括构件截面尺寸、构造配筋率和配箍率、剪力墙轴压比、加强部位的构造、剪力墙边缘构件构造要求及房屋内隔墙和围护墙与钢筋混凝土构件的连接等。

（5）异型框架柱结构的构造鉴定应包括节点和短肢剪力墙的构造要求及内隔墙和围护墙

与钢筋混凝土构件的连接等。

（6）对钢筋混凝土建筑的综合评价，应根据结构损伤检测和结构综合鉴定结果，依据《民用建筑可靠性鉴定标准》（GB 50292—1999）、《建筑抗震鉴定标准》（GB 50023—2009）和《建筑抗震设计规范》（GB 50011—2010）等相关标准、规范的规定做出结论。

8. 抗震加固

地震受损建筑的恢复性加固，不应仅对地震损伤部位进行抗震加固，而应使加固后的结构体系符合下列要求：

（1）整个结构的承载能力、抗震能力和正常使用功能均应得到应有的提高和改善，以满足现行有关标准规定的安全、适用和耐久的要求。

（2）加固后的结构应具有多道抗震防线，同时，尚应通过采取拉结、锚固、增设支撑系统或剪力墙等措施使整个结构具有良好的整体牢固性。

（3）结构沿水平向和竖向不应有严重不规则的结构布置，且不应有不合理的刚度与承载力分布。

（4）钢筋混凝土框架结构构件的工作，应符合强剪弱弯、强柱弱梁、强节点、强底层柱脚的要求。

（5）多层砌体房屋应层层设置封闭式钢筋混凝土圈梁，并加强与构造柱、芯柱的可靠连接，以形成对砌体结构的有效约束。同时，在这些构件和砌体的配筋上应符合现行有关标准和设计的要求。

（6）钢结构应有防止局部失稳和整体失稳的有效措施。

（7）结构预埋件的锚固，不应先于连接件破坏。

地震受损建筑的恢复性加固，除应以恢复重建阶段的综合鉴定报告为依据，并考虑救援抢险阶段的临时性加固可能造成的影响外，尚应通过设计计算做出不同加固方案，以方便灾后恢复重建工作的进行。

多层砌体结构的加固可采用墙段外加面层、外加预应力，墙壁柱表面加设钢筋网水泥砂浆面层、增设柱间支撑或墙体，敞口墙增设钢筋混凝土框，结构整体增设圈梁、拉杆、锚杆、构造柱以及各种拉结件等，还可采用配筋面层或夹板墙等加固外墙。

钢筋混凝土结构的加固可采用把单向框架改为双向框架，增设抗震墙、抗震支撑，利用型钢加固、增大钢筋混凝土截面加固，也可采用粘钢或粘贴碳纤维、玻璃纤维复合材等加固方法。

本 章 小 结

现有建筑抗震鉴定的设防目标在相同概率保证下与《建筑抗震设计规范》GB50011 保持一致，在预期的后续使用年限内具有相应的抗震设防目标。后续使用年限是指对现有建筑经抗震鉴定后继续使用所约定的一个时期，在这个时期内，建筑不需重新鉴定和相应加固就能按预期目的使用、完成预定的功能。现有建筑的后续使用年限有 30 年、40 和 50 年，分别按照 A、B、C 类建筑进行抗震鉴定。

A 类砌体房屋和钢筋混凝土房屋应进行综合抗震能力的两级鉴定。B 类砌体房屋应进行抗震措施鉴定和抗震承载力验算。B 类钢筋混凝土房屋应根据所属的抗震等级进行结构布置和构造检查，并应通过内力调整进行抗震承载力验算。

抗震加固设计，应以提高房屋的综合抗震能力（承载力、整体性）为原则，针对原结构存在的缺陷，找出使结构达到设防目标的关键，尽可能消除原结构不规则、不合理、薄弱层等不利因素。抗震加固不同于工程事故处理，强调的是整体加固，要避免纯粹的构件加固。要结合房屋的使用功能、施工方法、环境影响和经济方面的要求，选择相应的加固方案。

复 习 思 考 题

6-1　现有建筑的抗震鉴定工作程序是怎样的？

6-2　现有建筑的后续使用年限是怎么确定的？应分别采用怎样的抗震鉴定方法？

6-3　A 类砌体房屋的抗震鉴定分几级？其主要内容各是什么？

6-4　什么是砌体结构房屋的面积率？

6-5　B 类砌体房屋的抗震鉴定主要包括哪些内容？

6-6　A 类钢筋混凝土房屋的抗震鉴定方法和主要内容是什么？

6-7　多层砌体房屋抗震承载力不满足要求时，可选择的加固方法有哪些？

6-8　钢筋混凝土房屋抗震承载力不满足要求时，可选择的加固方法有哪些？

6-9　地震灾后建筑应急评估时，对建筑的外部检查内容都有哪些？

习　　　题

6-1　试抗震评定某 3 层砖木办公楼为木楼（屋）盖，纵横墙承重，房屋总高度 10.1m，房屋的层高为：1 层为 3.7m，2～3 层为 3.2m。门宽 1.0m，窗宽 1.5m，采用普通粘土砖，墙厚为 370mm，砂浆强度等级为 M0.4，楼板为预制多孔板。该房屋建于 1970 年，场地为 II 类，抗震设防烈度为 7 度。该房屋平面示意图如图 6-9 所示。

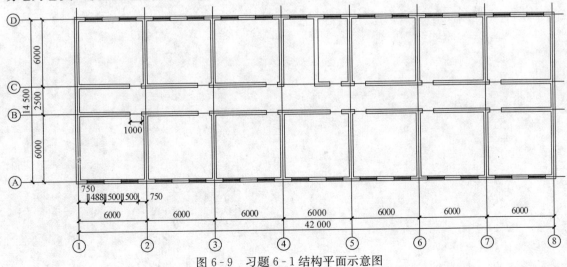

图 6-9　习题 6-1 结构平面示意图

6-2　试抗震评定某4层现浇钢筋混凝土框架，建于1966年，采用外挂墙板和轻质内隔墙，框架下部有箱形满地下室，框架柱嵌固于地下室顶板处，层高为3.6m，底层柱截面尺寸为400mm×500mm，其他楼层柱截面尺寸为400mm×400mm，走道梁截面尺寸为250mm×500mm，其他梁截面尺寸为250mm×650mm，平面布置如图6-10所示，框架柱的纵筋：1层采用12Φ20，2层采用8Φ20，3层采用8Φ18，4层采用8Φ16，柱端箍筋采用φ6@200，梁端箍筋采用φ6@150，梁柱原采用150号（C13）混凝土，该工程位于9度区，Ⅱ类场地。

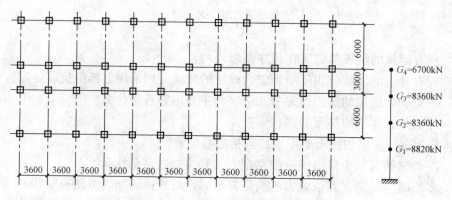

图6-10　习题6-2结构平面示意图

参 考 文 献

[1] 中华人民共和国国家标准．GB 50367—2006 混凝土结构加固设计规范［S］．北京：中国建筑工业出版社，2006．

[2] 中华人民共和国国家标准．GB 50010—2002 混凝土结构设计规范［S］．北京：中国建筑工业出版社，2002．

[3] 中华人民共和国国家标准．GB/T 50344—2004 建筑结构检测技术标准［S］．北京：中国建筑工业出版社，2004．

[4] 中华人民共和国国家标准．GB 50292—1999 民用建筑可靠性鉴定标准［S］．北京：中国建筑工业出版社，1999．

[5] 中华人民共和国国家标准．GB 50144—2008 工业建筑可靠性鉴定标准［S］．北京：中国建筑工业出版社，2009．

[6] 中华人民共和国国家标准．GB 50023—2009 建筑抗震鉴定标准［S］．北京：中国建筑工业出版社，2009．

[7] 中华人民共和国国家标准．JGJ 125—1999 危险房屋鉴定标准［S］．北京：中国建筑工业出版社，1999．

[8] 中华人民共和国国家标准．GB/T 50476—2008 混凝土结构耐久性评定标准［S］．北京：中国建筑工业出版社，2009．

[9] 中华人民共和国国家标准．JGJ 125—1999 危险房屋鉴定标准［S］．北京：中国建筑工业出版社，1999．

[10] 姚继涛，马永欣，董振平，雷怡生．建筑物可靠性鉴定和加固——基本原理和方法［M］．北京：科学出版社，2003．

[11] 袁海军，姜红．建筑结构检测鉴定与加固手册［M］．北京：中国建筑工业出版社，2003．

[12] 王济川，王玉倩．结构可靠性鉴定与试验诊断［M］．长沙：湖南大学出版社，2004．

[13] 卜乐奇，陈星烨．建筑结构检测技术与方法［M］．长沙：中南大学出版社，2003．

[14] 中华人民共和国国家标准．GB 50023—2009 建筑抗震鉴定标准［S］．北京：中国建筑工业出版社，2009．

[15] 中华人民共和国国家标准．GB 50011—2010 建筑抗震设计规范［S］．北京：中国建筑工业出版社，2010．

[16] 中华人民共和国国家标准．JGJ 116—2009 建筑抗震加固技术规程［S］．北京：中国建筑工业出版社，2009．

[17] 冯文元，冯志华．建筑结构检测与鉴定实用手册［M］．北京：中国建材工业出版社，2007．

[18] 周明华．土木工程结构试验与检测［M］．南京：东南大学出版社，2002．

[19] 张立人．建筑结构检测鉴定与加固［M］．武汉：武汉理工大学出版社，2003．

[20] 卜良桃，王济川．建筑结构加固改造设计与施工［M］．长沙：湖南大学出版社，2002．

[21] 曹双寅，邱洪兴，王恒华．结构可靠性鉴定与加固技术［M］．北京：中国水利水电出版社，1999．

[22] 柳炳康，吴胜兴，周安．工程结构鉴定与加固改造［M］．北京：中国建筑工业出版社，2008．

[23] 沈聚敏，周锡元，高小旺，刘晶波．抗震工程学［M］．北京：中国建筑工业出版社，2000．

[24] 张熙光，王骏孙，刘慧珊．建筑抗震鉴定加固手册［M］．北京：中国建筑工业出版社，2001．